Armin Bergfeld, Hermann Ohl

Technisches Zeichnen für Klempner und Dachdecker

Grundlegendes und angewandtes Projektionszeichnen

7. Auflage

Bestellnummer 91004

Bildungsverlag EINS – Gehlen

Bildquellenverzeichnis: A. W. Faber-Castell Vertrieb GmbH, Stein: 7.1 oben;
Sanford GmbH, Hamburg: 7.1 unten, 7.2, 7.3, 8.1, 8.4, 8.5, 9.2, 9.3, 10.1

www.bildungsverlag1.de

Gehlen, Kieser und Stam sind unter dem Dach des Bildungsverlages EINS zusammengeführt.

Bildungsverlag EINS
Sieglarer Straße 2, 53842 Troisdorf

ISBN 3-441-91004-4

Vorwort

In den Rahmenlehrplänen für den Berufsschulunterricht sind für das Fach Technische Kommunikation Lernziele aufgeführt, die durch das Technische Zeichnen erreicht werden können. In diesem Sinne vermittelt der erste Abschnitt dieses Buches Kenntnisse über Zeichengeräte und deren Anwendung, die Normen und Regeln für die fachgerechte Ausführung einer technischen Zeichnung, wichtige geometrische Konstruktionen und die gebräuchlichen Projektionsarten zur Körperdarstellung mit der Entwicklung des räumlichen Vorstellungsvermögens.

Bauzeichnungen vermitteln Ausführungsanweisungen, die der Dachdecker und Klempner richtig lesen können muss. Da sich diese Zeichnungen in einigen Regeln von denen des Metallbereichs unterscheiden, sind die Grundlagen des Bauzeichnens in einem kurzgefassten Kapitel dargestellt.

In den folgenden Abschnitten werden für die Zeichenaufgaben Lernobjekte aus den Berufsfeldern des Klempners und Dachdeckers verwendet. Dabei konnte auf die umfangreiche Aufgabensammlung des Werkes „Fachzeichnen für Klempner und Dachdecker" von Ahlzweig/Witte zurückgegriffen werden. Ihr wurde eine Anzahl neuer Aufgaben hinzugefügt.

An das Kapitel „Aufgaben zum Projektionszeichnen" geometrischer Grundkörper mit ihren Abwicklungen und Anwendungsbeispielen aus der Klempnertechnik schließt sich der Abschnitt „Projektionszeichnen für Dachdecker" an. Diese Aufgaben zur zeichnerischen Ermittlung der wahren Längen und Flächen eines Daches sind auch für den Klempner nützlich, da für ihn die Metall-Dachdeckung größere Bedeutung erlangt hat.

Durch die Kombination von Musterzeichnungen mit Konstruktionsanleitung und Anwendungsaufgaben ohne Anleitung unterschiedlicher Schwierigkeitsgrade bietet das Buch auch reichlich Stoff für Fortbildungs- und Meisterkurse. Zur Arbeitserleichterung sind alle Zeichnungen mit Abstandsmaßen für die Platzierung der Objekte im Zeichenfeld des A4- bzw. A3-Formates versehen. Auf Grund der zahlreichen Musterzeichnungen ist das Werk auch eine geeignete Nachschlagemöglichkeit für Anwendungen in der betrieblichen Praxis.

Die Verfasser

Inhaltsverzeichnis

1 Allgemeine Grundlagen des Technischen Zeichnens

1.1 Zeichnungsarten

Der Handwerker arbeitet in der Werkstatt und auf der Baustelle nach Zeichnungen. Sie liefern ihm die notwendigen Informationen über Lage, Form und Größe der auszuführenden Arbeit.

In vielen Fällen kann der Klempner einen erteilten Auftrag erst dann erfüllen, wenn er die zur Herstellung erforderlichen Zuschnitte vorher auf zeichnerischem Wege selber ermittelt hat.

Auch der Dachdecker muss nicht nur Zeichnungen lesen können, sondern selber bei der Darstellung von Dächern zeichnerisch tätig werden, wenn es darum geht, den Verlauf von Dachlinien und ihre wahren Längen wie auch die wahren Größen einzelner Dachflächen zu bestimmen.

Damit eine technische Zeichnung für alle Benutzer eindeutige Aussagen liefert, wird sie nach verbindlichen Regeln, die in Normen festgelegt sind, angefertigt.

Dabei gibt es gewisse Unterschiede zwischen Werkzeichnungen des Metallbereiches und Bauzeichnungen. Sie betreffen z. B. die maßstäbliche Darstellung, die Maßeintragungen und die verwendeten Symbole.

Je nach Entwicklungsstand des Projektes unterscheidet man weiter zwischen Skizzen, Entwurfszeichnungen und Ausführungszeichnungen.

1.2 Zeichengeräte

Zeichenstifte sind nach dem Härtegrad der Mine mit Ziffern und Buchstaben gekennzeichnet. B steht für *black* = weiche Mine, H steht für *hard* = harte Mine. HB bedeutet mittlere Härte, eine Stufe härter ist F für *firm* = fest. Mit steigender Ziffer wird die B-Reihe weicher und die H-Reihe härter. Im Normalfall verwendet man die Härtegrade B bis 3H.

Der herkömmliche **Bleistift** ist holzgefasst und sechskantig, damit er beim Zeichnen sicher in der Hand liegt.

Vorteilhaft sind **Fallminenstifte,** deren Minen nach Verbrauch ersetzt werden. Sie werden während des Gebrauchs laufend mit einem Spezialspitzer nachgespitzt. **Feinminenstifte** gibt es für verschiedene Linienbreiten. Auch sie sind nachfüllbar und eignen sich besonders zum Zeichnen und Schreiben mit Schablonen (Bild 7.1).

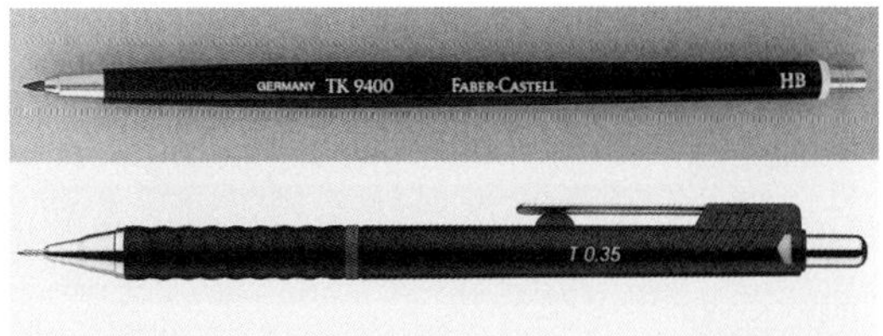

7.1 Fallminenstift und Feinminenstift

Tuschefüller (Bild 7.2) sind zu empfehlen, wenn man Zeichnungen erstellen will, die besonders kräftig, dauerhaft und kontrastreich für Kopien und Mikroverfilmung sein sollen. Außerdem sind sie abgestimmt auf Schriftschablonen.

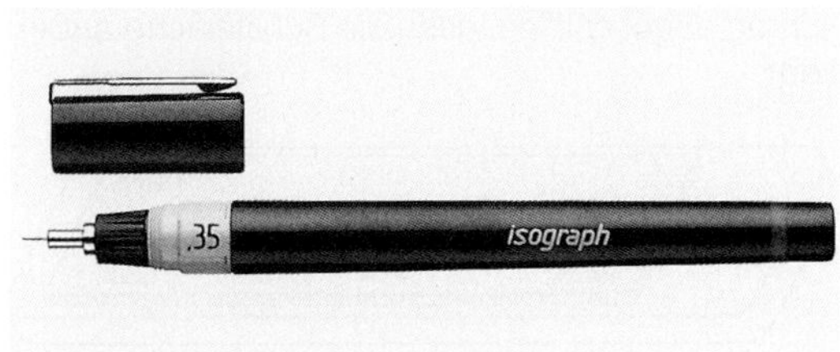

7.2 Tuschefüller

Zirkel (Bild 7.3) dienen zum Zeichnen von Kreisen und Kreisbögen. Für große Radien bis ca. 320 mm können die Zirkelschenkel verlängert werden. Darüber hinaus kommen **Stangenzirkel** bis ca. 600 mm Radius zur Verwendung (Bild 8.1).

Der Zirkelschenkel besitzt die Möglichkeit, außer der Bleistiftmine auch z. B. Einsätze für das Zeichnen mit Tusche aufzunehmen.

Für das Übertragen von Strecken vom Maßstab auf die Zeichnung oder zum Abgreifen von Strecken auf der Zeichnung selbst dient der **Stechzirkel.** Er hat in beiden Schenkeln Stahlspitzen.

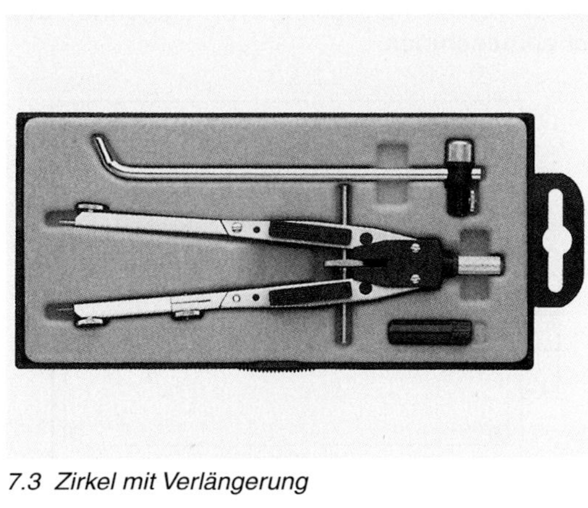

7.3 Zirkel mit Verlängerung

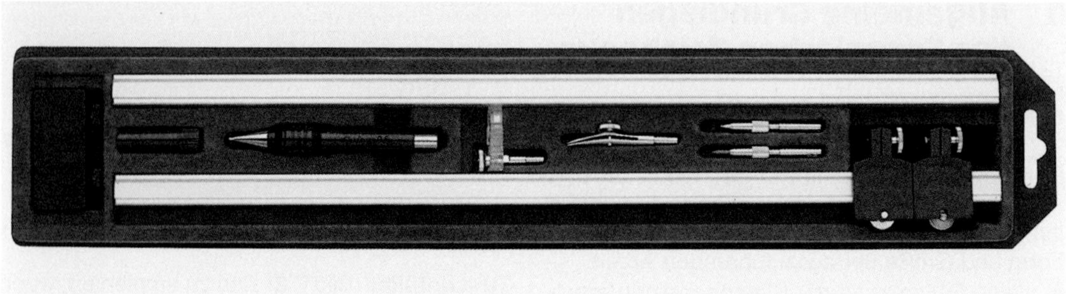

8.1 *Stangenzirkel*

Die Minen für Zirkel sind ebenfalls härtegestuft und sind der übrigen Zeichnung anzupassen. Sie werden so auf einem Schmirgelbrett (Bild 8.2) schräg angeschliffen, dass die Schlifffläche außen liegt.

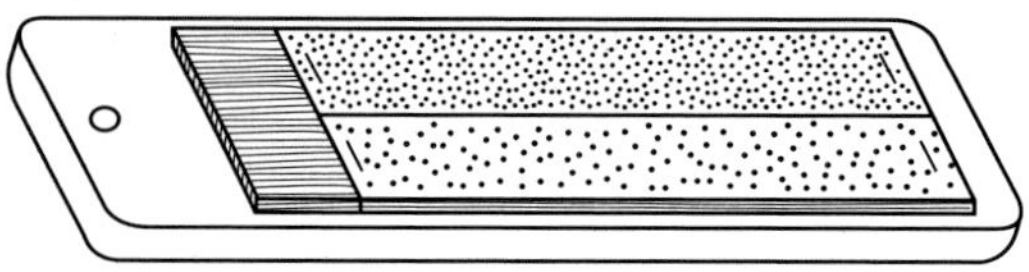

8.2 *Schmirgelbrett*

Zeichenplatten waren früher hölzerne Reißbretter mit seitlich anzulegenden Reißschienen (Bild 8.3).
Heute benutzt man Zeichenplatten mit arretierbaren Zeichenschienen (Bild 8.4) aus stabilem Kunststoff. Die Schiene gleitet in Führungsnuten und kann in diese allseitig eingelegt werden. Das Zeichenblatt wird durch Magnetklemmschienen gehalten. Falls erforderlich können größere Blattformate zusätzlich mit Klebestreifen fixiert werden. Eine schwenkbare Zeichenplatte für Tischmontage bis zum Format A1 zeigt Bild 8.5. Für noch größere Formate verwendet man bodenstehende Großzeichenanlagen mit rollengeführten **Zeichenmaschinen.**

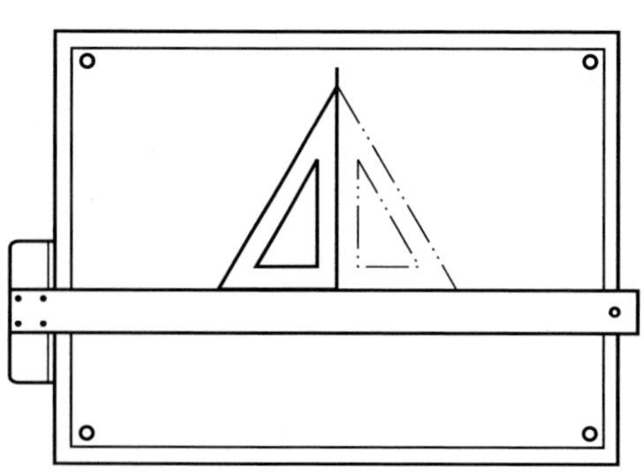

8.3 *Reißbrett mit Schiene*

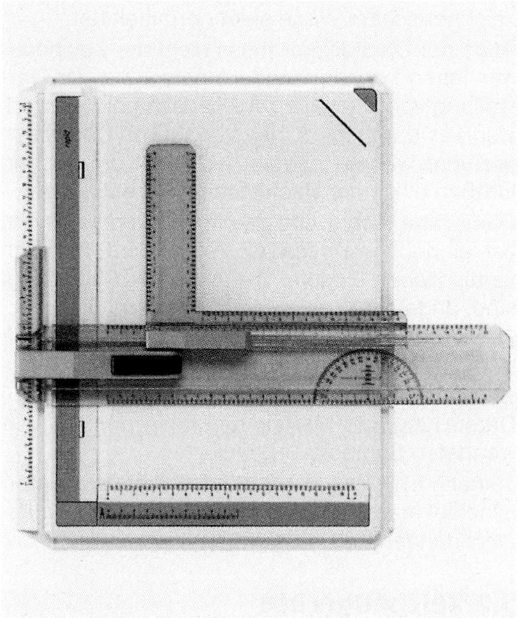

8.4 *Zeichenplatte*

8.5 *Zeichenanlage*

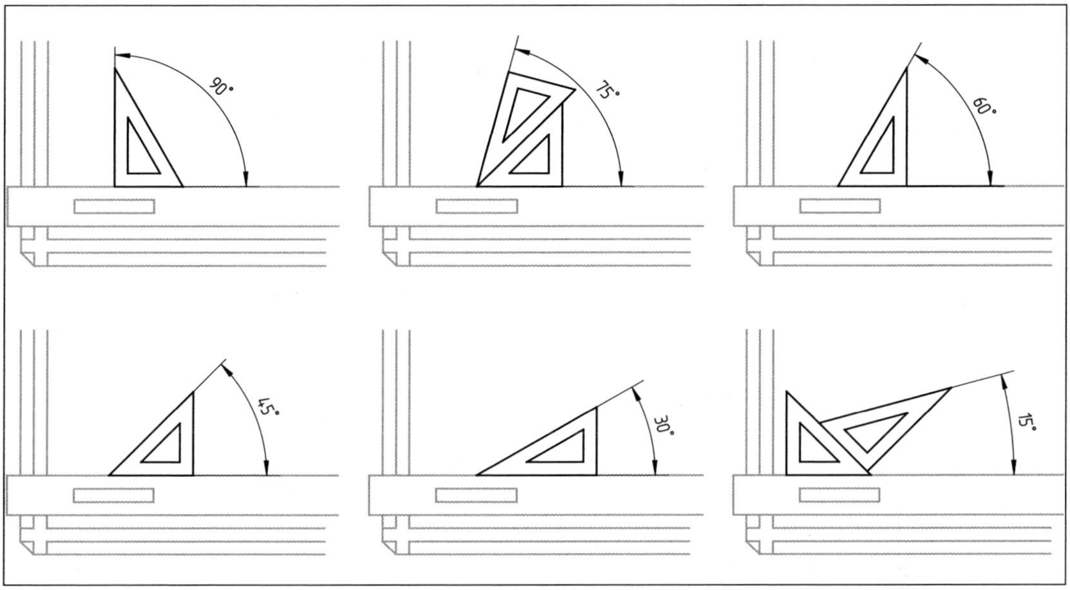

9.1 Winkelkombinationen mit Zeichendreiecken

Zeichendreiecke aus Kunststoff besitzen Winkel von 45° und 90° sowie 30°, 60° und 90°. Durch Kombination dieser Winkel lassen sich alle Neigungen im Abstand von je 15 Grad zeichnen (Bild 9.1).

Eine Kombination aus Zeichendreieck und **Winkelmesser** bildet das sogenannte **Geodreieck.** Es hat Festwinkel von 45 Grad und 90 Grad und man kann mit Hilfe der Rasterlinien Parallelen zeichnen. Am Rand und in der transparenten Fläche besitzt das Geodreieck je eine Winkelgradeinteilung (Bild 9.2).

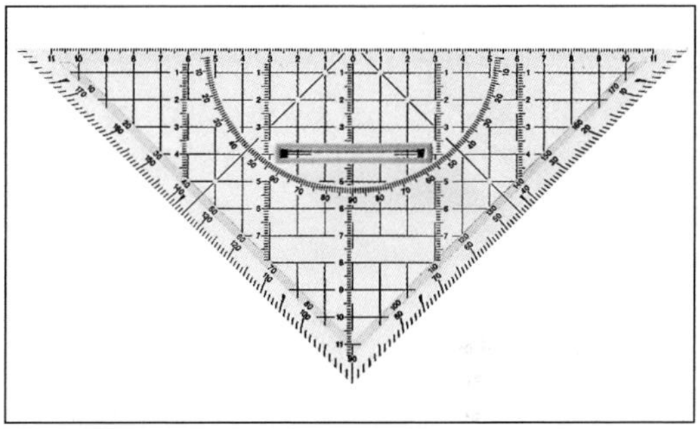

9.2 Geodreieck

Eine Sonderausführung stellt der **Kombiwinkel** dar, der besonders für isometrische Darstellungen geeignet ist. Es lassen sich durch einfaches Kippen des Gerätes 30°-Linien nach beiden Seiten zeichnen. Am Rand besitzt er eine Millimeter- und Winkelgrad-Teilung.

Kurvenlineale werden gebraucht, wenn die gekrümmten Durchdringungslinien und Umrisse von Abwicklungen zylindrischer und kegelförmiger Körper gezeichnet werden sollen. Sie werden als 3-teiliger Kurvensatz angeboten (Bild 9.3). Die vom Handel ebenfalls angebotenen biegsamen Kurvenlineale, die sich jedem Kurvenverlauf anpassen lassen, sind jedoch für enge Krümmungen nicht geeignet. Sie haben sich im Zeichenunterricht weniger bewährt.

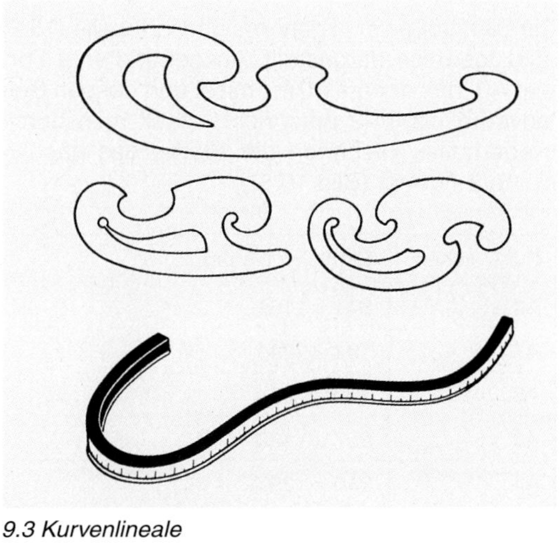

9.3 Kurvenlineale

Zeichenmaßstäbe in einfacher Ausführung besitzen eine Millimetereinteilung und sind ca. 30 cm lang. Es gibt sie mit und ohne Griffleiste. Auch auf den Zeichendreiecken und Zeichenplatten befinden sich Millimetereinteilungen zum Abgreifen von Längen. Dieses Abgreifen ist nur dann direkt möglich, wenn die Zeichnung in natürlicher Größe, das heißt im Maßstab 1:1 erstellt wird.

Ist der Gegenstand für die Darstellung zu klein oder zu groß, muss er maßstäblich vergrößert bzw. verkleinert werden. **Dreikant-Maßstäbe** sind hierfür ein geeignetes Hilfsmittel (Bild 10.1). Dabei sollte man darauf achten, dass der Maßstab die nach DIN ISO 5455 genormten Vergrößerungsmaßstäbe (z. B. 5:1 und 2:1) und Verkleinerungsmaßstäbe (1:2, 1:5, 1:10, 1:20, 1:50 und 1:100) enthält.

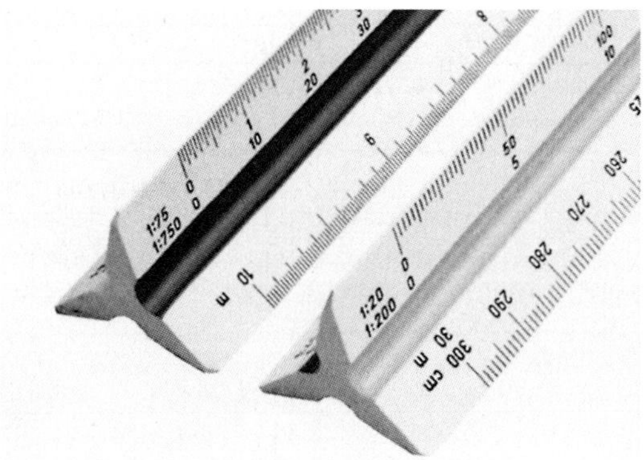

10.1 Dreikant-Maßstäbe

1.3 Zeichnungsformate

Die Blattgrößen sind genormt und in Tabelle (10.2) auszugsweise dargestellt. Ausgehend vom Format A0, das genau 1,0 m^2 misst und dessen Seitenverhältnis 1:$\sqrt{2}$ entspricht, erhält man durch wiederholtes Halbieren der Blätter das nächstkleinere Format (Bild 10.3).

Kurzzeichen	Blattformat in mm
A0	841 × 1189
A1	594 × 841
A2	420 × 594
A3	297 × 420
A4	210 × 297

10.2 Zeichnungsformate, Blattgrößen

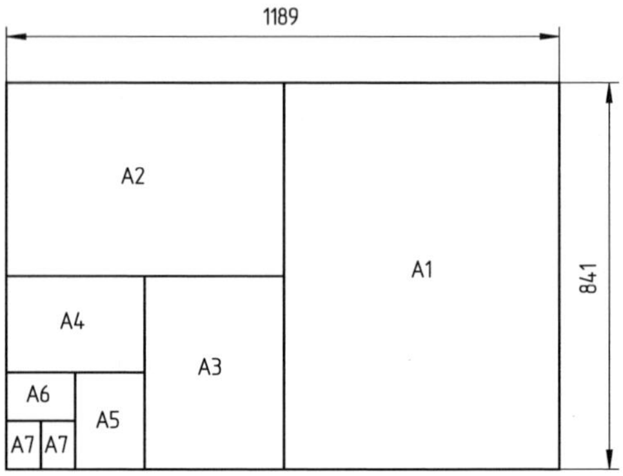

10.3 Teilungsschema A0 bis A7

Abweichend von der in der Norm vorgesehenen Lage und Größe des **Schriftfeldes** wird in den Zeichnungen dieses Buches eine vereinfachte Form von 30 mm Höhe gewählt, damit möglichst viel Raum für die zeichnerische Darstellung zur Verfügung steht. Das Bild 10.4 zeigt die Anordnung und Abstände für die Zeichenfeldränder und das Schriftfeld. Der **Heftrand** ist immer 20 mm breit, die übrigen Ränder 5 mm.
Abstandsmaße für die Platzierung des Objektes im Zeichenfeld werden abweichend von den Bemaßungsregeln eingekreist. Sie sind nicht Bestandteil der Zeichnung und dürfen nicht eingetragen werden.

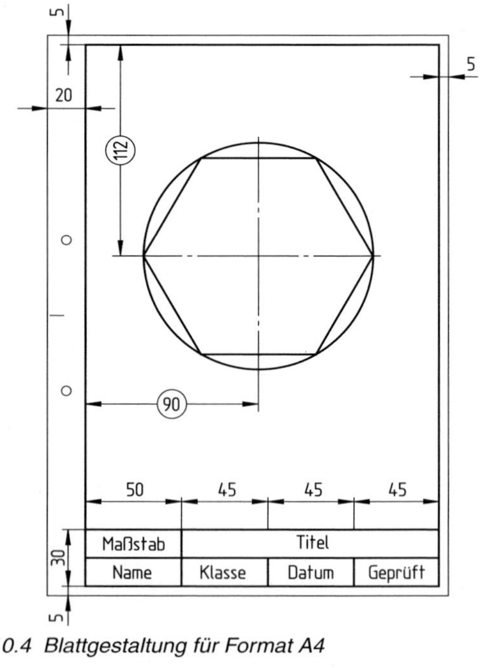

10.4 Blattgestaltung für Format A4

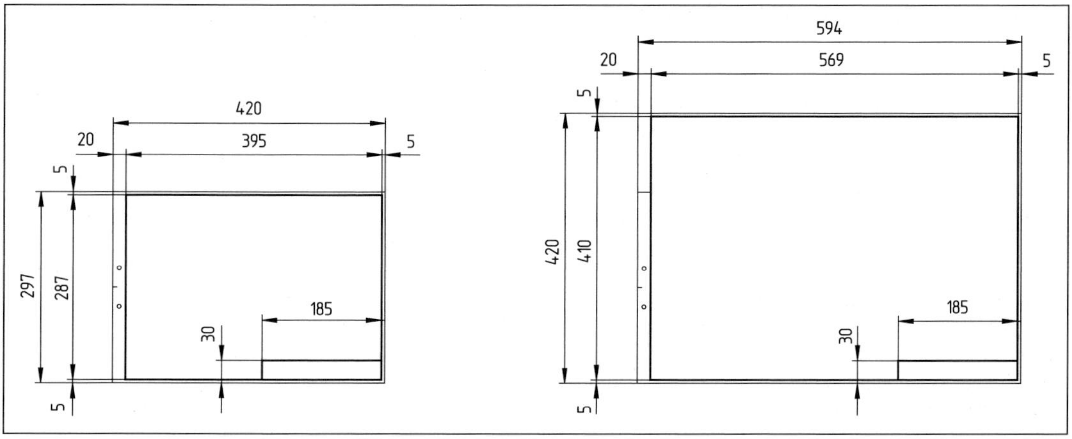

11.1 Blattgestaltung für Format A3 (links) und A2 (rechts)

Auch die Formate A3 und A2 haben links einen Heftrand von 20 mm Breite (Bild 11.1). Wenn sie abgeheftet werden sollen, müssen sie auf A4-Format gefaltet werden. Bild 11.2 zeigt das Faltschema für eine A3-Zeichnung. Das **Faltschema** für eine A2-Zeichnung zeigen die Bilder 11.3 und 11.4. Um die gefaltete A2-Zeichnung abheften zu können, wird ihre linke obere Ecke nach hinten umgeschlagen. So gerät sie nicht in die Heftung und die Zeichnung kann entfaltet werden kann.

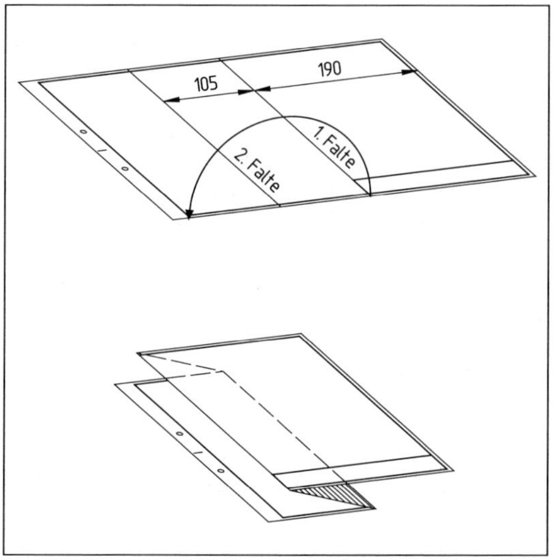

11.2 Faltschema und Faltung A3-Zeichnung

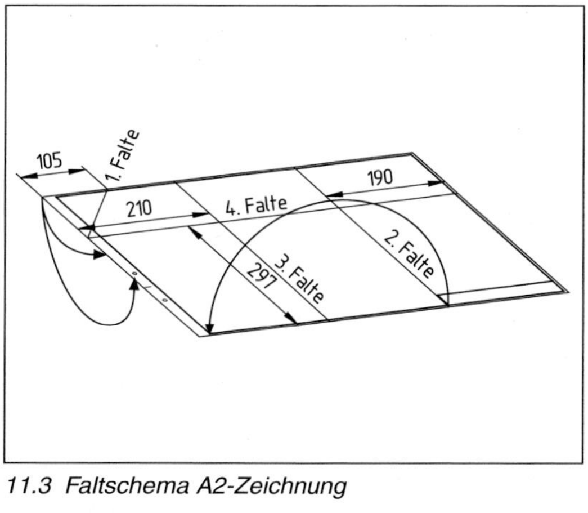

11.3 Faltschema A2-Zeichnung

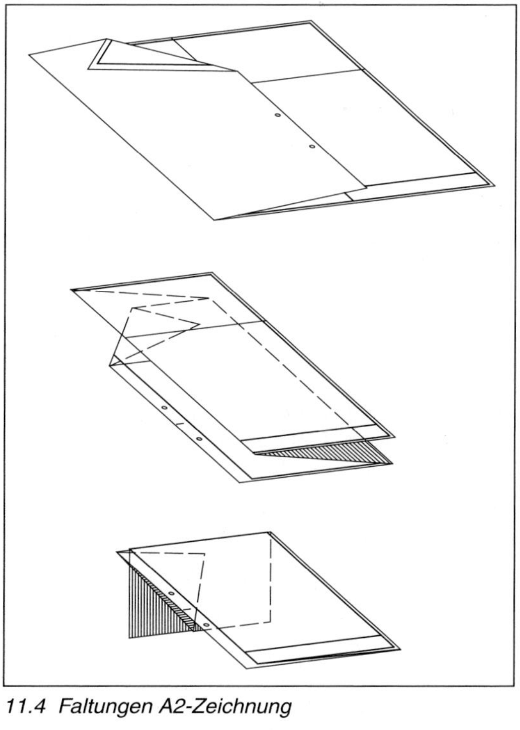

11.4 Faltungen A2-Zeichnung

1.4 Beschriftung der Zeichnung

Eintragungen im Schriftfeld sowie alle Angaben in der Zeichnung und die Bemaßung sind Bestandteil der Zeichnung. Sie sind deshalb mit genormten Schriftzeichen (Normschrift) nach DIN 6776 auszuführen. Diese Schrift entspricht der internationalen ISO-Norm 3098 (ISO = International Organization for Standardization). Die Schriftform B (Bilder 12.3 und 12.4) liefert ein gut lesbares, kräftiges Schriftbild, das sich auch für die Mikroverfilmung eignet. Es gibt die vertikale (senkrechte) und die kursive (schräge) Schriftform. Die Norm empfiehlt die Verwendung der vertikalen Schrift. Die Maßverhältnisse in der Schrift hängen von der Schrifthöhe *h* der Großbuchstaben (Nenngröße) ab. Für praxisgerechte Schrifthöhen gibt die Tabelle 12.1 die Werte an, Bild 12.2 die Bedeutung der Formelzeichen.

Schriftgröße		Linienbreite	Mindestabstand zwischen		
Großbuchstaben Nenngröße	Kleinbuchstaben		Grundlinien	Schriftzeichen	Wörtern
h	*c*	*d*	*b*	*a*	*e*
(10/10)*h*	(7/10)*h*	(1/10)*h*	(14/10)*h**	(2/10)*h*	(6/10)*h*
3,5	2,5	0,35	5	0,7	2,1
5	3,5	0,5	7	1	3
7	5	0,7	10	1,4	4,2
10	7	1	14	2	6

* Für Schriften mit Ober- bzw. Unterlänge ist der Grundlinienabstand b auf mind. 16/10 *h* zu vergrößern.

12.1 Schriftgrößen

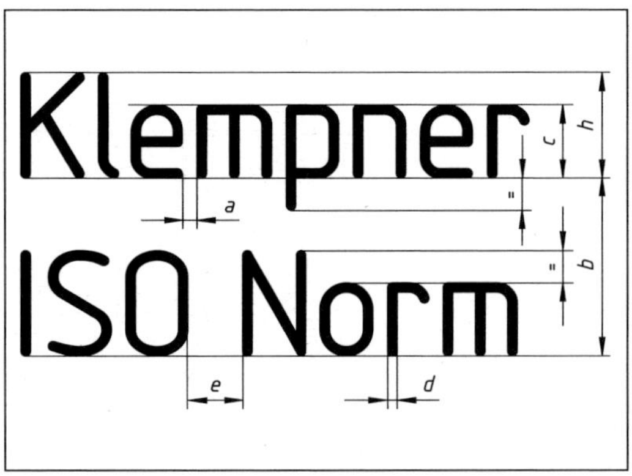

12.2 Bedeutung der Formelzeichen

Zum sauberen Beschriften einer Zeichnung ohne Schablone gehört Übung und ein nicht zu harter Bleistift (z. B. HB). Für die Groß- und Kleinbuchstaben und die Grundlinienabstände zieht man Hilfslinien. Für Schrägschrift benutzt man ein Hilfslinienraster mit 75° Neigung gegen die Grundlinie. Übungsaufgaben befinden sich auf Seite 13.

ABCDEFGHIJKLMN
OPQRSTUVWXYZ
abcdefghijklmnop
qrstuvwxyz
[(!?.,;-=+x%&)]Ø
1234567890IVX
ÄÖÜäöüß±□

12.3 Schriftform B vertikal

ABCDEFGHIJKLMN
OPQRSTUVWXYZ
abcdefghijklmnop
qrstuvwxyz
[(!?.,:;-=+x%&)]Ø
1234567890IVX
ÄÖÜäöüß±□

12.4 Schriftform B kursiv

Schriftgröße für Zeichnungstitel im Schiftfeld
AAA
EEEE
FFFF
HHH
KKK
1111
444
777

Schriftgröße für weitere Angaben im Schiftfeld
MMM
NNNN
TTTT
VVVV
WWW
XXXX
YYYY
ZZZZ
□□□

Schriftgröße für Bemaßung und Texte in Zeichnungen
AAA
EEEE
FFFF
HHH
KKK
MMM
NNNN
TTTT
VVVV
WWW
XXXX
YYYY
ZZZZZ

Versehen Sie ein A4-Blatt so mit Hilfslinien, dass Sie Schriftübungen durchführen können. Es sollen zu jeweils etwa einem Drittel Schriften der Nenngrößen 7, 5 und 3,5 mm verwendet werden.

13.1 Schriftübung, eckige Großbuchstaben

Schriftgröße für Zeichnungstitel im Schiftfeld
BBB
CCC
DDD
GGG
JJJJ

Schriftgröße für weitere Angaben im Schiftfeld
OOO
PPP
QQQ
RRR
SSS
UUU
000
222
333
555
666
888
999

Schriftgröße für Bemaßung und Texte in Zeichnungen
BBB
CCC
DDD
GGG
HHH
JJJ
OOO
PPP
QQQ
RRR
SSS
UUU
ØØØ

Versehen Sie ein A4-Blatt so mit Hilfslinien, dass Sie Schriftübungen durchführen können. Es sollen zu jeweils etwa einem Drittel Schriften der Nenngrößen 7, 5 und 3,5 mm verwendet werden.

13.2 Schriftübung, runde Großbuchstaben

Schriftgröße für Zeichnungstitel im Schiftfeld
abab
cdcd
efef
ghgh
ijij
klkl
mnmn

Schriftgröße für weitere Angaben im Schiftfeld
opop
qrqr
stst
uvuv
wxwx
yzyz
äöäö
üßüß

Schriftgröße für Bemaßung und Texte in Zeichnungen
abab
cdcd
efef
ghgh
ijij
klkl
mnmn
opop
qrqr
stst
uvuv
wxwx
äöäö
üßüß

Versehen Sie ein A4-Blatt so mit Hilfslinien, dass Sie Schriftübungen durchführen können. Es sollen zu jeweils etwa einem Drittel Schriften der Nenngrößen 7, 5 und 3,5 mm verwendet werden.

13.3 Schriftübung, Kleinbuchstaben

Versehen Sie ein A4-Blatt so mit Hilfslinien für 7-, 5- und 3,5 mm -Schrift, dass Sie Schriftübungen durchführen können. Schreiben Sie dazu einen beliebigen Textabschnitt aus diesem Fachbuch ab.

13.4 Schriftübung, Text

1.5 Linienarten und Linienbreiten

Die in technischen Zeichnungen dargestellten Objekte müssen schnell und zuverlässig erkannt werden. Um dies zu erreichen, werden die Linien in unterschiedlicher Art und Breite ausgeführt. Sie sind für den allgemeinen Bereich (Metall) und für Bauzeichnungen genormt. Die Normen unterscheiden sich nicht wesentlich. Die wichtigsten Linienarten und -breiten sind mit ihren Anwendungsbereichen in der Tabelle 14.1, mit einem Beispiel in Bild 14.2 dargestellt.

Linienbreiten in mm		Linienart, Muster und Benennung		Anwendungen
0,50	0,70	Volllinie	breit	Sichtbare Kanten von Körpern, Umrisse
0,25	0,35	Volllinie	schmal	Maßlinien, kurze Mittellinien, Maßhilfslinien, Schraffurlinien, Hinweislinien, Diagonalenkreuze, Biegelinien (= Kantungslinien)
0,25	0,35	Strichlinie	schmal	Verdeckte Kanten
0,25	0,35	Strichpunktlinie	schmal	Mittellinien, Symmetrielinien, wahre Längen
0,50	0,70	Strichpunktlinie	breit	Kennzeichnung der Schnittebene
0,25	0,25	Freihandlinie	schmal	Bruchlinien
0,35	0,50	Schrift-, Symbolzeichen 23	mittel	Maß- und Textangaben, grafische Symbole

14.1 Linienarten, Linienbreiten Anwendungsbereiche

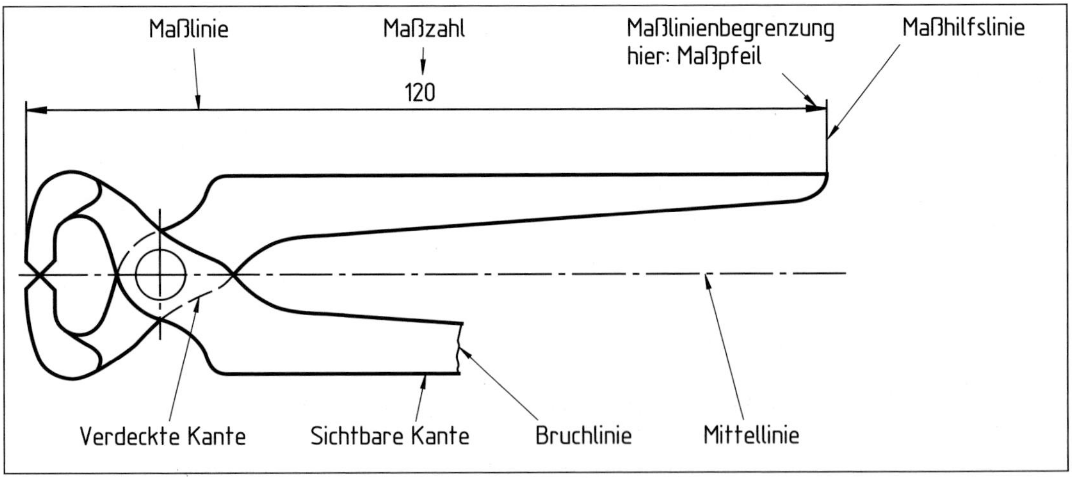

14.2 Anwendungsbeispiele für Linienarten und -breiten

1.6 Maßeintragung

Gegenstände werden in technischen Zeichnungen bemaßt, damit deren Fertigung und Prüfung gewährleistet ist.

Maßangaben

Die Bemaßung von Bauteilen kann innerhalb oder außerhalb der zu bemaßenden Teile erfolgen (Bild 15.1).

Maßlinien sind schmale Volllinien. Von der Körperkante ist die erste Maßlinie 10 mm, untereinander sind Maßlinien etwa 7 mm entfernt. Körperkanten und Mittellinien dürfen nicht als Maßlinien benutzt werden. Auch in Verlängerungen von Körperkanten und Mittellinien sind Maßlinien nicht zulässig. Sie stehen in der Regel senkrecht zu den Körperkanten oder Maßhilfslinien.

Maßhilfslinien sind schmale Volllinien. Sie laufen in der Regel rechtwinklig von der zu bemaßenden Kante bis etwa 2 mm über die Maßlinie hinaus. Maßhilfslinien sollen sich möglichst nicht kreuzen. Bei mehreren Ansichten dürfen Maßhilfslinien nicht von einer Ansicht in die andere gezogen werden. Mittellinien dürfen als Maßhilfslinien benutzt werden. Außerhalb der Körperkante werden die Mittellinien dann als Maßhilfslinien fortgesetzt.

Maßlinienbegrenzungen sind in der Metalltechnik meistens ausgefüllte Pfeile. Sie zielen auf die Körperkante bzw. die Maßhilfslinie. Bei Platzmangel werden sie außen angebracht. Die **Maßpfeile** haben einen Öffnungswinkel von 15°. Ihre Länge beträgt das 10fache der Maßlinienbreite.

Maßzahlen haben die 7fache Höhe der Breite breiter Volllinien. Sie sind unbenannt, wenn es sich um Millimeter-Angaben handelt. Sie müssen so geschrieben werden, dass sie von vorn oder von rechts lesbar sind. Im Grenzbereich bis 30° sind Maßeinträge zu vermeiden, notfalls aber von links lesbar einzutragen.

Blechdicken werden als Gleichung mit dem Buchstaben *t* für Dicke (engl. = thickness) innerhalb oder außerhalb der Zeichnung bemaßt.

Bemaßungsregeln

Es wird immer nur an sichtbaren Körperkanten bemaßt. Jede Ausdehnung eines Körpers wird meistens von einer Außenfläche ausgehend bemaßt. Jedes in diese Richtung zielende Maß wird von dort aus gemessen. Die Ebene, in der diese Fläche enthalten ist, heißt **Maßbezugsebene** (MBE). In den folgenden Beispielen ist die MBE durch eine kurze Parallellinie an der Körperkante gekennzeichnet (Bild 15.2).

Jedes Maß eines Körpers darf in metalltechnischen Zeichnungen nur einmal angegeben werden. Ein Maß, das sich aus Addition oder Subtraktion anderer Maße ergibt, wird nicht angegeben (Bild 15.2). Dieses Verbot der **Doppelbemaßung** gilt auch für die Bemaßung eines in mehreren Ansichten dargestellten Körpers.

Werden Maße aus besonderen Gründen als **Maßkette** aneinandergereiht, so darf dieses nicht in Stufenform geschehen. Die erste und jede andere Maßreihe sollen eine Flucht bilden (Bild 15.3).

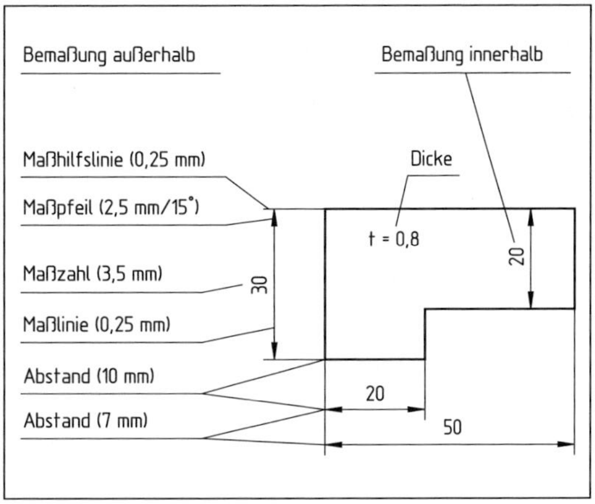

15.1 Bemaßungsbestandteile, Bemaßungsbeispiel

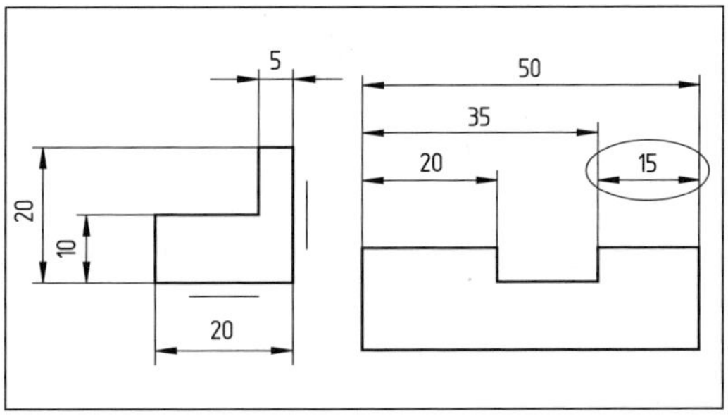

15.2 Maßbezugsebenen *Doppelbemaßung*

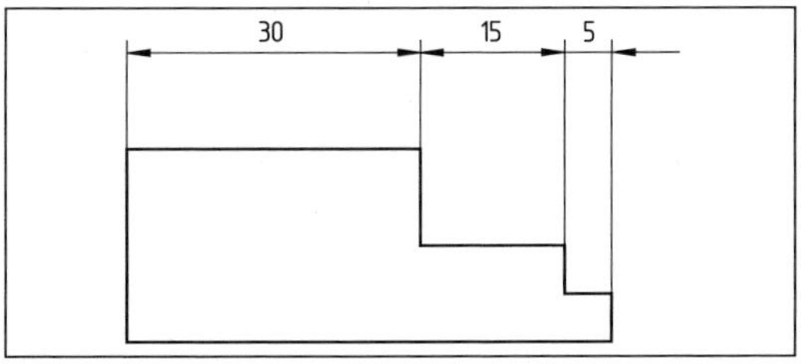

15.3 Maßketten

Übungszeichnungen zur Bemaßung befinden sich auf den Seiten 18 und 19.

Bemaßungen schräger Kanten an Körpern werden entweder am Anfangs- und Endpunkt der Schrägen vorgenommen, oder es wird der Anfangspunkt (Scheitel) der Abschrägung bemaßt und mit dem Winkelmaß versehen (Bild 16.1).

Hat das Werkstück eine symmetrische schräge **Einkerbung,** so bemaßt man entweder ihren Scheitel und ihren Winkel oder den Scheitel und die Breite (Bild 16.2).

Hat das Werkstück eine **Fase** unter 45°, so bemaßt man die Breite des Fase (Kathete) und schreibt diese Maßzahl mal 45 Grad (× 45°, siehe Bild 16.3).

Symmetrische Körper haben in mindestens einer Ansicht zwei spiegelbildliche Hälften, die durch die Symmetrieachse (Spiegelachse) getrennt sind. Diese Symmetrieachse, die in Wirklichkeit eine Symmetrieebene ist, wird als Mittellinie gezeichnet. Rechtwinklig zur Symmetrieebene liegende Maße werden zu dieser symmetrisch eingetragen. Hat ein Körper zwei oder mehr Symmetrieebenen, so werden die jeweils zugehörigen Maße symmetrisch zu ihrer Ebene eingetragen. Für Maßangaben wird die Mittellinie notfalls unterbrochen.

Übungszeichnungen befinden sich auf Seite 19.

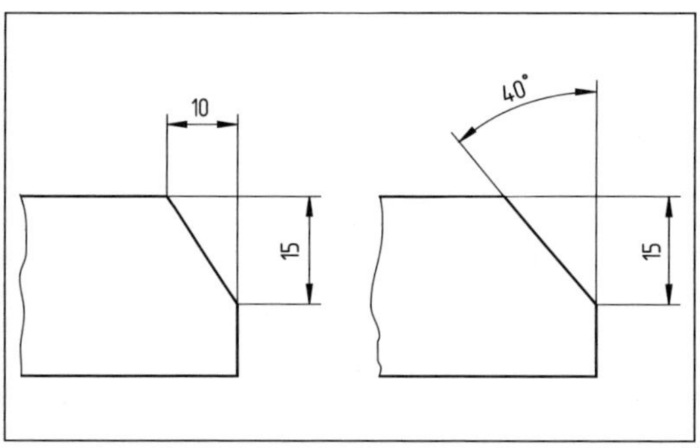

16.1 Bemaßung schräger Kanten

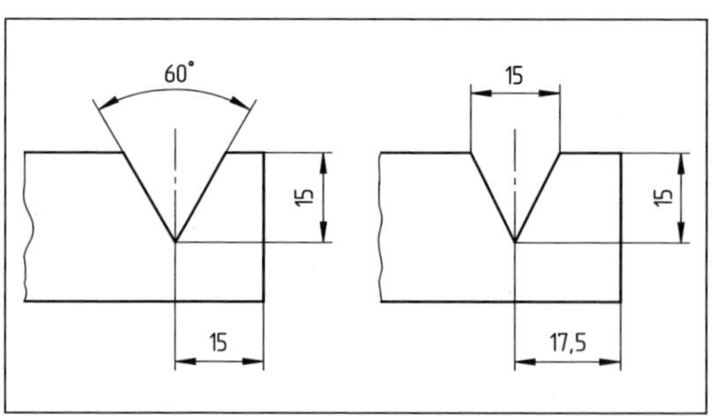

16.2 Bemaßung von Einkerbungen

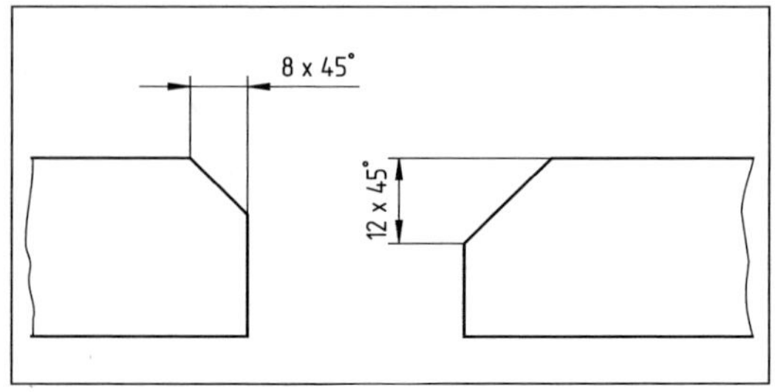

16.3 Bemaßung von Fasen

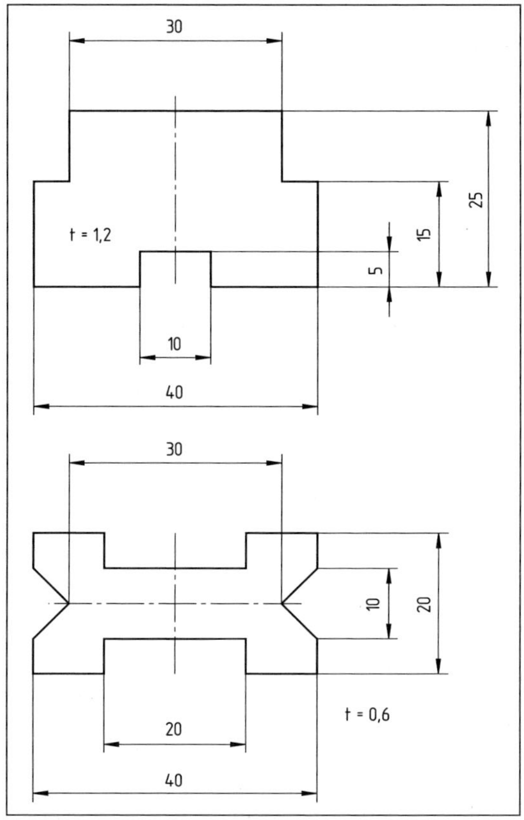

16.4 Bemaßung symmetrischer Teile

Durchmesserangaben sind für alle Bauteile mit kreisrundem Querschnitt vorgeschrieben. Das Durchmesserzeichen hat die gleiche Höhe wie die zugehörige Maßzahl und wird ihr vorangestellt. Es besteht aus einen Kreis von der Größe der Kleinbuchstaben mit einer unter 15° zur Senkrechten geneigten Linie, die durch den Kreismittelpunkt läuft und gleichmäßig über den Kreis hinausragt. Die Durchmesserbemaßung kann außerhalb oder innerhalb des Kreises erfolgen. Wird sie innen angebracht, so läuft die Maßlinie durch den Kreismittelpunkt (Bild 17.1).

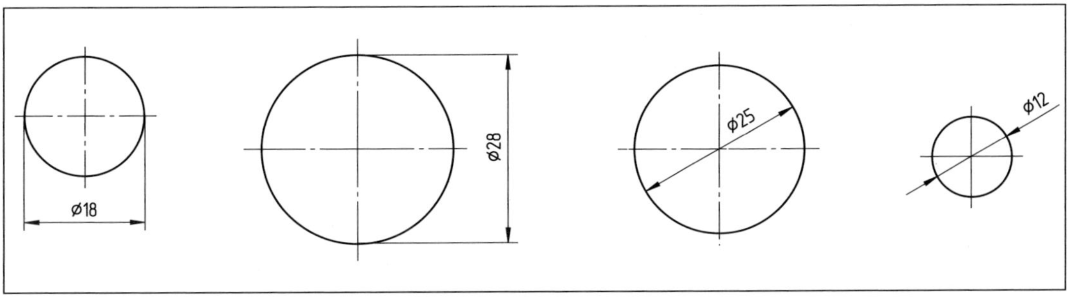

17.1 Bemaßung von Durchmessern

Kann aus Platzgründen nur ein Maßpfeil gesetzt werden, so ist das Durchmesserzeichen ebenfalls erforderlich. An die Stelle der Maßlinie tritt eine Hinweislinie, die von außen auf den Kreismittelpunkt zielt und deren Pfeilspitze den Kreis berührt. Das Maß steht waagerecht an der Hinweislinie, nicht auf der Linie (Bild 17.2). Das Durchmesserzeichen weist auf kreisrunde Bauteile hin, die in der betreffenden Ansicht zunächst nicht als solche zu erkennen sind (Bild 17.2).

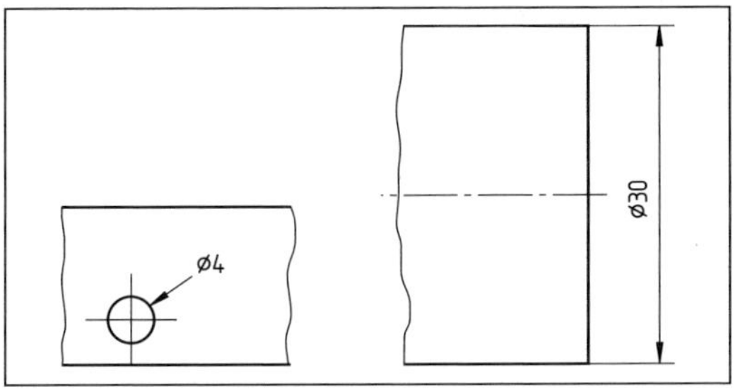

17.2 Kleindurchmesser mit Hinweislinie — *Nicht erkennbarer Kreisquerschnitt*

Radienangaben werden mit einem vor die Maßzahl gestellten großen R ausgeführt. Das R hat dieselbe Größe wie die Maßzahl. Die Maßlinie ist vom Radienmittelpunkt oder aus dessen Richtung zu zeichnen und nur am Kreisbogen mit einem Maßpfeil innerhalb oder außerhalb der Darstellung zu begrenzen. Bei Abrundungen von Werkstückkanten kann auf die Angabe des Mittelpunktes verzichtet werden (Bild 17.3).

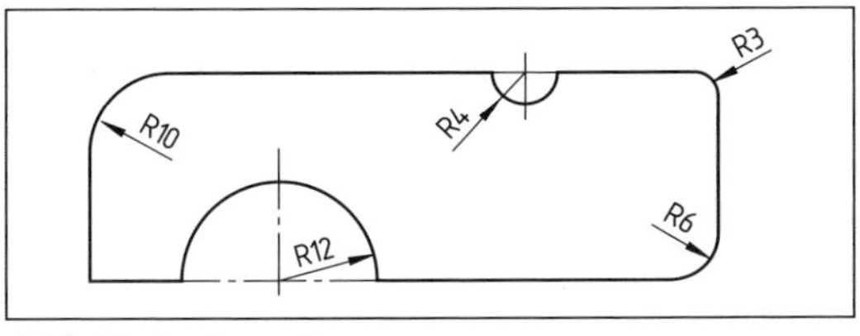

17.3 Radienbemaßungen

Auch in Zeichnungen mit anderen Maßlinienbegrenzungen (z. B. Schrägstriche) sind für Radiusangaben Pfeile vorgeschrieben.

Kugelbemaßung. Kugeln oder Kugelabschnitte werden mit ihrem Durchmesser oder Radius bemaßt. Vor dem Durchmesserzeichen oder dem R steht ein großes S für Kugel (grch. = sphaira) (Bild 17.4).

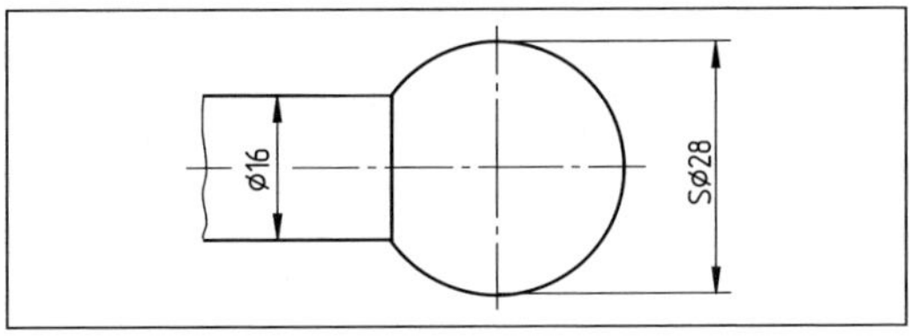

17.4 Kugelbemaßung

Quadratische Formen werden in jedem Falle mit dem Symbol □ vor der Maßzahl gekennzeichnet. Für diese Eintragung benutzt man vorzugsweise die Ansicht, in der die Quadratform erkennbar ist. Es wird nur eine Seitenlänge des Quadrates bemaßt (Bild 17.5).

Besitzt ein runder Körper auch ebene Flächen, so werden diese durch ein **Diagonalenkreuz** aus schmalen Volllinien dargestellt (Bild 17.5).

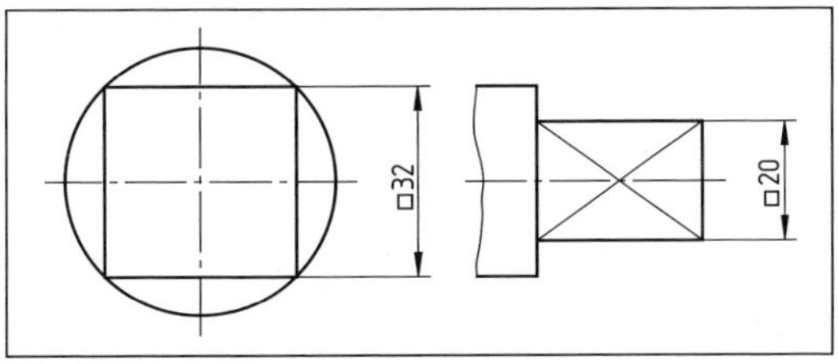

17.5 Quadratbemaßung, Flächenkennzeichnung

Bemaßungsübungen befinden sich auf den Seiten 18 und 19.

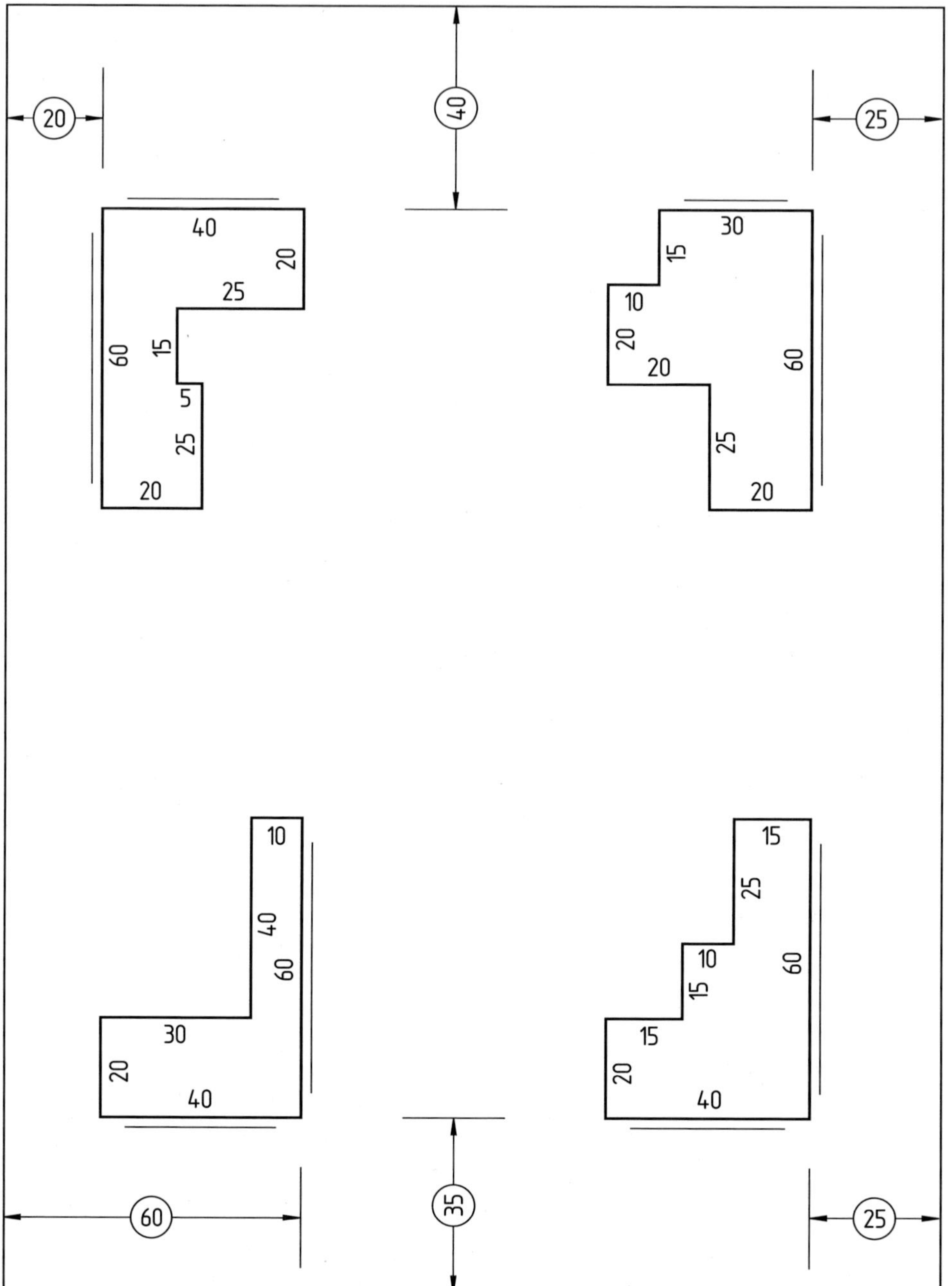

Es sind vier Blechzuschnitte gezeichnet. Zeichnen Sie sie im Maßstab 1:1 unter Beachtung der Abstandsmaße auf einen A4-Bogen hochkant ab und bemaßen Sie jede Figur unter Berücksichtigung der MBE. Die Kantenlängen sind angegeben. Die Blechdicken sind in Leserichtung 1,2 mm, 0,7 mm, 0,2 cm und 1,0 mm.

18.1 Bemaßungsübungen

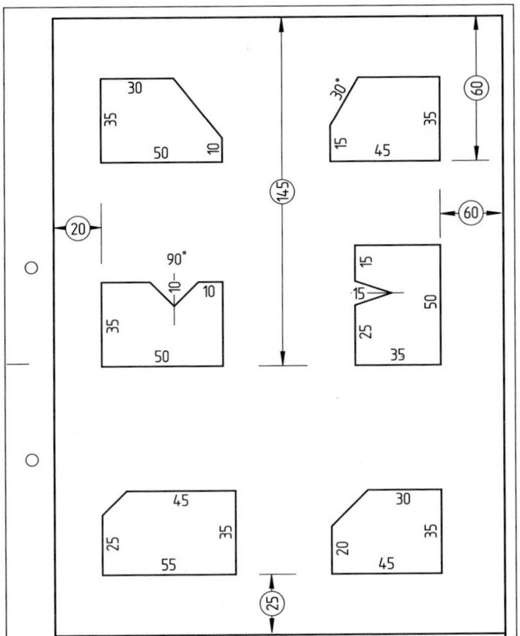

Zeichnen Sie die sechs Blechzuschnitte gemäß angegebener Position und Größe auf ein A4-Blatt ab. Bemaßen Sie die schrägen Kanten. Die anderen Zuschnittmaße bleiben unberücksichtigt.

19.1 Bemaßung schräger Kanten

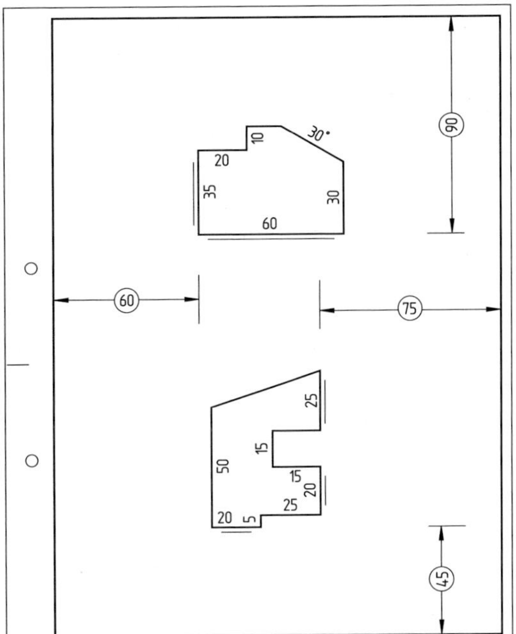

Zeichnen Sie die sechs Blechzuschnitte gemäß angegebener Position und Größe auf ein A4-Blatt ab. Bemaßen Sie unter Berücksichtigung der MBEs komplett. Die Blechdicken betragen 0,8 und 1 mm.

19.2 Bemaßung von Bauteilen mit schrägen Kanten I

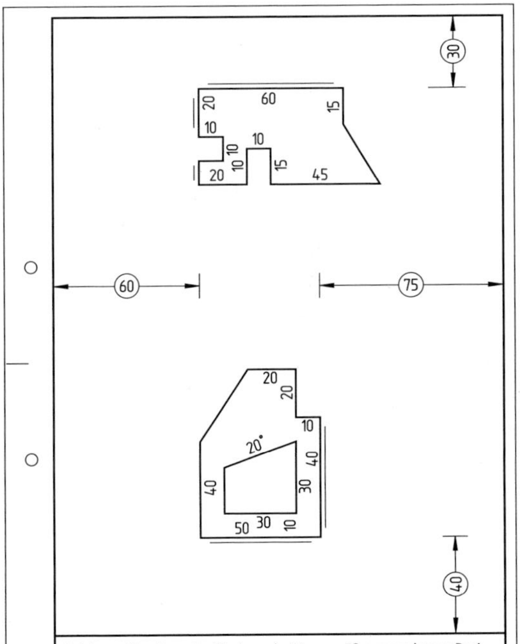

Zeichnen Sie die sechs Blechzuschnitte gemäß angegebener Position und Größe auf ein A4-Blatt ab. Bemaßen Sie unter Berücksichtigung der MBEs komplett. Die Blechdicken betragen 0,5 und 0,7 mm.

19.3 Bemaßung von Bauteilen mit schrägen Kanten II

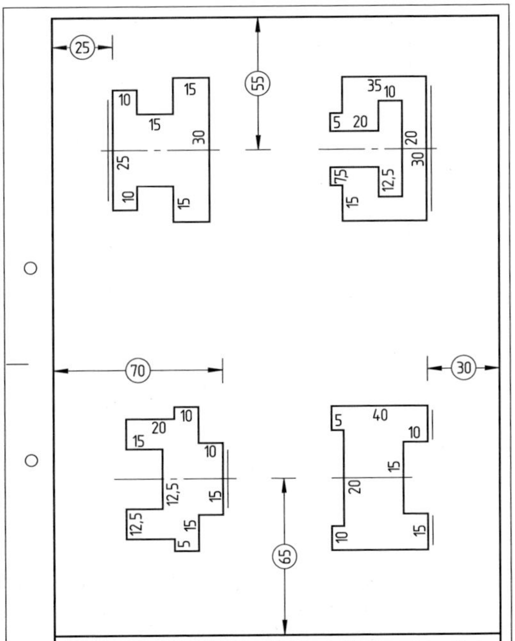

Zeichnen Sie die sechs Blechzuschnitte gemäß angegebener Position und Größe auf ein A4-Blatt ab. Bemaßen Sie unter Berücksichtigung der Symmetrieachsen komplett. Blechdicken sind frei wählbar.

19.4 Bemaßung symmetrischer Bauteile

1.7 Geometrische Konstruktionen

Strecke halbieren

Soll die Strecke AB halbiert werden, so schlägt man um die Punkte A und B Kreisbögen mit einer beliebig großen Radius, der jedoch größer als die Hälfte der Strecke AB sein muss. Die Kreisbögen ergeben die Schnittpunkte C und D. Verbindet man diese beiden Punkte, so erhält man die Symmetrieachse, die die Strecke AB in Punkt E halbiert und senkrecht auf der Strecke AB steht. Man nennt die Symmetrieachse CD deshalb auch die Mittelsenkrechte auf AB (Bild 20.1).

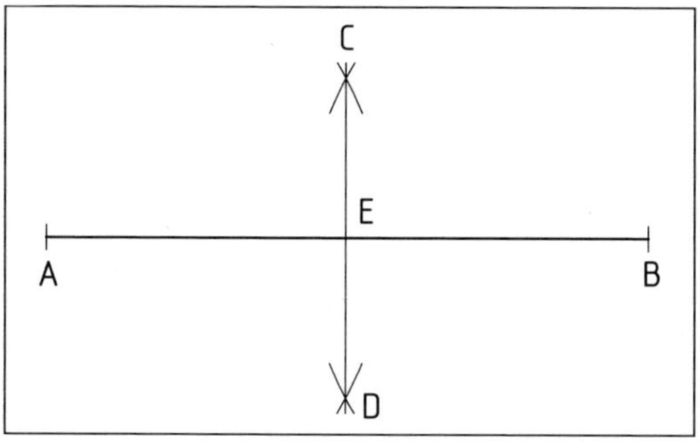

20.1 Strecke halbieren

Kreisbogen durch Streckenendpunkte ziehen

Jeder Kreisbogen, der durch die Punkte A und B läuft, hat seinen Mittelpunkt auf der Symmetrieachse (Mittelsenkrechte). Folglich bestimmt man die Symmetrieachse, nimmt auf ihr den beliebigen Kreismittelpunkt M an und schlägt mit MA einen Kreisbogen um Punkt M, der durch die Punkt A und B geht. Ist der Radius des Kreisbogens vorgegeben, schlägt man mit ihm die Bögen um A und B und erhält den zugehörigen Kreismittelpunkt M (Bild 20.2).

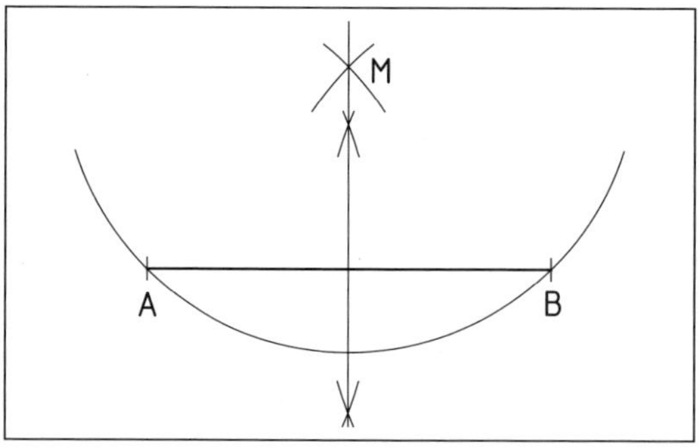

20.2 Kreisbogen durch Streckenendpunkte

Parallele zeichnen (Parallelverschiebung)

Soll zur Geraden a eine Parallele durch Punkt A gezeichnet werden, so legt man zwei Zeichendreiecke so aneinander, dass sich die eine Kante des Dreiecks mit der Geraden a deckt. Verschiebt man dieses Dreieck gleitend an der Kante des zweiten Dreiecks bis zum Punkt A, so kann man durch diesen eine Parallele zu a zeichnen (Bild 20.3).

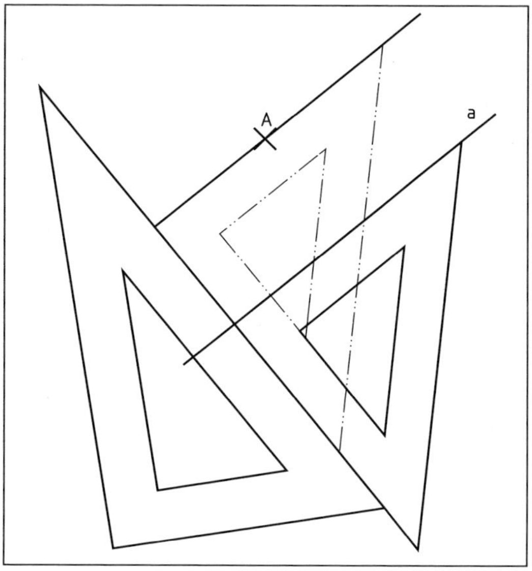

20.3 Parallelverschiebung

Strecke in beliebig viele gleiche Teile teilen

Soll die Strecke AB beispielsweise in zwölf gleiche Teile geteilt werden, so zieht man von Punkt A aus unter beliebigem Winkel eine Gerade und trägt mit dem Zirkel zwölf gleiche Teile auf ihr ab. Verbindet man Punkt 12 mit Endpunkt B und zeichnet zu dieser Strecke Parallelen durch die Teilungspunkte, so erhält man auf der Strecke AB die Schnittpunkte A_1 bis A_{11}. Die entstandenen Teilstrecken sind unter sich gleich (Bild 20.4).

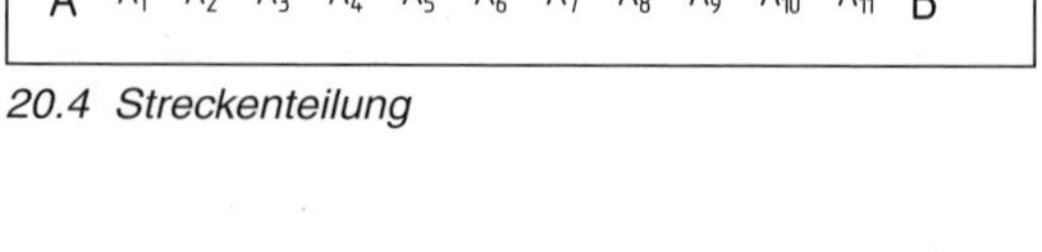

20.4 Streckenteilung

Winkel halbieren

Soll der Winkel α halbiert werden, so schlägt man zunächst mit einem beliebigen Radius eine Kreisbogen um den Scheitelpunkt A. Dieser schneidet die Schenkel des Winkels in den Punkten B und C. Um B und C werden mit beliebigem Radius zwei Bögen geschlagen, die sich in Punkt S schneiden. Die Linie AS halbiert den Winkel α (Bild 21.1).

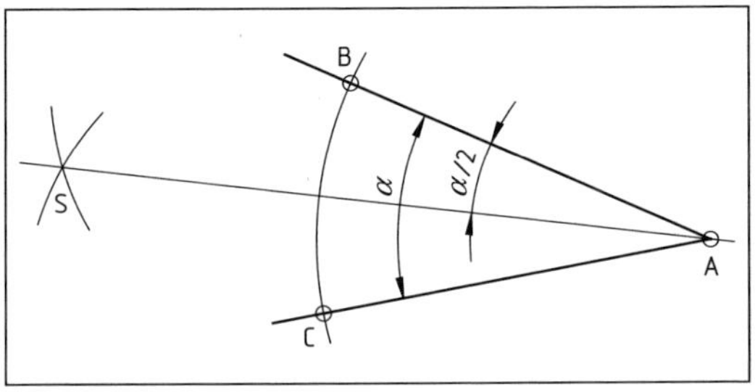

21.1 Winkel halbieren

Gleichseitiges Dreieck in einen Kreis zeichnen

Man schlägt mit dem Radius $d/2$ einen Kreisbogen um Achsenschnittpunkt D und erhält auf dem Kreisumfang die Schnittpunkte A und B. Verbindet man die Punkte A, B und C, so entsteht das gleichseitige Dreieck ABC. Diese Konstruktion lässt sich auch mit 60°-Dreieck ausführen, weil ein gleichseitiges Dreieck drei 60°-Innenwinkel besitzt (Bild 21.2).

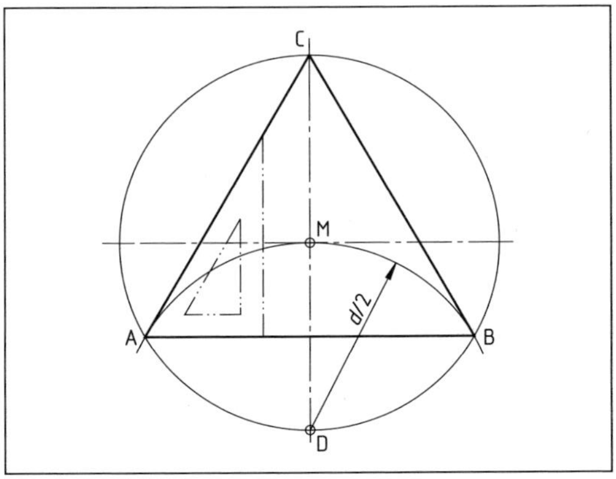

21.2 Gleichseitiges Dreieck im Kreis

Regelmäßiges Sechseck in einen Kreis zeichnen

Man schlägt mit dem Radius $d/2$ je einen Kreisbogen um die Achsenschnittpunkte A und B und erhält auf dem Kreisumfang die weiteren Eckpunkte C bis F des Sechsecks. Diese Konstruktion lässt sich auch mit dem 30°/60°-Dreieck ausführen (Bild 21.3).

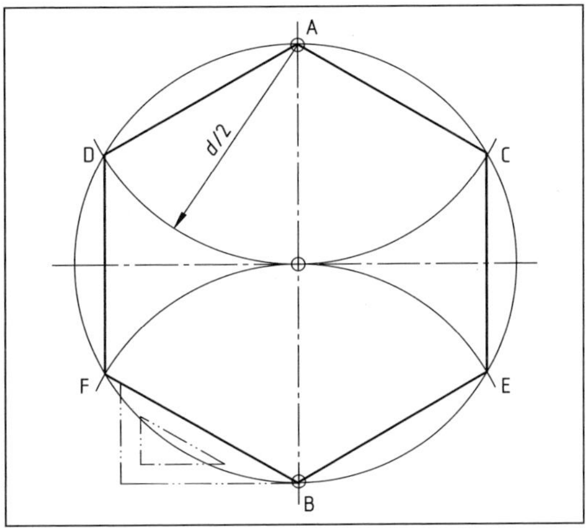

21.3 Regelmäßiges Sechseck

Sechseckkonstruktion nach gegebener Seite

Auf der gegebenen Seite AB errichtet man die Mittelsenkrechte. Mit AB schlägt man um B einen Kreisbogen, der die Mittelsenkrechte in Punkt M schneidet. Dies ist der gesuchte Mittelpunkt des Umkreises. Mit AM = $d/2$ wird um M der Umkreis des Sechsecks gezeichnet. Nach dem Ergänzen des Achsenkreuzes können die restlichen Punkte des Sechsecks mit dem Zirkel durch Abtragen der Seitenlänge AB auf dem Kreisumfang bestimmt werden (Bild 21.4). Die Konstruktion ist auch mit dem 30°/60°-Dreieck ausführbar.

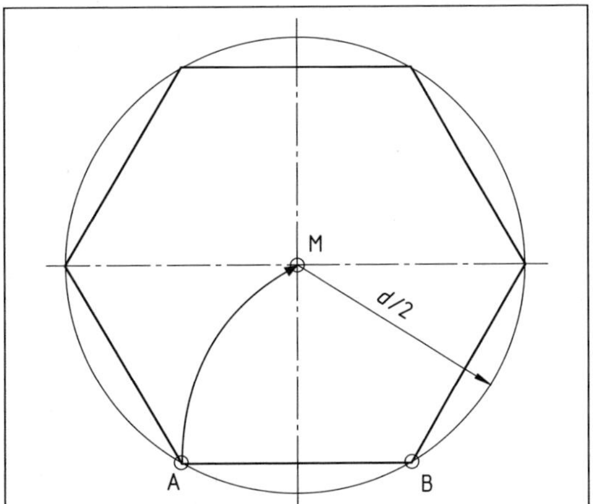

21.4 Sechseck nach gegebener Seite

Kreisumfang mit Zwölferteilung

Die Zwölferteilung besteht aus zwei um 90° gedrehten Sechserteilungen. Man schlägt um jeden der vier Achsenschnittpunkte mit dem Radius des Kreises Bögen nach beiden Seiten auf den Kreis. Die Schnittpunkte sind die zwölf Teilungspunkte des Kreisumfangs (Bild 22.1).

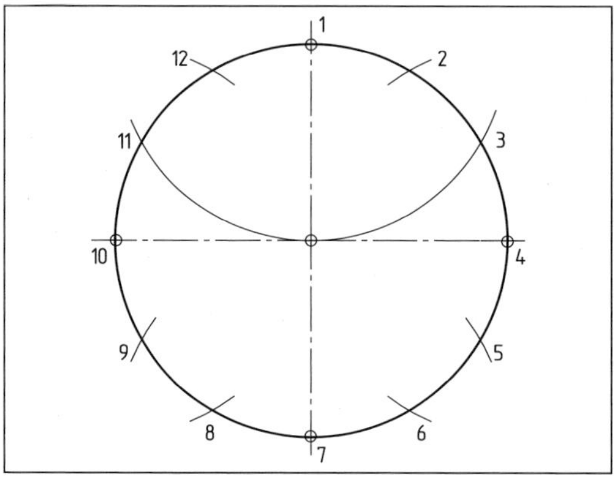

22.1 Zwölferteilung des Kreises

Quadrat oder Achteck in einen Kreis zeichnen

Halbiert man die 90°-Winkel des Achsenkreuzes, so schneiden diese Winkelhalbierenden den Kreisumfang und bilden damit die Eckpunkte eines Quadrates. Diese Konstruktion lässt sich auch mit dem 45°-Winkel ausführen. Zusammen mit den Achsenschnittpunkten auf dem Kreisumfang entsteht ein regelmäßiges Achteck (Bild 22.2).

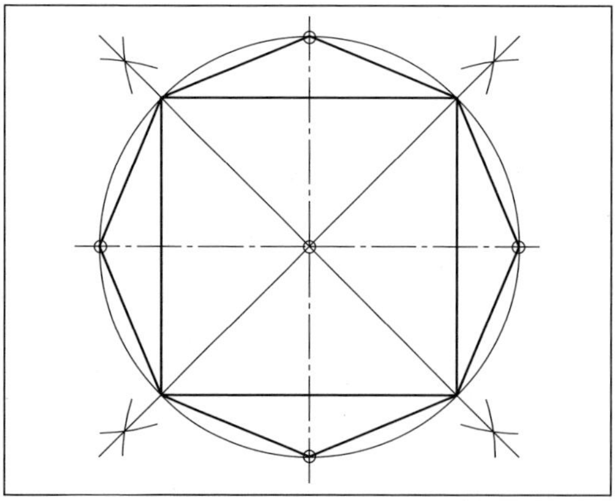

22.2 Quadrat und Achteck im Kreis

Achteck nach gegebener Seite zeichnen

Auf der gegebenen Seite AB wird die Mittelsenkrechte ermittelt. Um den Teilungspunkt C schlägt man mit der Hälfte der gegebenen Seite einen Kreisbogen, der die Mittelsenkrechte in Punkt D schneidet. Ein Kreisbogen um D mit dem Radius AD schneidet die Mittelsenkrechte im Mittelpunkt M des Umkreises, weil MA dessen Radius ist. Die weiteren Eckpunkte des Achtecks werden durch wiederholtes Abtragen der Seitenlänge AB auf dem Umkreis ermittelt. Diese Eckpunkte lassen sich auch mithilfe der Zeichendreiecke konstruieren (Bild 22.3).

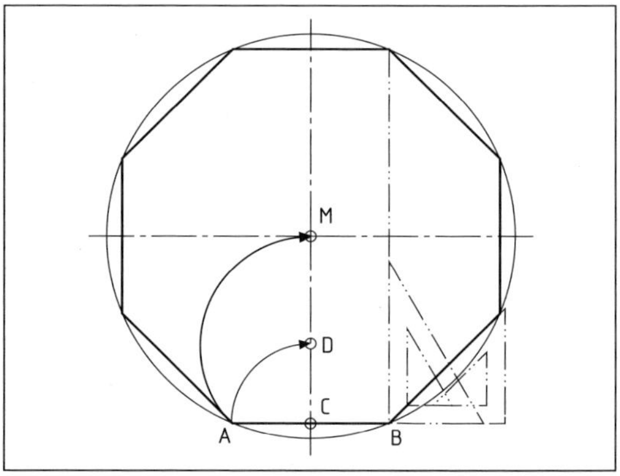

22.3 Achteck aus gegebener Seite

Regelmäßiges Fünfeck in einen Kreis zeichnen

Man halbiert den Radius MA und erhält als Halbierungspunkt B. Dann verbindet man B mit Punkt C und schlägt mit der Strecke BC einen Kreisbogen um B. Dieser schneidet die waagerechte Achse in Punkt D. Der Kreisbogen mit CD um C ergibt als Schnittpunkt mit der Kreislinie den Punkt E. EC ist eine Fünfeckseite und wird auf dem Kreisumfang abgetragen. Die Verbindung dieser Punkte ergibt das Fünfeck (Bild 22.4).

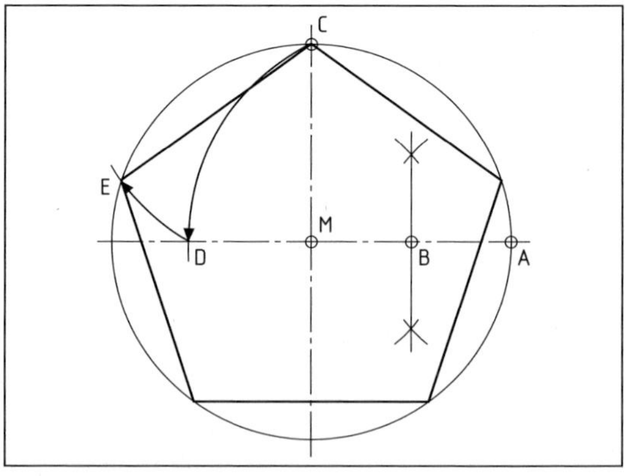

22.4 Regelmäßiges Fünfeck

Ellipsenkonstruktion nach gegebenen Achsen

Man zeichnet das Achsenkreuz mit dem Schnittpunkt M. Dann zeichnet man mit der halben großen Achse und mit halben kleinen Achse Kreise um M. Diese schneiden das Achsenkreuz in den Scheitelpunkten der Ellipse A, B, C, und D. Die beiden Kreise werden in zwölf gleiche Teile geteilt. Von den Teilungspunkten des äußeren Kreises werden Senkrechte und von den Teilungspunkten des inneren Kreises Waagerechte gezogen. Deren Schnittpunkte ergeben die gesuchten Ellipsenpunkte (Bild 23.1).

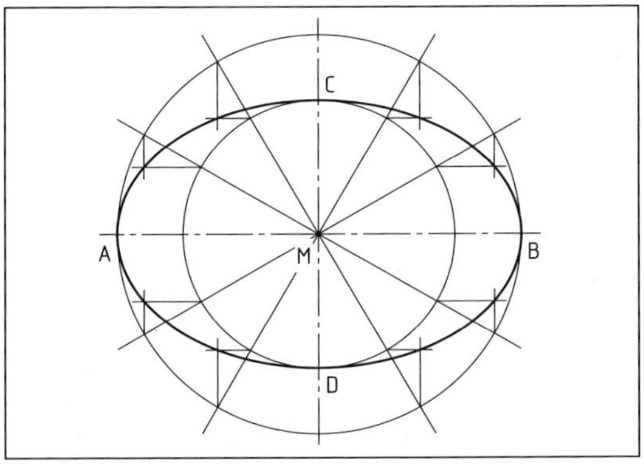

23.1 Ellipsenkonstruktion

Korbbogenkonstruktion mit gegebenen Achsen

Man zeichnet das Achsenkreuz mit dem Schnittpunkt M und die Achsenendpunkte A, B, C, und D. Dann verbindet man die Punkte A und C und schlägt mit AM um A einen Kreisbogen, der AC in E schneidet. Ein Kreisbogen mit MC um M ergibt den Schnittpunkt F auf der Strecke AC. Die Strecke EF ist der Radius für die Endrundungen.

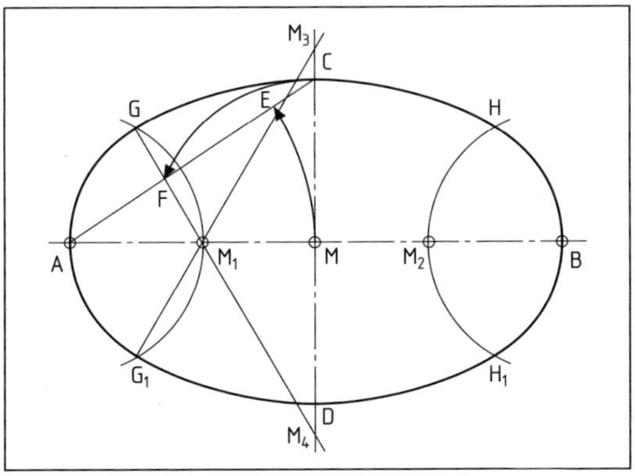

23.2 Korbbogenkonstruktion

Deren Mittelpunkte M_1 und M_2 ergeben sich, wenn man um die Punkte A und B Bögen mit EF schlägt. Sie schneiden die Endrundungen in G, G_1, H und H_1. Die Verlängerung der Strecken GM_1 und G_1M_1 bzw. HM_2 und H_1M_2 ergeben auf der verlängerten senkrechten Achse die Mittelpunkte M_3 und M_4 für die Kreisbögen zur Vervollständigung des Korbbogens (Bild 23.2). Dieser aus Kreisbögen zusammengesetzte Korbbogen wird auch als Oval bezeichnet.

Eckenabrundung

Der Radius für die Abrundung muss gegeben sein. Den Mittelpunkt für die Rundung findet man, indem zu den Kanten a und b Parallelen im Abstand des Radius' gezogen werden. Der Schnittpunkt der Parallelen ist der Rundungsmittelpunkt M. Die Übergangspunkte A_1 und A_2 der Rundung auf die geraden Kanten ergeben sich, wenn von M die Senkrechten auf die Kanten a und b gezeichnet werden (Bild 23.3).

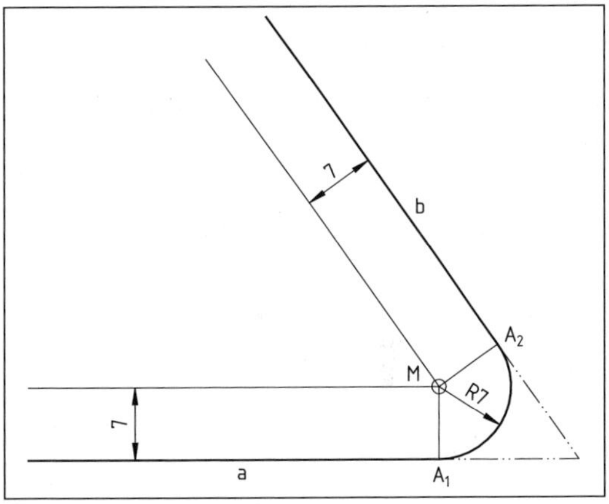

23.3 Eckenabrundung

S-Bogen-Konstruktion mit gleichen Radien

Soll der Übergang zwischen zwei Punkten P_1 und P_2 durch einen S-Bogen gebildet werden, der sich aus zwei Kreisbögen mit gleichem Radius *r* zusammensetzt, ohne dass der Kurvenanschluss an die Geraden tangential erfolgt, so verbindet man zunächst P_1 und P_2 durch eine Gerade. Durch Halbierung erhält man Punkt A, der die Mitte des S-Bogens bildet. Die Bogenmittelpunkte M_1 und M_2 ergeben sich als Schnittpunkte, wenn mit dem Radius um P_1 und A bzw. um P_2 und A Kreisbögen geschlagen werden. Um M_1 lässt sich nun der Bogenabschnitt P_1A, um M_2 der Bogenabschnitt P_2A mit dem Zirkel zeichnen (Bild 24.1).

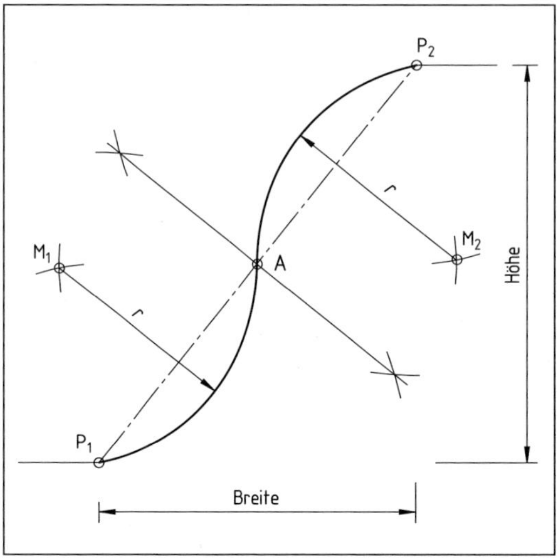

24.1 S-Bogen mit gleichen Radien

S-Bogen-Konstruktion mit ungleichen Radien

Liegt der senkrechte Abstand *h* zwischen den Punkten P_1 und P_2 fest, und sind die Radien r_1 und r_2 verschieden groß, so werden zunächst Parallelen in den Abständen r_1 und r_2 zur oberen bzw. unteren Linie gezeichnet. Auf der unteren Linie wird P_1 markiert und eine Senkrechte errichtet, die die Parallele in M_1 schneidet. Das ist der Mittelpunkt für den Bogenabschnitt mit r_1.
Die noch unbekannte Lage vom Bogenmittelpunkt M_2 und vom Punkt P_2 kann jetzt bestimmt werden. Dazu schlägt man um M_1 einen Kreisbogen mit $r = r_1 + r_2$. Der Schnittpunkt mit der Parallelen zur oberen Linie ist der gesuchte Bogenmittelpunkt M_2. Die Senkrechte von M_2 zur oberen Linie bestimmt die Lage des Punktes P_2. Jetzt können die Bogenabschnitte P_1A und P_2A mit dem Zirkel gezeichnet werden. Sie treffen sich auf der Linie M_1M_2 im Punkt A (Bild 24.2). Bei dieser Konstruktion schließt sich der S-Bogen tangential an die Geraden an, weil in diesem Falle die Breite nicht vorgegeben ist.
Geometrische Konstruktionsübungen auf S. 25 – 28.

S-Bogen mit Zwischenstück

Bei bestimmten Rohrbogenkonstruktion, bei denen eine große Ausladung und Höhe zu überbrücken sind, und deren Bogenstücke sich nicht berühren, sind die Bogenstücke durch eine gemeinsame Tangente zu verbinden. Es ist also die Tangente als Zwischenstück an zwei Kreise zu konstruieren.

Im Rechteck aus Ausladung und Höhe sind die Bogenpunkte A und B festgelegt. Schlägt man um A bzw. B Kreisbögen mit dem Bogenradius *r*, ergeben sich die jeweiligen Bogenmittelpunkte M_1 und M_2 als Schnittpunkte mit den Waagerechten. M_1 und M_2 werden verbunden, was zum Schnittpunkt M mit der Rechteckdiagonalen führt. Die Strecken M_1M und M_2M werden halbiert und über ihnen ein Halbkreis (Thales-Kreis) gezeichnet, der die Bogenkreise in T_1 und T_2 schneidet. Diese Punkte werden verbunden und bilden die tangentiale Verbindungslinie zwischen den Bogenstücken der zwei Kreise (Bild 24.3).

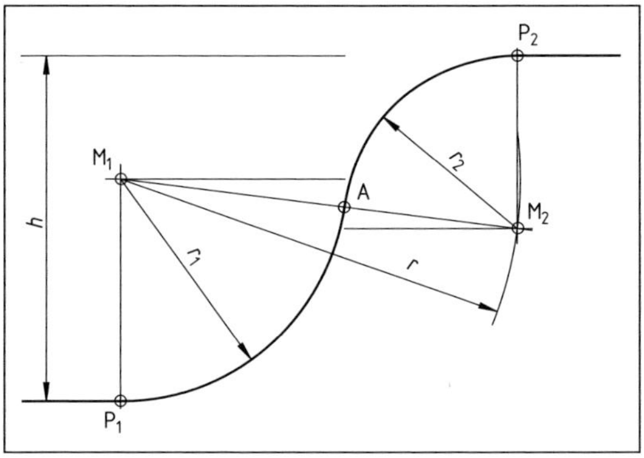

24.2 S-Bogen mit ungleichen Radien

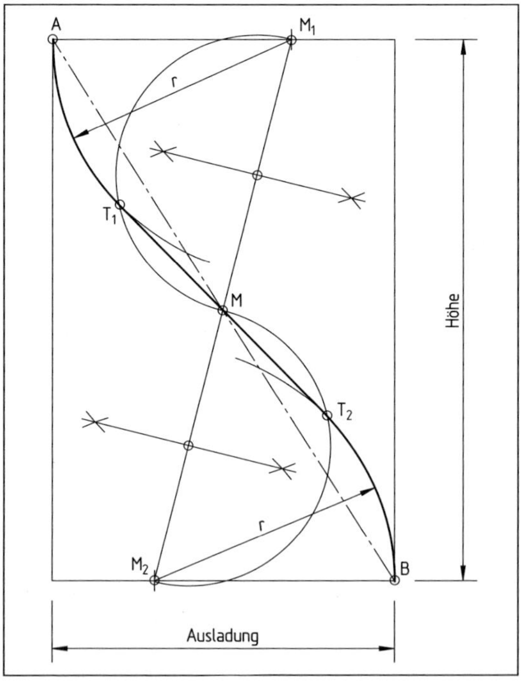

24.3 S-Bogen mit Zwischenstück

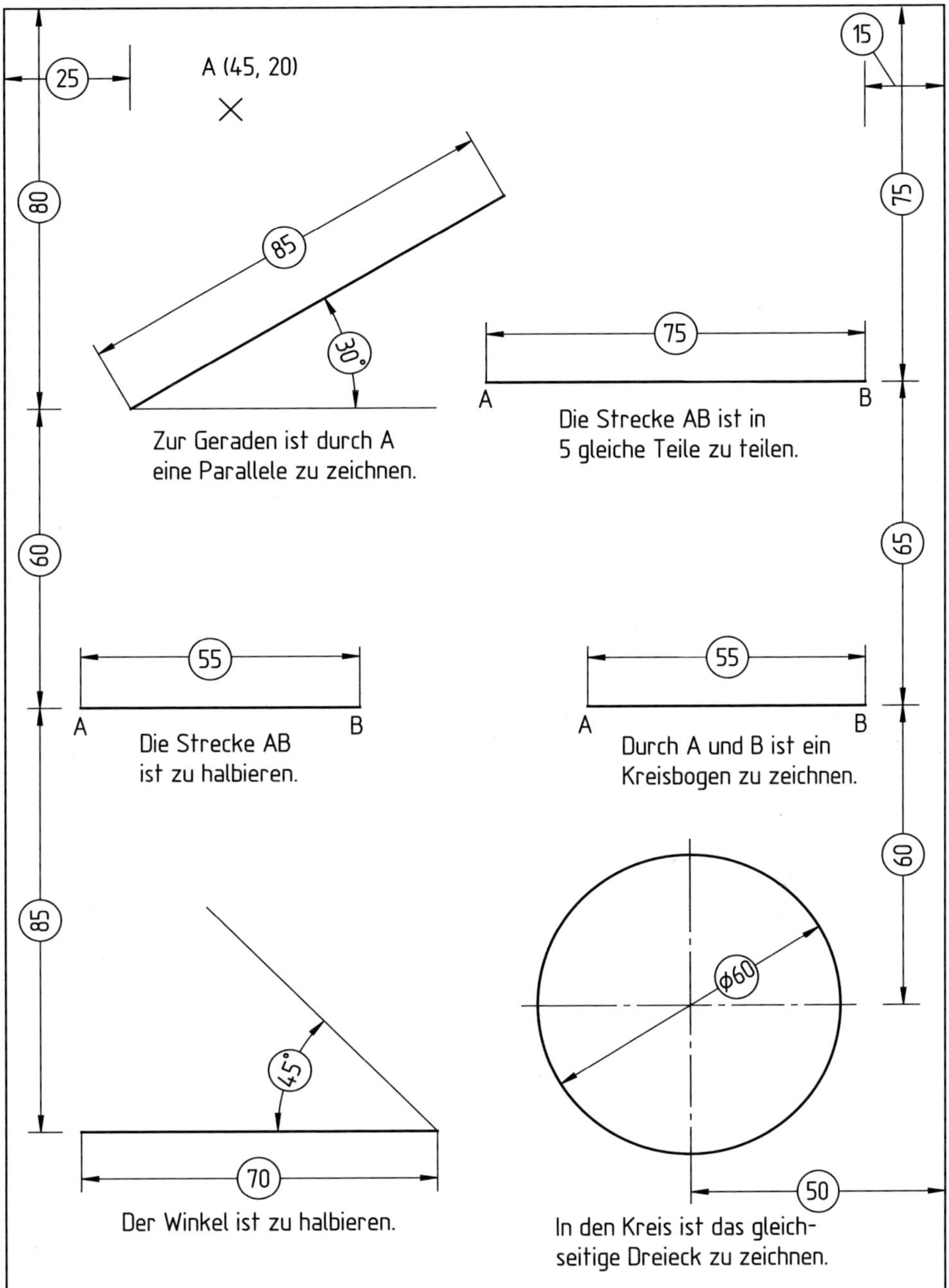

Geometrische Konstruktionen I:
Parallelenkonstruktion, Streckenteilung, Streckenhalbierung, Kreisbogen durch zwei Punkte, Winkelhalbierung, gleichseitiges Dreieck im Kreis

25.1 Geometrische Konstruktionen I

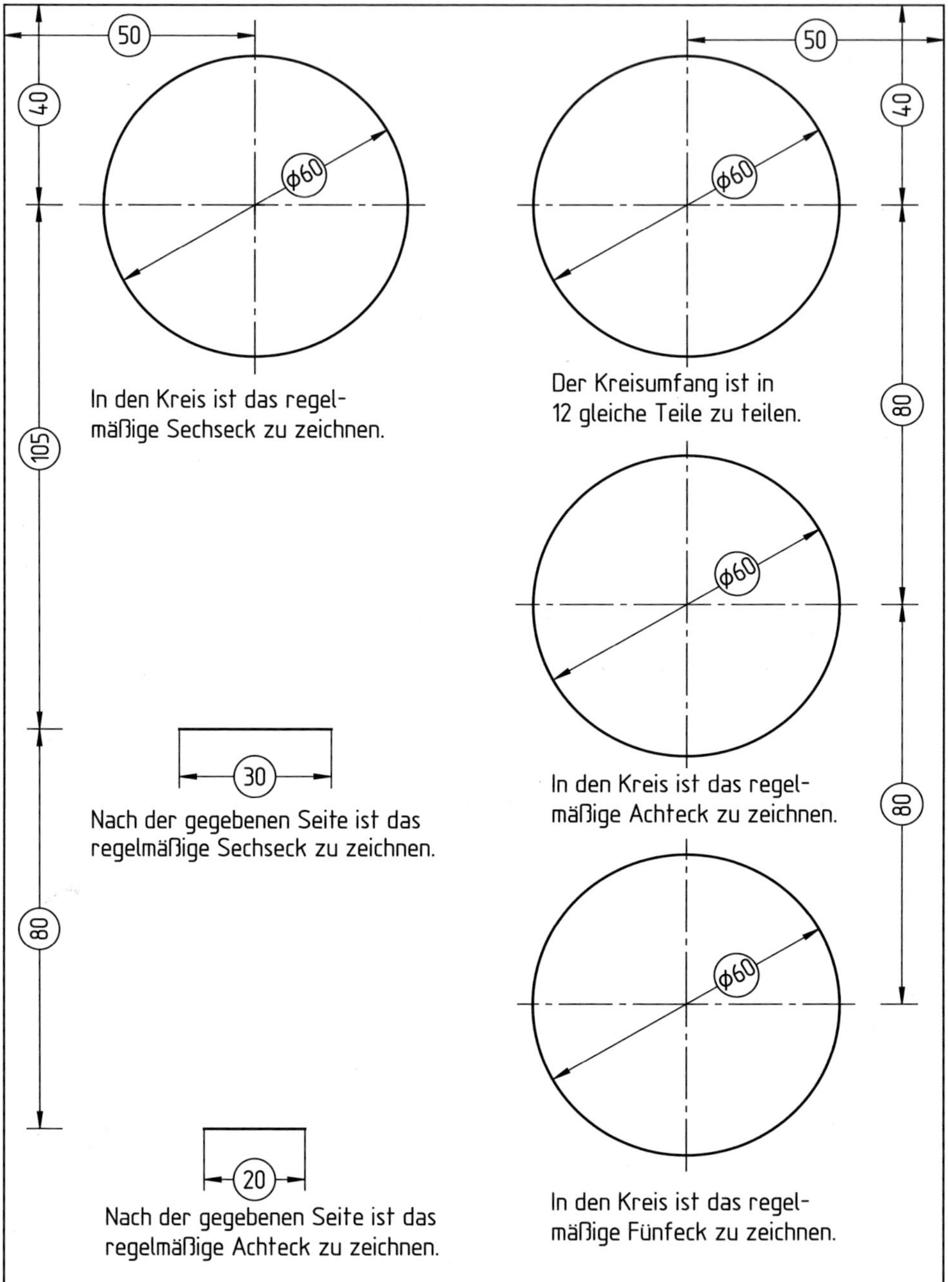

Geometrische Konstruktionen II:
Regelmäßiges Sechseck, Zwölfteilung des Kreises, Sechseck nach Seite, regelmäßiges Achteck, Achteck nach Seite, regelmäßiges Fünfeck

26.1 Geometrische Konstruktionen II

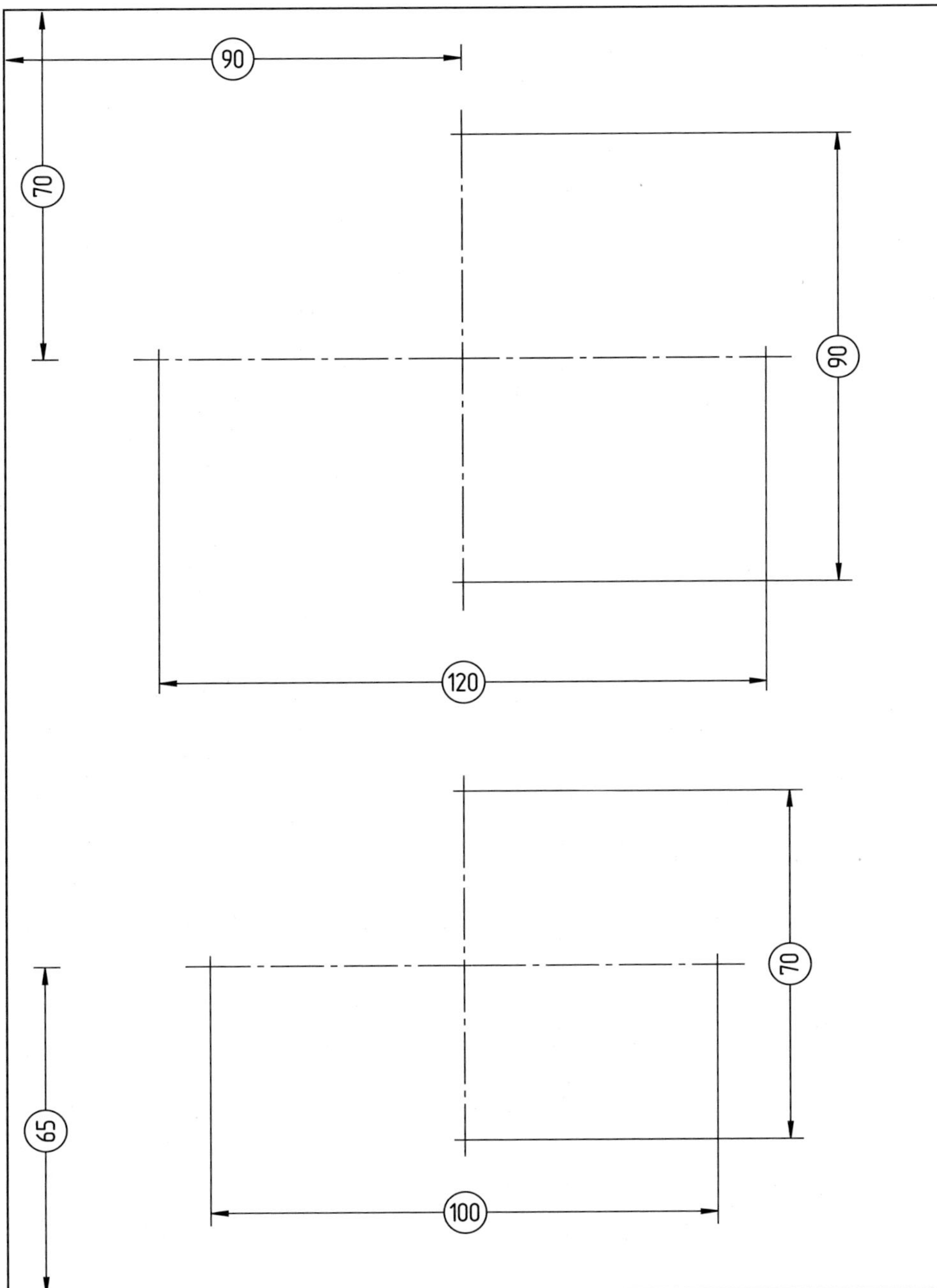

Geometrische Konstruktionen III:
Zeichnen Sie oben eine Ellipse und unten eine Rundkonstruktion nach der Korbbogenmethode mit den vorgegebenen Maßen und Abständen.

27.1 Geometrische Konstruktionen III

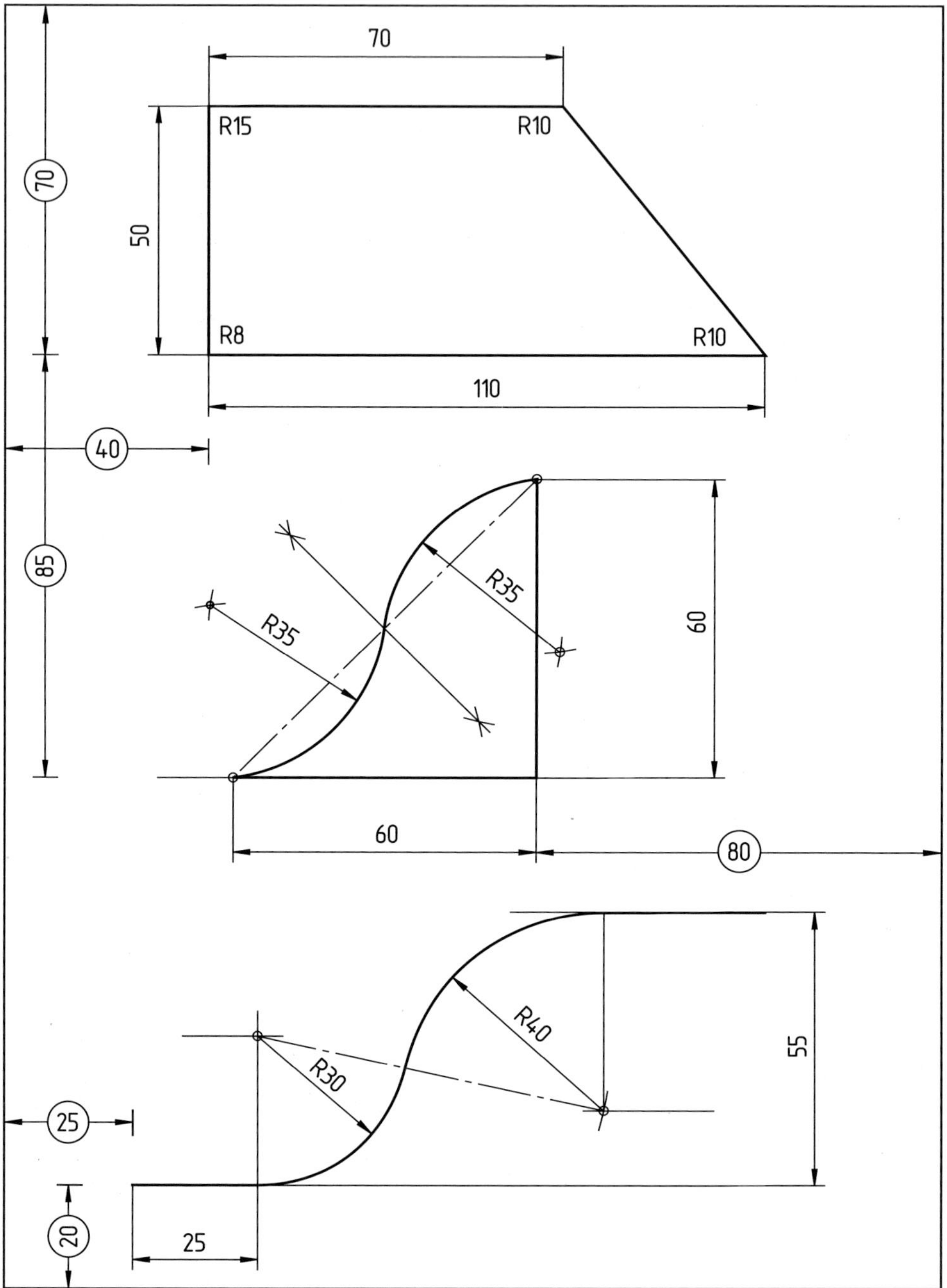

Geometrische Konstruktionen IV:
Zeichnen Sie das trapezförmige Blech ab und versehen Sie es mit den vorgesehenen Abrundungen. Konstruieren Sie in der Mitte einen S-Bogen mit gleichen Radien. Unten ist eine S-Bogen-Konstruktion mit ungleichen Radien gefordert.

28.1 Geometrische Konstruktionen IV

1.8 Projektionsarten

Axonometrische Projektionen (Raumbilder)

In Büchern, technischen Prospekten, Handbüchern und Gebrauchs- bzw. Montageanleitungen werden technische Gegenstände häufig nicht in Form einer klassischen technischen Zeichnung, sondern als Axonometrische Projektion abgebildet. Ihr Kennzeichen ist, dass man die räumliche Ausdehnung von Körpern in die Zweidimensionalität der Zeichenebene bringt. Eine Auswahl solcher Darstellungen zeigt Bild 29.1.

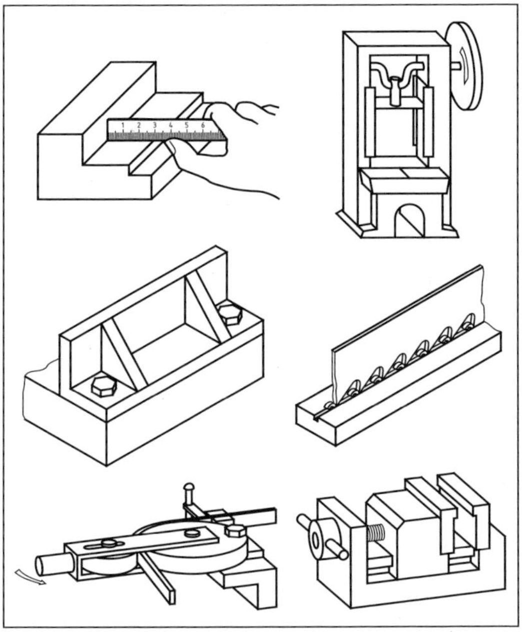

29.1 Raumbilder

Diese Projektionsarten können sich in den Winkeln für Breite und Tiefe sowie im Abbildungsmaßstab für Breite, Höhe und Tiefe unterscheiden. Die Zeichnungen in Bild 29.1 sind so angeordnet, dass die ersten beiden die Breiten waagerecht (= 0°) zeigen. Ihre Tiefen sind unter 45° bzw. 135° dargestellt. Beim zweiten Paar liegen die Breiten auf 30° und die Tiefen auf 150° (30°). Im dritten Fall sind die Breiten unter 7°, die Tiefen unter 138° (42°) geneigt. Alle Höhen verlaufen senkrecht (90°). Sind alle drei Richtungen im gleichen Maßstab, also in der Tiefe nicht verkürzt dargestellt, so handelt es sich um eine **isometrische** (grch. = gleiche Maße) Projektion (Bild 29.2). Ist in der Projektion die Tiefe im Gegensatz zu Höhe und Breite verkürzt abgebildet, liegt eine **dimetrische** (grch. = zwei Maße) Projektion vor (Bild 29.3).

Bei den ersten beiden Zeichnungen in Bild 29.1 sind die Tiefen unter 45° (links) und 135° (rechts) gezeichnet. Die erste Möglichkeit entspricht der klassischen Zeichenweise eines Rechtshänders und ist weit verbreitet. Die Zweite ist nach der Norm auch zulässig und bietet den Vorteil, dass die später zu behandelnden Ansichten der Parallelprojektion zu erkennen sind. Das Gleiche gilt analog auch für die Zeichnungen in der dritten Reihe.

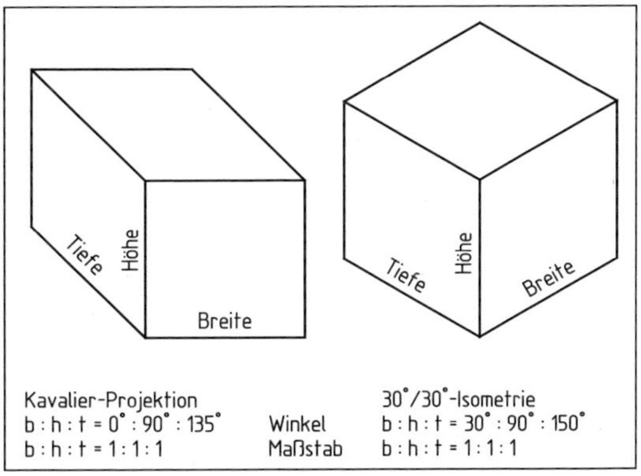

29.2 Würfel in isometrischen Projektionen

Der Würfel in Bild 29.2 ist isometrisch in der **Kavalier-Projektion** als Würfel nicht mehr erkennbar. Deshalb wird in der Praxis meistens eine isometrische nach Art der **30°/30°-Isometrie** angewendet.

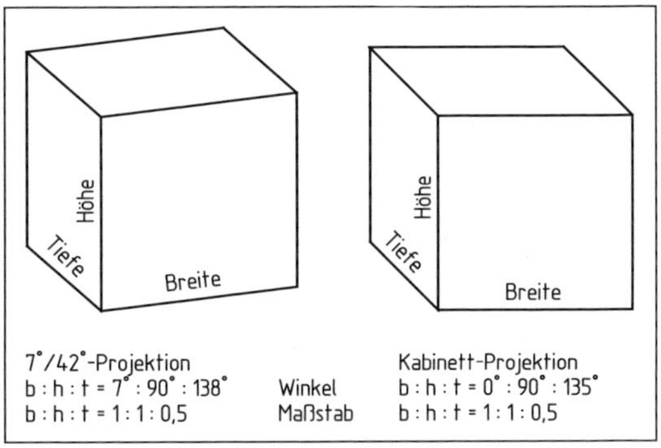

29.3 Würfel in dimetrischen Projektionen

Die Würfelform in Bild 29.3 ist in beiden Zeichnungen gut zu erkennen, da die Tiefe jeweils auf die Hälfte verkürzt dargestellt wurde. Eine Zeichnung in der **7°/42°-Projektion** ist aufwendiger herzustellen, die **Kabinett-Projektion** wird deswegen meistens bevorzugt.

Parallelprojektion

Um ein Bauteil eindeutig darzustellen, reicht oft eine Ansicht nicht aus. Eine axonometrische Projektion ist zu aufwendig und unübersichtlich. Deshalb wird ein Körper in mehreren Ansichten und möglicherweise auch Schnitten dargestellt. Meistens genügen die Ansichten von vorn (Vorderansicht), von der linken Seite (Seitenansicht) und von oben (Draufsicht). Die Auswahl und die Anordnung dieser Ansichten ist genormt.

Zur Veranschaulichung soll eine Raumecke aus Papier dienen, die man sich gemäß Vorlage (Bild 30.1) aus einem A4-Blatt falten kann.

Stellt man sich den zu zeichnenden Gegenstand in dieser Raumecke so platziert vor, dass er von allen Flächen den gleichen Abstand hat (z. B. 20 mm), so projiziert eine Lichtquelle, die paralleles Licht rechtwinklig auf die Ansichtsfläche strahlt, den jeweiligen Schattenriss auf diese Fläche (Bild 30.2).

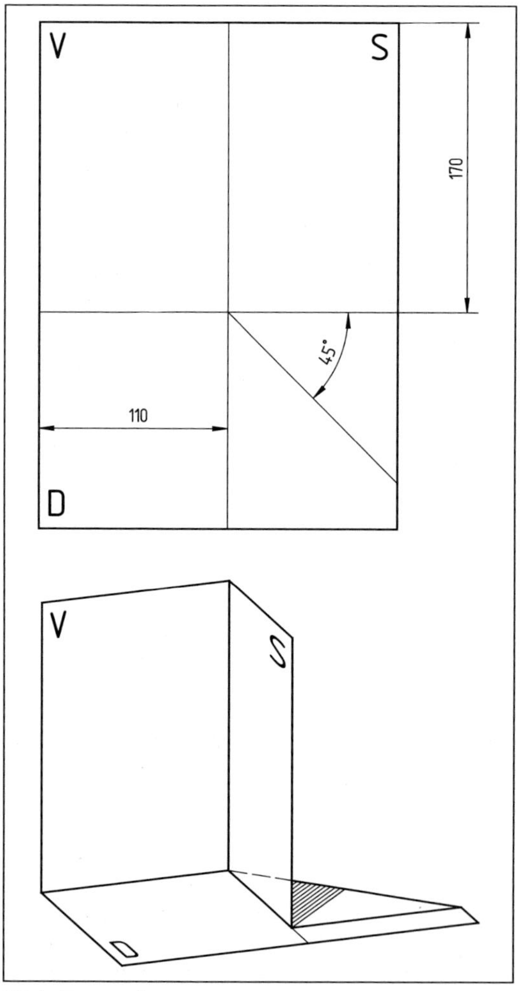

30.1 Raumecke

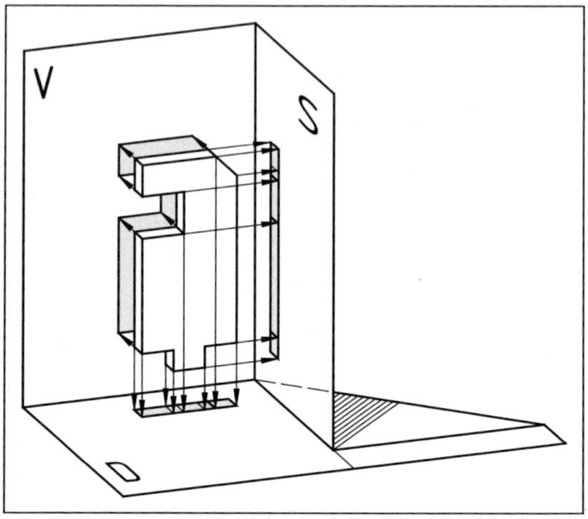

30.2 Parallelprojektion, Pressenständer in der Raumecke

Faltet man nach dieser Prozedur das Blatt wieder zurück, so erhält man ein Beispiel für die **Parallelprojektion** (Bild 30.3). Die Faltung bildet das **Achsenkreuz.** Der Übergang zwischen Seitenansicht und Draufsicht lässt sich durch Spiegelung an der 45°-Achse oder durch Zirkelschlag durchführen.

Übungsbeispiele befinden sich auf Seite 31.

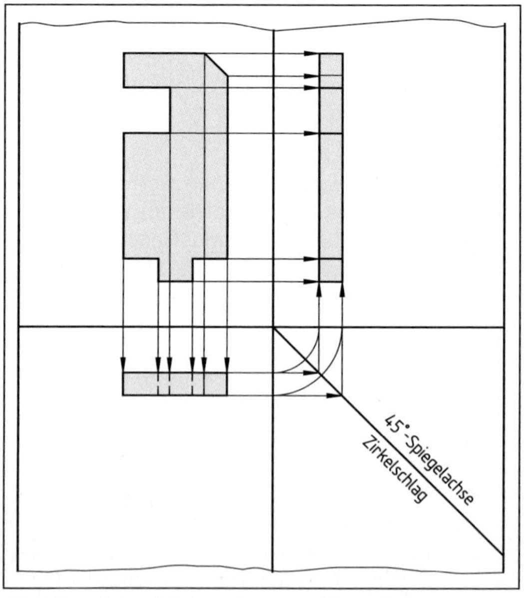

30.3 Parallelprojektion als ausgeführte Zeichnung

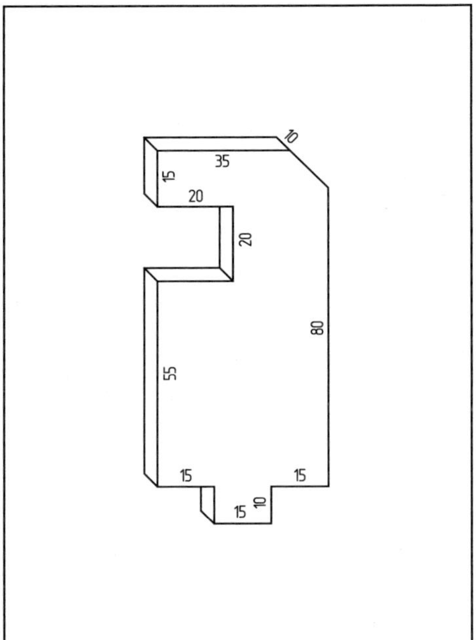

Zeichnen Sie den Pressenständer in drei Ansichten im Maßstab 1:1 auf ein A4-Blatt. Führen Sie auch die Projektionen durch. Besonders feine Linien weisen darauf hin, dass es sich um Konstruktionslinien handelt. Übernehmen Sie die Blatteinteilung von der Faltanleitung.

31.1 Pressenständer

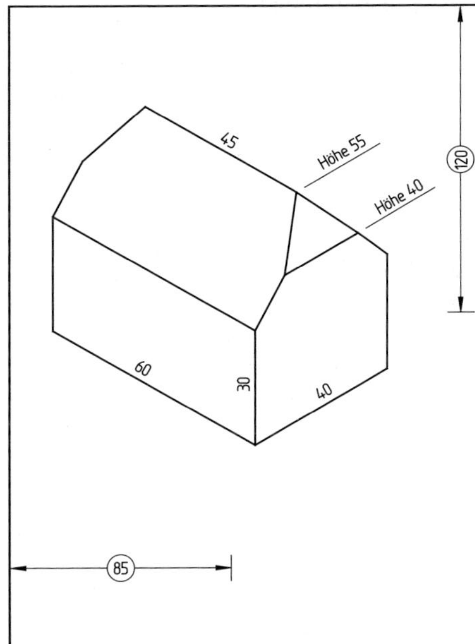

Die Darstellung zeigt isometrisch ein stilisiertes Haus mit Krüppelwalmdach. Zeichnen Sie das Haus im Maßstab 1:1 in drei Ansichten auf ein A4-Blatt. Die Position des Achsenkreuzes ist gegeben. Die Ansichten haben von ihm einen Abstand von 20 mm. Maßangaben sind natürliche Längen in mm.

31.2 Übung für Parallelprojektion I

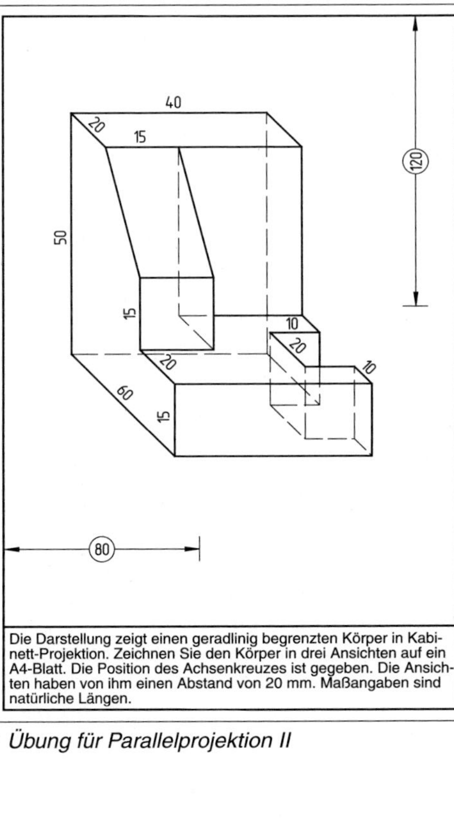

Die Darstellung zeigt einen geradlinig begrenzten Körper in Kabinett-Projektion. Zeichnen Sie den Körper in drei Ansichten auf ein A4-Blatt. Die Position des Achsenkreuzes ist gegeben. Die Ansichten haben von ihm einen Abstand von 20 mm. Maßangaben sind natürliche Längen.

31.3 Übung für Parallelprojektion II

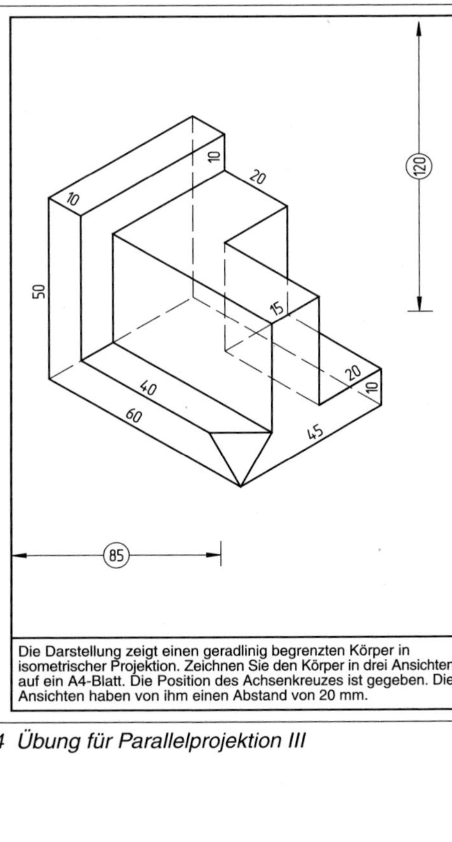

Die Darstellung zeigt einen geradlinig begrenzten Körper in isometrischer Projektion. Zeichnen Sie den Körper in drei Ansichten auf ein A4-Blatt. Die Position des Achsenkreuzes ist gegeben. Die Ansichten haben von ihm einen Abstand von 20 mm.

31.4 Übung für Parallelprojektion III

1.9 Schnittdarstellungen

Wenn gezeigt werden soll, wie das Innere eine Körpers beschaffen ist, oder wie mehrere Teile eines Gegenstandes zusammengesetzt sind, werden Schnittdarstellungen gezeichnet. Auf die Besonderheiten der Schnittdarstellung in Bauzeichnungen wird im Kapitel 2 ab Seite 34 hingewiesen. Bei aus Blech zu fertigenden Gegenständen benutzt man Schnitte hauptsächlich, um die Fügetechnik in den Nahtbereichen zu zeigen.

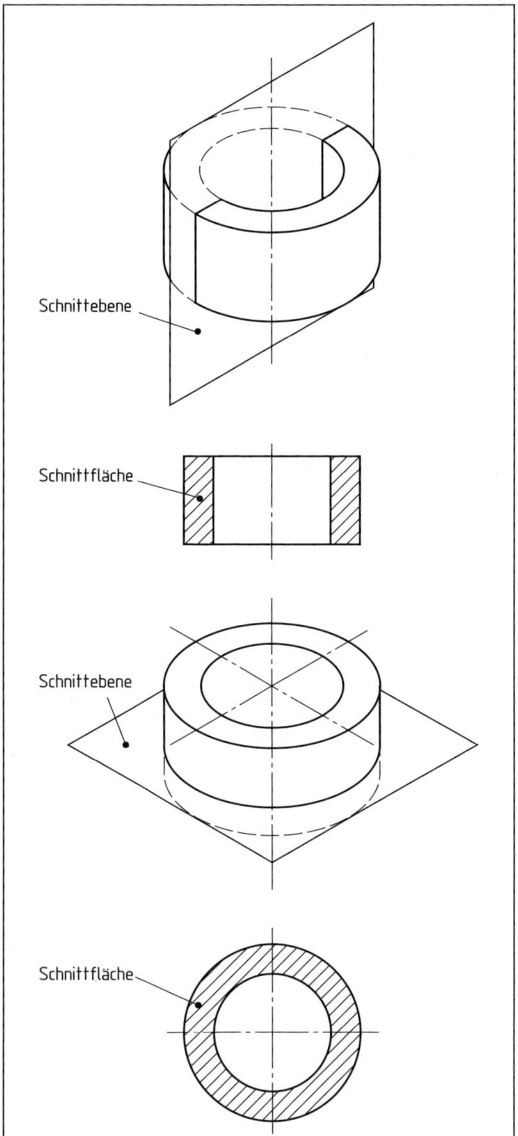

32.1 Längs- und Querschnitt

Ein Schnitt ist das gedachte Zerlegen (Aufschneiden) des Körpers durch eine **Schnittebene.** Die in der Schnittebene liegende Fläche heißt **Schnittfläche.** Schnitte können beliebig geführt werden. Verlaufen sie in der Richtung der Längsachse, so entsteht ein **Längsschnitt.** Verlaufen sie rechtwinklig zur Längsachse, so ergibt sich ein **Querschnitt** des Körpers (Bild 32.1).
Die Schnittflächen werden mit schmalen Volllinien unter 45° zur Achse oder zu den Umrisskanten schraffiert. Bei großen Schnittflächen beschränkt man die Schraffur auf den Randbereich. Grenzen die Schnittflächen verschiedener Teile aneinander, so werden sie in entgegengesetzter Richtung schraffiert (Bild 32.2). Die schmalen Schnittflächen von Blechen lassen sich nicht schraffieren, sie werden stattdessen geschwärzt (Bild 33.1 u. 33.2).

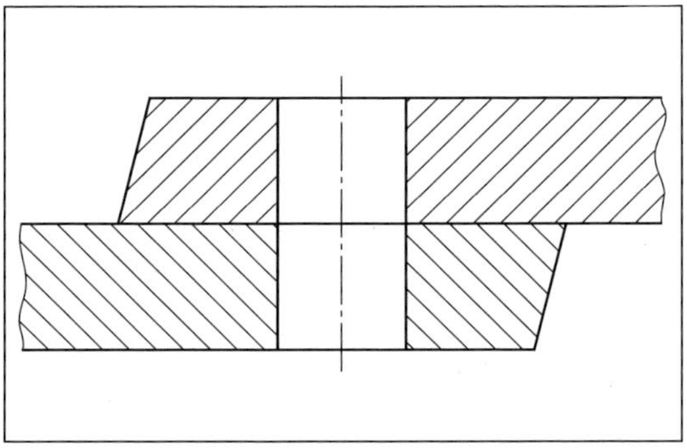

32.2 Schnitt durch angrenzende Bauteile

Symmetrische Teile, insbesondere Rundkörper, werden häufig als **Halbschnitt** gezeichnet (Bild 33.1). Bei senkrechter Achse liegt im Regelfall der Schnitt rechts, die Ansicht links der Achse. Liegt die Achse waagerecht, wird die Ansicht darüber, der Schnitt darunter gezeichnet. Zwischen Ansicht und Schnitt entsteht keine sichtbare Körperkante.

Eine Sonderform des Schnittes ist der **Ausbruch.** Bei dieser Darstellung wird der Körper nur an bestimmten Stellen, wie beispielsweise im Nahtbereich, durch eine schmale Freihandlinie geöffnet. Nur an diesen Stellen sind dann wie beim Voll- oder Halbschnitt die Schnittflächen und die hinten umlaufenden Kanten sichtbar (Bild 33.1).

Wenn der Ausbruch die Übersichtlichkeit einer Zeichnung stören sollte, kann die betreffende **Einzelheit** auch getrennt neben die Ansicht gezeichnet werden. Das bietet auch die Möglichkeit, solche Einzelbereiche vergrößert wiederzugeben (Bild 33.1).

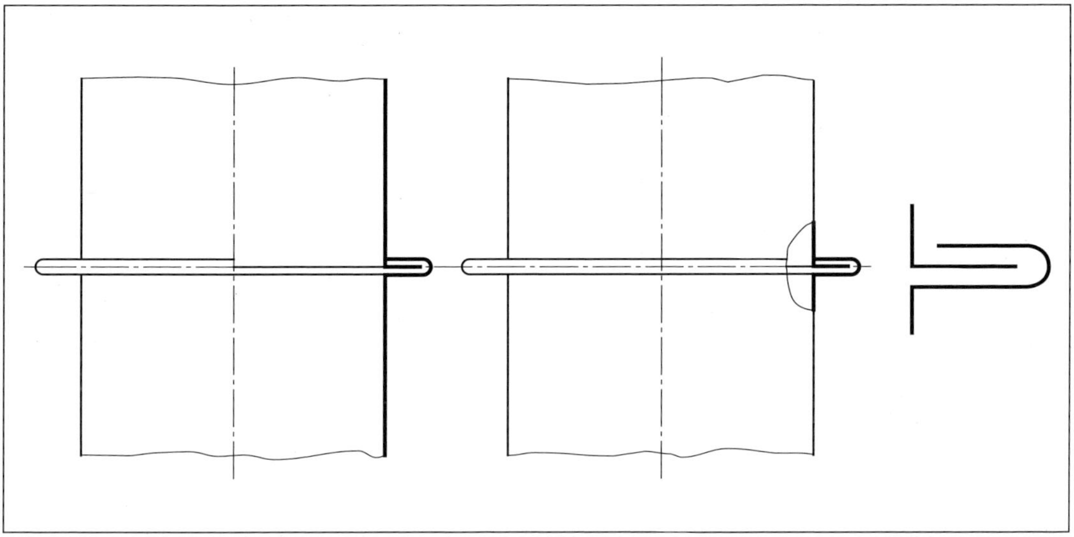

33.1 Halbschnitt, Ausbruch und Einzelheit

Sollen fertige Bauelemente, die ein Hersteller samt Bauanleitung liefert, am oder im Gebäude vom Handwerker eingebaut werden, so muss er häufig anhand mitgelieferter Schnittdarstellungen den Montageablauf erfassen und den Zusammenbau verschiedener Einzelelemente erkennen können. Wichtige Montageunterschiede, die auf den ersten Blick nicht sichtbar sind, werden nur durch Schnittdarstellungen unmissverständlich mitgeteilt. Das Bild 33.2 zeigt ein Beispiel für die sehr ähnliche und doch grundverschiedene mechanische Befestigung hochpolymerer Dachbahnen auf einer Dachunterkonstruktion aus Stahl-Trapezblech. Der Schnitt durch den Schichtenaufbau mit Bezeichnung der Bauteile liefert die notwendigen Informationen zur Montage.

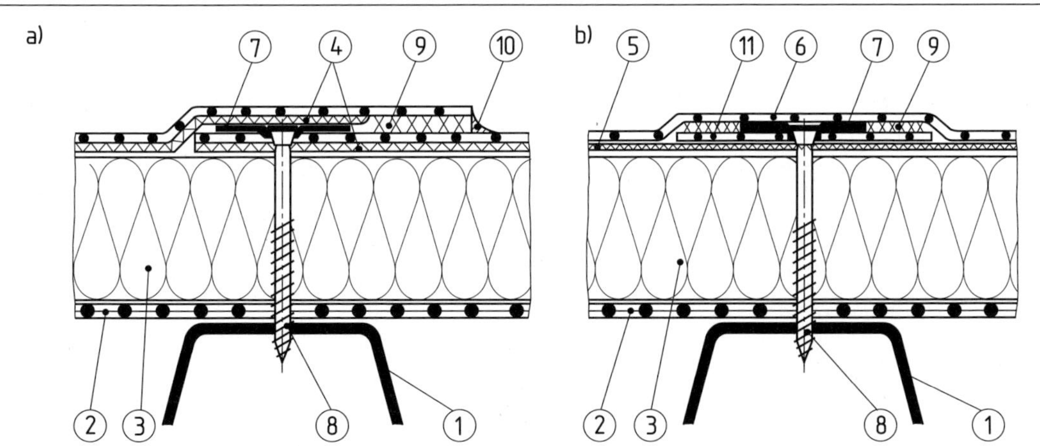

1 Stahltrapezblech
2 Dampfsperrschicht
3 Wärmedämmschicht
4 Unterseitig mit Vlies kaschierte Dachfolie
5 Trennschicht
6 Weich-PVC-Dachbahn
7 Halteteller aus Metall oder Kunststoff
8 Selbstbohrende Schraube
9 Schweißverbindung
11 Kantenabsicherung mit Flüssigfolie
11 Halteteller oder Verbundblechstreifen

33.2 Ausführungsanweisung durch Schnittbilder

2 Grundlagen des Bauzeichnens

2.1 Allgemeines

Die Bauzeichnung ist die Grundlage für die Planung und Herstellung von Bauwerken. Sie ist Bindeglied zwischen Bauherr, Architekt sowie ausführendem Handwerker und ist Grundlage für das Genehmigungsverfahren.
Deshalb muss der Ausführende Bauzeichnungen als Arbeitsanweisungen zumindest lesen können.

2.2 Zeichnungsarten

Als Bauzeichnungen kommen **Risse** (Ansichten) und Schnitte zur Anwendung, wobei das Wort „Riss" – z. B. in „Grundriss" enthalten – im eigentlichen Sinne eine Fehlbenennung ist, weil es sich auch hier um einen Schnitt handelt.

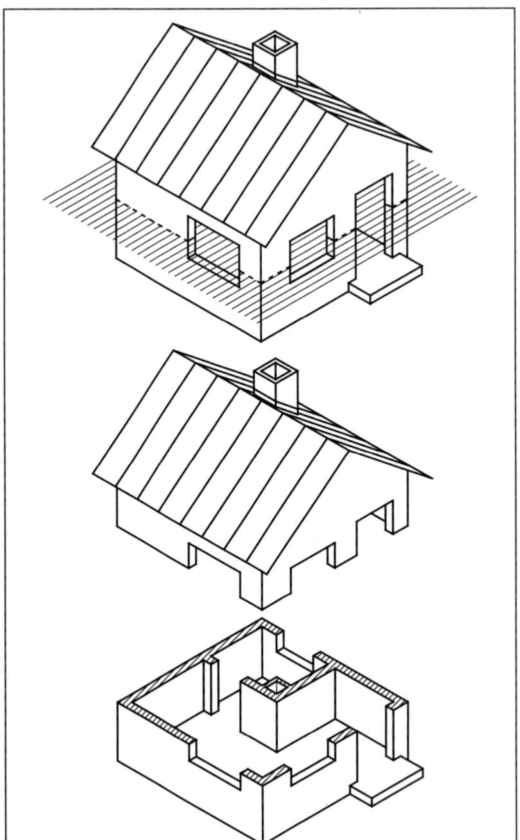

34.1 Entstehung eines Grundrisses

Man denkt sich das Geschoss auf der Höhe der Öffnungen für Fenster und Türen durchschnitten, den oberen Teil abgehoben und sieht auf die unteren geschnittenen Wandreste und Nutzflächen. Schnittflächen werden durch Schraffur gekennzeichnet (Bild 34.1 und 34.2).

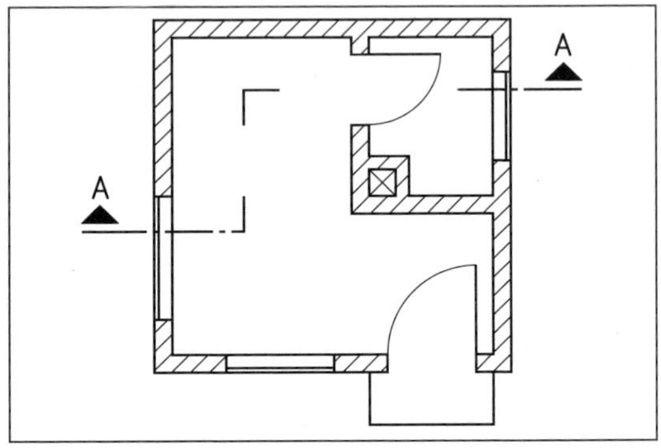

34.2 Grundriss

Echte **Schnitte** sind Längs- und Querschnitte des Gebäudes. Längsschnitte verlaufen parallel zur Längsachse, bei Bauwerken ist das die Firstlinie, Querschnitte rechtwinklig dazu. Besondere Schnittverläufe können durch Schnittlinien gekennzeichnet werden, wobei die Pfeile die Blickrichtung angeben. Buchstaben dienen der Kennzeichnung unterschiedlicher Schnitte (Bild 34.2 u. 34.3). Schnitte werden meistens stoffspezifisch durch Schraffur gekennzeichnet. Ausgewählte Schraffuren für Baustoffe befinden sich in Bild 35.1.

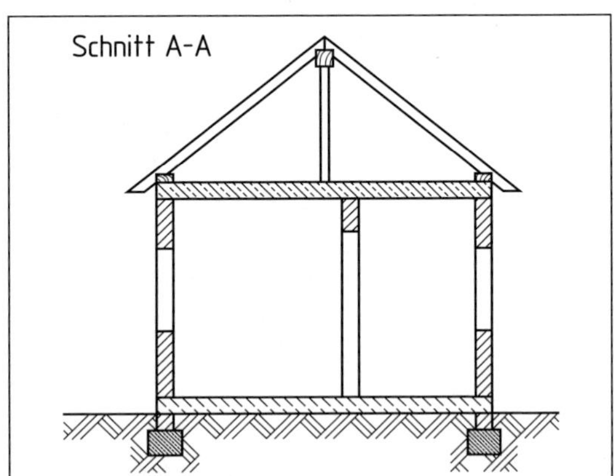

34.3 Querschnitt

Außenansichten sind für den Bauausführenden weniger interessant. Der Architekt fertigt sie hauptsächlich für den Bauherrn und die Genehmigungsbehörde.

Baustoff	Sinnbild
Mauerwerk	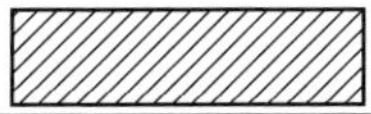
Unbewehrter Beton	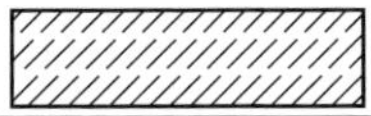
Bewehrter Beton (Stahlbeton)	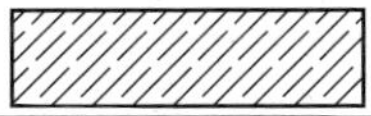
Putz, Mörtel	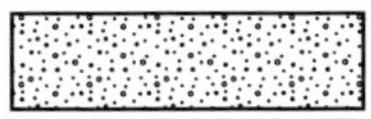
Kies	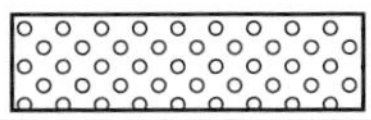
Erdboden	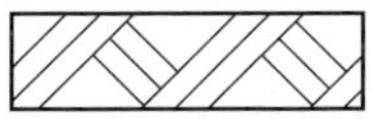
Langholz	
Hirnholz	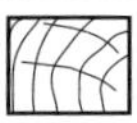
Dämmstoff	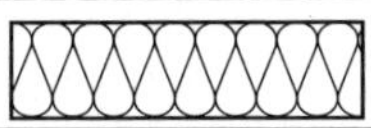
Dichtstoff	
Dichtungsbahn	
Dampfsperrbahn	
Dampfsperre	
Kunststoffbahn	
Kunststoff-Dampfsperrbahn	
Dampfdruck-Ausgleichsschicht	
Dichtungsbahn mit Metallband	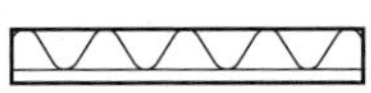
Vlieskaschierte Kunststoffbahn	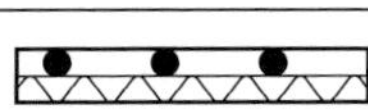
Blech	
Verbundblech, kunststoffbeschichtet	

35.1 Baustoffsinnbilder für Schnitte

Je nach Entwicklungsstand variiert eine Zeichnung in Informationsvielfalt und Maßstab. Man unterscheidet

- **Vorentwurfszeichnungen** als erste Lösungsvorschläge mit ungefähren Maßen im Maßstab 1:200 oder 1:500,
- **Entwurfszeichnungen** als endgültige Lösung mit genauen Maßen im Maßstab 1:100 und
- **Ausführungszeichnungen** als Handlungsanweisung für den Handwerker im Maßstab 1:50.

2.3 Bemaßung

Im Metall- und Holzbereich wird die Bemaßung in Millimetern (mm) durchgeführt. In Bauzeichnungen sind nach DIN 1356 verschiedene Maßeinheiten auch nebeneinander möglich, die dann in der **Maßstabsangabe** benannt werden müssen, sofern sie vom Millimeterstandard abweichen. Eine Maßstabsangabe 1:100-m, cm bedeutet, dass die Zeichnung auf 1/100 der natürlichen Größe verkleinert ist, alle Maße über 1 m in Metern mit 2 Dezimalstellen und alle Maße unter 1 m in Zentimetern ohne Dezimalstelle angeben werden. Teile von Zentimetern werden als Hochzahl hinter die Einer gesetzt, z. B. 88^5 (von $88\frac{5}{10}$ cm = 88,5 cm) (Bild 35.2).

Maßeinheit	über 1 m z. B.	Maße unter 1 m z. B.		
m	3,76	0,05	0,24	0,885
cm	376	5	24	88,5
m, cm	3,76	5	24	88^5
mm	3760	50	240	885

35.2 Maßeinheiten

Maßstruktur

Grundlage für die Maße auf Bauzeichnungen ist das Baurichtmaß „Achtelmeter". Das ist kein metrisches Maß, sondern von den Steinformaten abgeleitet. Ein Achtelmeter ist rechnerisch 12,5 cm. Berücksichtigt man die Fugenbreite von 1 cm, so darf der Stein 11,5 cm breit sein, um nachher einen Achtelmeter auszufüllen. Es passen also 8 Steine dieses Formates im Verband auf einen Meter.

Es gibt bauliche Gegebenheiten,

- bei denen die Fugenzahl ebenso groß ist wie die der Steine (Angesetzte Mauer ⇒ Anbaumaß),
- bei denen die Fugenzahl um 1 geringer ist als die der Steine (Freistehende Mauer ⇒ Außenmaß) und
- bei denen die Fugenzahl um 1 größer ist als die der Steine (Öffnungen in Wänden ⇒ Innenmaß).

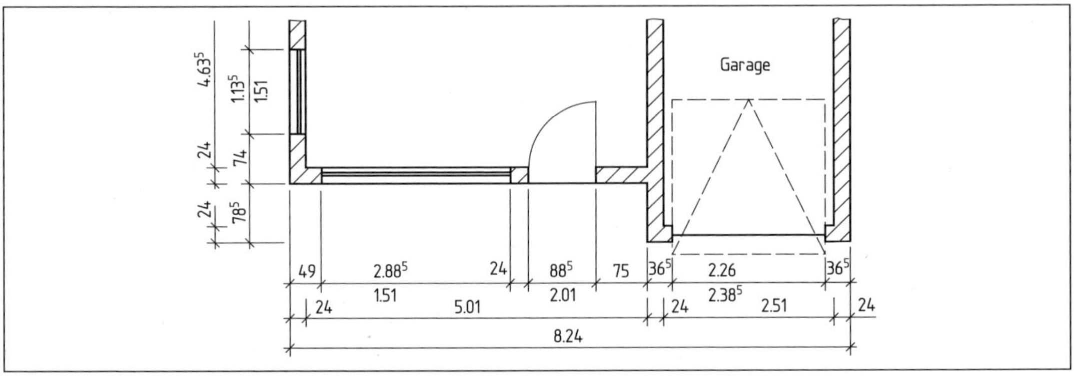

36.1 Kettenbemaßung (ohne Maßstab-m, cm)

Aus diesem Grunde sind auf Bauzeichnungen selten „glatte" Achtelmetermaße anzutreffen, sondern fast immer solche, die um 1 cm vom Achtelmeter abweichen.

Maßangaben

Anders als im Metallbereich gibt es im Bauwesen auch Mehrfach- und Kettenbemaßung (Bild 36.1). **Maßhilfslinien** müssen nicht die Körperkanten berühren, würden aber in ihrer Verlängerung auf sie treffen. Sie enden vorzeitig, wenn sie andere Linien oder Angaben kreuzen würden.

Maßlinien sind von innen nach außen mit mindestens 10 mm Abstand so anzubringen, dass

- in der ersten Ebene Pfosten und Öffnungen liegen,
- in der zweiten Ebene Wanddicken und lichte Raummaße, und
- in der dritten Ebene Gesamtmaße.

Als **Maßlinienbegrenzungen** haben sich in manuell erstellten Zeichnungen Schrägstriche bewährt. Sie verlaufen unter 45° zur Schreibrichtung geneigt von links unten nach rechts oben. Ihre Länge entspricht etwa der Größe der Maßzahlen (12fache Maßlinienbreite). Allerdings sind für alle Bemaßungen an Kreiskrümmungen (Radien, Winkelmaße) Pfeile vorgeschrieben.

Maßzahlen stehen mittig etwa 1 mm über der Maßlinie. Ist eine Maßzahl auch unter der Maßlinie angebracht, so gibt sie die Höhe des Objektes an, die in dieser Ansicht nicht sichtbar ist. Zum Beispiel steht das Maß der Fensterbreite über der Linie, die Fensterhöhe unter der Linie. Eine typische Baubemaßung ist in Bild 36.1 wiedergegeben.

Höhenangaben sind in Grundrissen und Schnitten an gleichseitige Dreiecke gebunden. Eine Spitze des Dreieckes zeigt auf die zu bemaßende Stelle.

Dabei bedeuten

- geschwärztes Dreieck Höhe der Rohfläche und
- leeres Dreieck Höhe der Fertigfläche.

Die Maßzahl steht am Dreieck und gibt den Abstand von der Höhen-Bezugsebene des Gebäudes an. Das ist meistens die **O**ber**k**ante des **F**ertigfußbodens im **E**rd**g**eschoss (OKFF EG). Negative Maße ergeben sich, wenn der betreffende Ort unterhalb der Bezugsebene liegt (Bild 36.2).

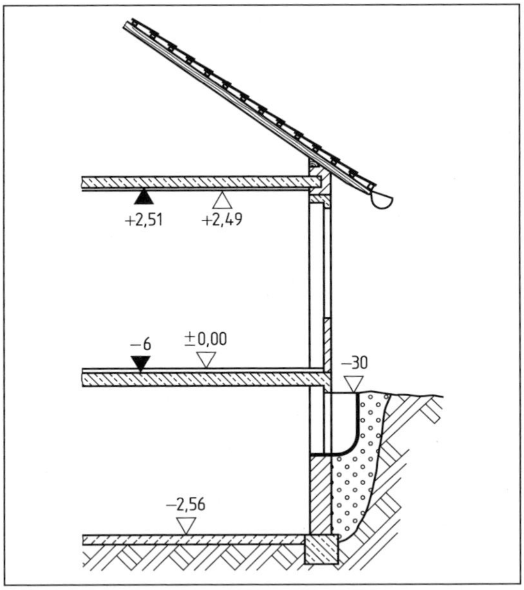

36.2 Höhenangaben

2.4 Bauelemente

Türen

Im Grundriss wird das Türblatt rechtwinklig geöffnet dargestellt, bei Platzmangel auch mit 30°-Öffnung. Der Öffnungskreisbogen von der Zarge bis zum Drehflügel wird manchmal durch eine Gerade ersetzt. Je nach Aufschlagrichtung unterscheidet man Links- und Rechts-Türen. Sieht man aus der Aufschlagrichtung der Tür heraus die Türbänder der geschlossenen Tür auf der linken Seite, so handelt es sich um eine Links-Tür. Liegen dagegen die Türbänder in Blickrichtung rechts, so handelt es sich um eine Rechts-Tür (Bild 37.1).

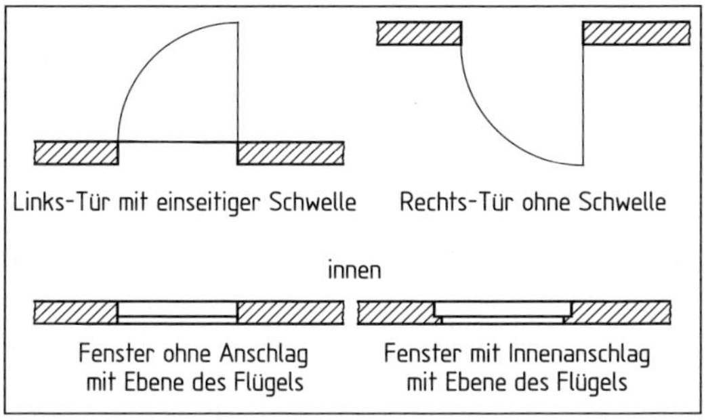

37.1 Tür- und Fensterdarstellungen

Fenster

Im Grundriss sieht man die Maueröffnung unschraffiert. Die Ebene des Fensterflügels wird in Entwurfs- und Ausführungszeichnungen eingezeichnet (Bild 37.1)

Treppen

In Schnitten sind Treppen deutlich durch ihre Form auszumachen.
In Grundrissen sind nur die Trittflächen zu sehen. Aufgrund der Schnittlage in Grundrissen ist diese Darstellung oft unvollständig oder unterbrochen. Das liegt daran, dass jeweils ein Teil der Treppe durch den Schnitt entfernt wurde.

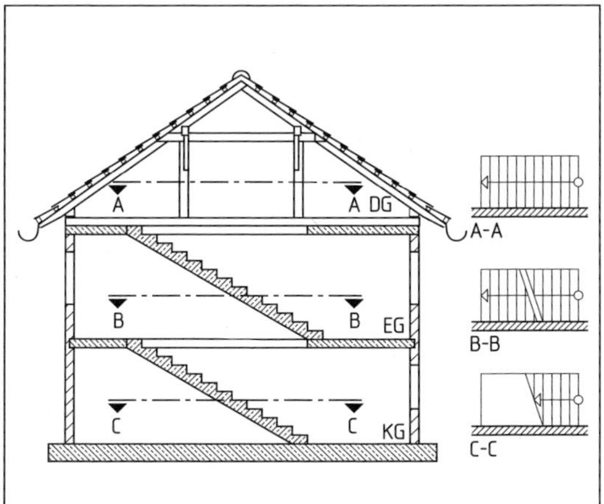

37.2 Treppendarstellungen

Die schräge Kante ist das Symbol dafür, dass die Fortsetzung der Treppe in einer anderen Ebene liegt. Dadurch ist nur der darunter liegende Teil der Treppe sichtbar.
Die Aufwärtsrichtung wird durch eine mittige Lauflinie markiert, die vom Antritt (Kreis) bis zur obersten Stufe (Pfeil) führt (Bild 37.2).

Schornsteine

Schornsteine haben die Aufgabe, die flüchtigen Verbrennungsprodukte fester, flüssiger und gasförmiger Brennstoffe abzuführen.
Weiterhin können sie der Luftzufuhr von Feuerstätten und der Be- und Entlüftung von Räumen dienen.
Bei den Schornsteinen für Feuerstätten unterscheidet man

- Rauchgasschornsteine für feste und flüssige und
- Abgasschornsteine für gasförmige Brennstoffe.

Je nach Verwendungszweck können Schornsteine im Grundriss kenntlich gemacht werden durch ein

- Diagonalenkreuz für Abgas oder
- geschwärztes Diagonalendreieck für Rauchgas.

Der lichte Querschnitt kann als Bruch in der Form Breite/Tiefe angegeben sein.
Das Mauerwerk um den Schornsteinzug herum heißt Schornsteinwange, der Bereich zwischen den Zügen Zunge (Bild 37.3).
Schornsteine für das Luft-Abgas-System von Gasfeuerstätten der Art C_4 ziehen durch einen Schornsteinzug Verbrennungsluft, durch einen anderen geben sie das Abgas ab. Sie sind (noch) nicht als separates Symbol genormt.

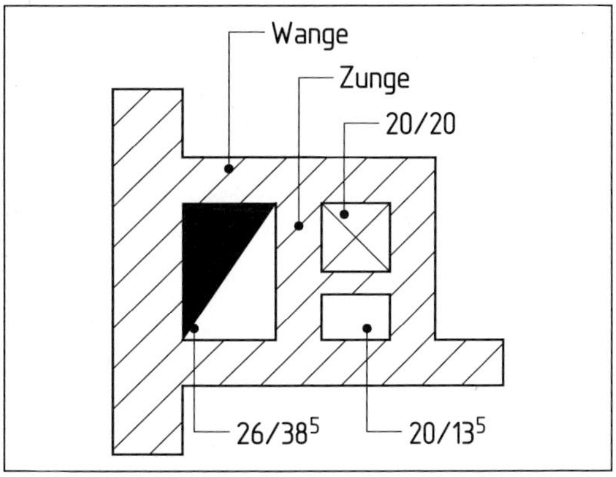

37.3 Schornsteindarstellung

3 Aufgaben zum Projektionszeichnen

3.1 Prismatische Körper

Bei prismatischen Körpern stehen die Kanten senkrecht auf der Grundfläche. Die Grundfläche kann ein beliebiges Vieleck sein. Danach richtet sich die Benennung des Prismas. Bild 38.1 zeigt die Raumbilder zweier Prismen mit rechteckiger Grundfläche. Mit den angegebenen Maßen für Breite, Tiefe und Höhe sind von diesen Prismen Zeichnungen in Parallelprojektion mit Vorderansicht, Draufsicht und Seitenansicht herzustellen. Der Abstand der Ansichten von den Projektionsachsen beträgt 10 mm.

Für das linke Prisma zeigt das Bild 38.2 die fertige Zeichnung. Bei der Nummerierung der Ecken sind die sichtbar vorn liegenden unter der Linie, die verdeckt hinten liegenden über der Linie eingetragen. Da alle Körperkanten zu ihrer Zeichenebene parallel verlaufen, erscheinen sie in ihrer **wahren Länge** (WL). Mit ihnen lässt sich in der dargestellten Weise die Abwicklung von Mantel, Boden und Deckel in einem Stück zeichnen.

Fertigt man danach eine Papierzuschnitt und kantet ihn an den Risslinien, so kann mit dem entstandenen Modell des Prismas die Richtigkeit der Zeichnung überprüft werden.

Für die Anfertigung praktischer Gegenstände hat eine solche Abwicklung keine Bedeutung, weil ein geschlossener Hohlkörper entstehen würde. Die Zuschnitte des Bodens und Deckels würden bei Bedarf getrennt gezeichnet und zur Verbindung mit dem gekanteten Mantel mit Zugaben für die Naht versehen.

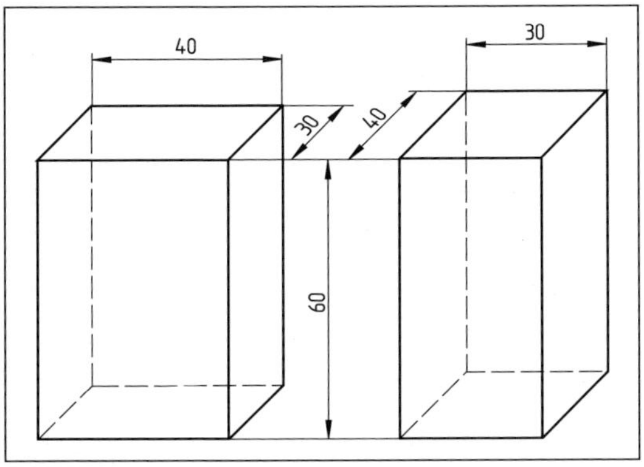

38.1 Rechteckige Prismen als Raumbilder

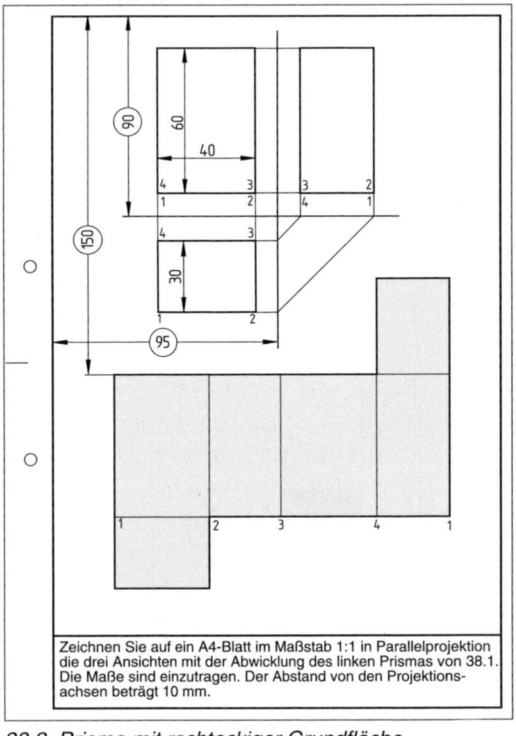

38.2 Prisma mit rechteckiger Grundfläche

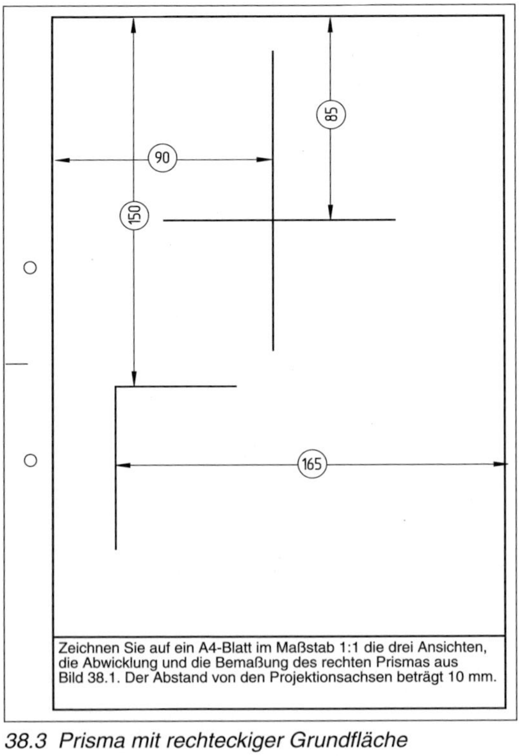

38.3 Prisma mit rechteckiger Grundfläche

Die Zeichnung für das rechte Prisma in Bild 38.1 ist wie in 38.2 auszuführen.

Die Raumbilder zweier Prismen mit quadratischer Grundfläche zeigt Bild 39.1. Sie sind ebenfalls in Parallelprojektion mit den Abwicklungen zu zeichnen. Die Blattaufteilung für die Lösungen sind in den Bildern 39.2 und 39.3 dargestellt. Die Abwicklungen beschränken sich auf die Mantelflächen. Bei dem rechten um 45° gedrehten Prisma beginnt man zweckmäßigerweise mit der Draufsicht.

Weitere Übungszeichnungen prismatischer Körper, die zum Teil schräg geschnitten sind, zeigen die Bilder 40.1 bis 40.4. Auch in diesen Zeichnungen beginnt man mit der Draufsicht, weil nur sie die Ansicht ist, in der der charakteristische Vieleckquerschnitt des Prismas zu ersehen und zeichnerisch darzustellen ist. Auch für diese Prismen empfiehlt sich die Anfertigung von Papiermodellen, um die Richtigkeit des Zuschnittes zu überprüfen.

Die prismatische Grundform kommt in vielen praktischen Anwendungen vor. Solche Bauteile sind beispielsweise alle kantigen Rohre und Formstücke in der Dachentwässerung, bei Klima- und Lüftungskanälen und Absaugeanlagen aller Art. Prismatische Form haben auch Schornsteinkopfbekleidungen sowie Gefäße und Behälter.
Bei diesen praktischen Anwendungen ist darauf zu achten, dass die Abwicklungen mit Zugaben für die verschiedenen Verbindungstechniken der Bauteile wie Löten, Falzen oder Nieten zu versehen sind.

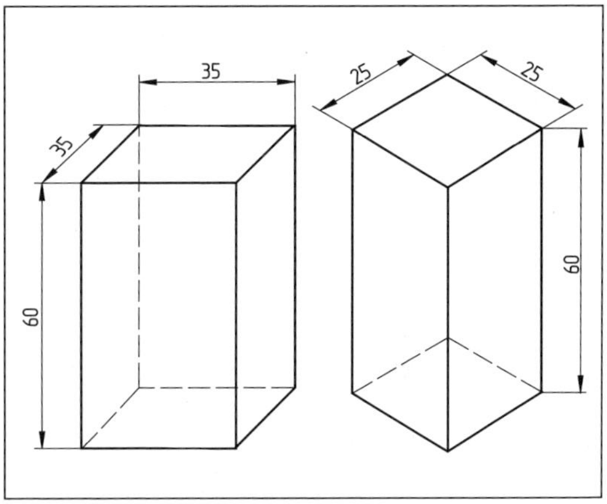

39.1 Quadratische Prismen als Raumbilder

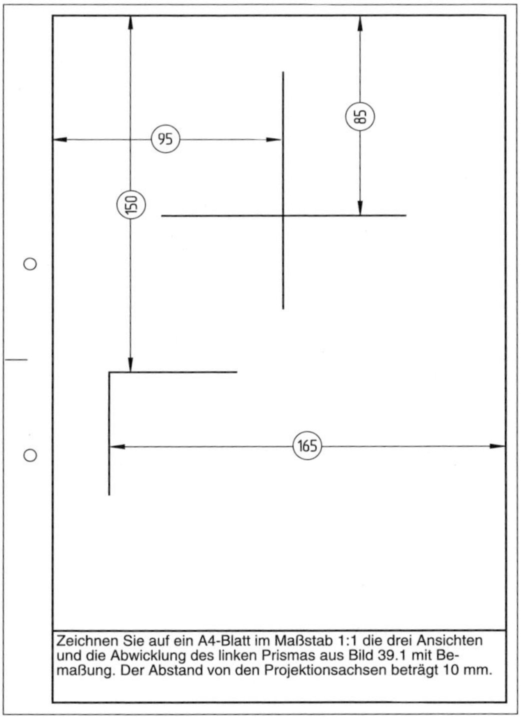

39.2 Prisma mit quadratischer Grundfläche

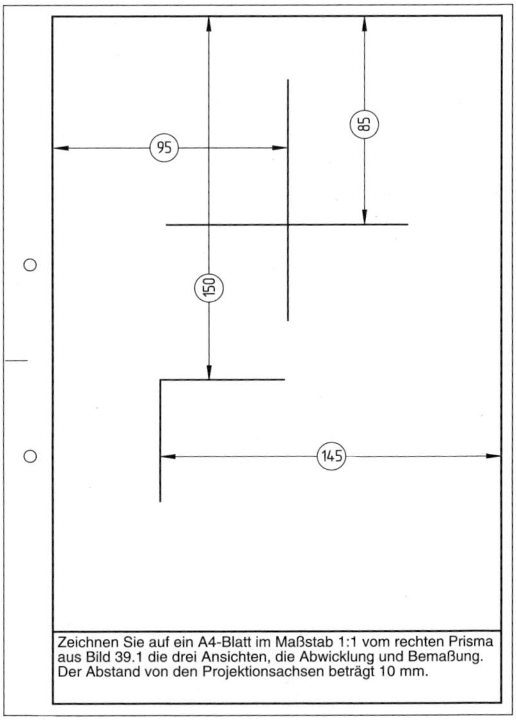

39.3 Prisma mit quadratischer Grundfläche

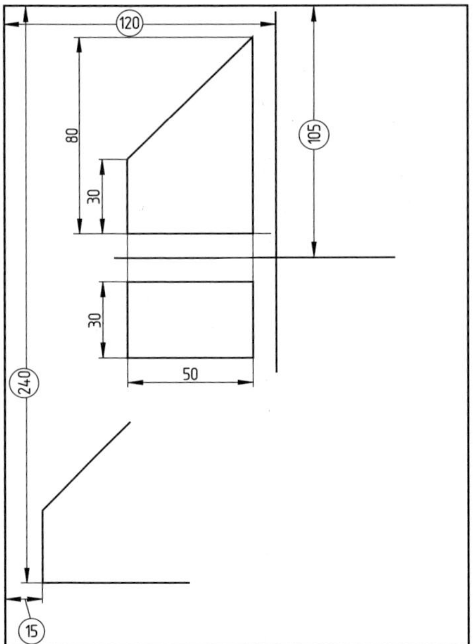

Zeichnen Sie auf ein A4-Blatt im Maßstab 1:1 die drei Ansichten und die Abwicklung des Mantels. Die Maße sind einzutragen. Der Abstand von den Projektionsachsen beträgt 10 mm.

40.1 Rechteckiges Prisma, geschnitten

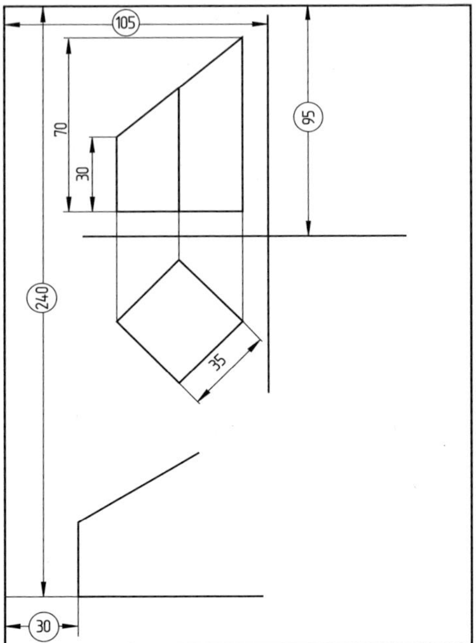

Zeichnen Sie auf ein A4-Blatt im Maßstab 1:1 die drei Ansichten und die Abwicklung des Mantels. Die Maße sind einzutragen. Der Abstand von den Projektionsachsen beträgt 10 mm.

40.2 Quadratisches Prisma, gedreht

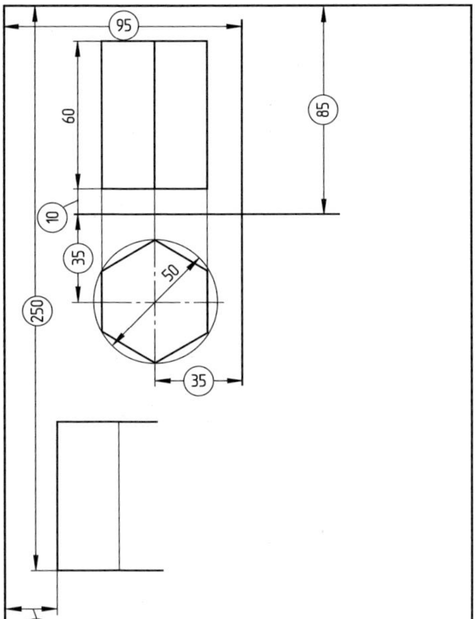

Zeichnen Sie auf ein A4-Blatt im Maßstab 1:1 die drei Ansichten des sechseckigen Prismas mit der Abwicklung des Mantels. Die Maße sind einzutragen. Der Abstand von den Projektionsachsen beträgt 10 mm.

40.3 Sechseckiges Prisma

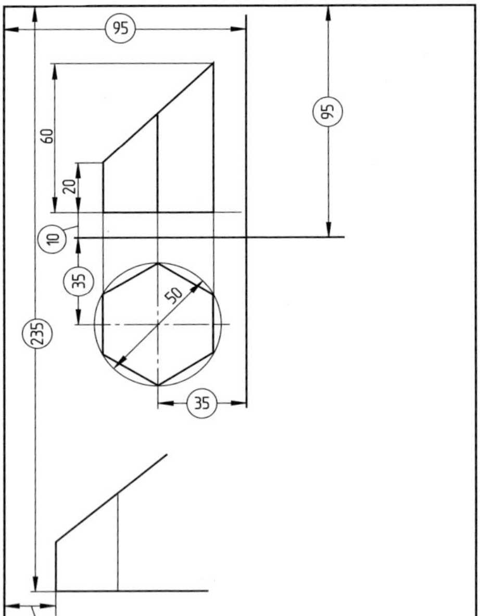

Zeichnen Sie auf ein A4-Blatt im Maßstab 1:1 die drei Ansichten des geschnittenen sechseckigen Prismas und die Abwicklung der Mantelfläche. Die Maße sind einzutragen. Der Abstand von den Projektionsachsen beträgt 10 mm.

40.4 Sechseckiges Prisma, geschnitten

Für eine aus Zinkblech in 0,7 mm Dicke zu fertigende prismatische Blechdose sind in Bild 41.1 die Fertigmaße und die Nahtausbildungen als Raumbild dargestellt. Nach diesen Angaben ist in Bild 41.2 die Vorderansicht als Halbschnitt und die Draufsicht gezeichnet. Die Abwicklung der Dose besteht aus dem Dosenrumpf, Boden, Deckel und Deckelrand.

Die angegebene Nahtausführung als Lötnaht von 4 mm Breite ist bei den Zuschnitten mit entsprechenden Zugaben zu berücksichtigen. Wichtig ist, dass für die Höhe ein Fertigmaß von 80 mm und für die Kantenlänge des Deckels 60 mm verbindlich sind. Unter Beachtung der Blechdicke von 0,7 mm sind deshalb die Zuschnittmaße für den Dosenmantel entsprechend zu verringern (Bild 41.3).

So versteht es sich, dass die vier Teilstücke des Rumpfmantels nicht 60 mm lang sind, sondern 60 mm abzüglich je zwei Blechdicken auf der linken und rechten Seite, also nur 57,2 mm. Nur mit diesem Maß kann der Deckel mit seinem Rand auf die Dose gesteckt werden. Für den Deckelrand ist die Blechdicke links und rechts nur einmal abzuziehen, sodass die Zuschnittlänge vier mal 58,6 mm zuzüglich 4 mm Naht beträgt.

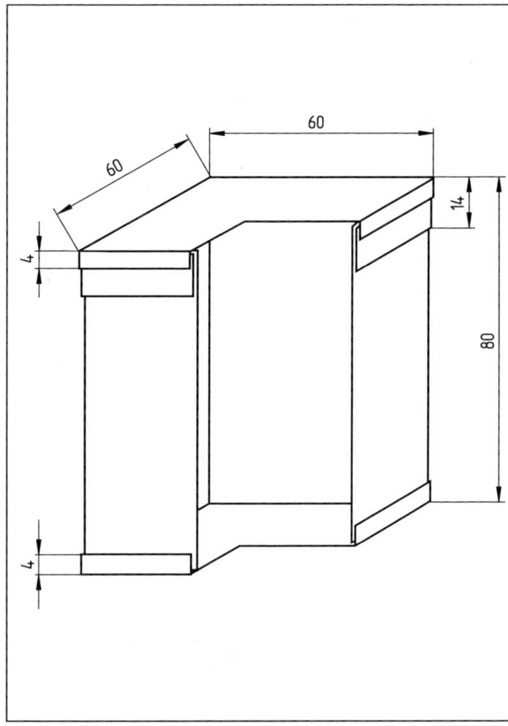

41.1 Blechdose als Raumbild

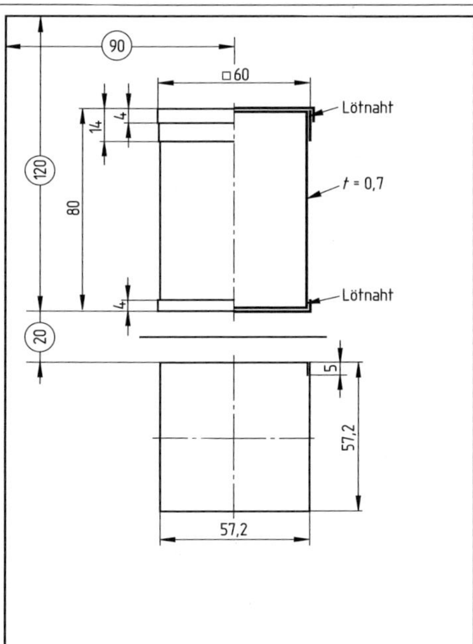

Zeichnen Sie auf ein A4-Blatt im Maßstab 1:1 von der Blechdose (Bild 41.1) die Vorderansicht im Halbschnitt und die Draufsicht. Tragen Sie die Fertigungsmaße ein.

41.2 Blechdose im Halbschnitt

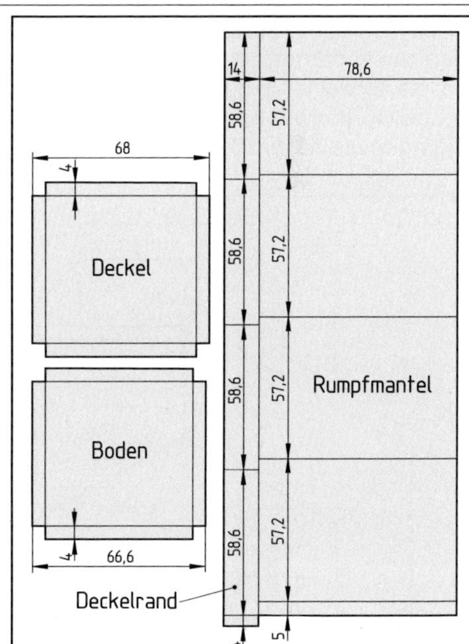

Zeichnen Sie auf ein A4-Blatt im Maßstab 1:1 die Abwicklung aller Teile der Blechdose aus Bild 41.2. Die Zuschnittmaße sind unter Berücksichtigung der Blechdicke von 0,7 mm und der Nahtzugaben zu bestimmen und einzutragen.

41.3 Zuschnitte der Blechdose

Das Rohrknie in Bild 42.1 setzt sich aus zwei schräggeschnittenen Prismen zusammen. Die zeichnerische Darstellung in drei Ansichten mit den Abwicklungen des Zuschnitts ohne Nahtzugaben zeigt Bild 42.2.

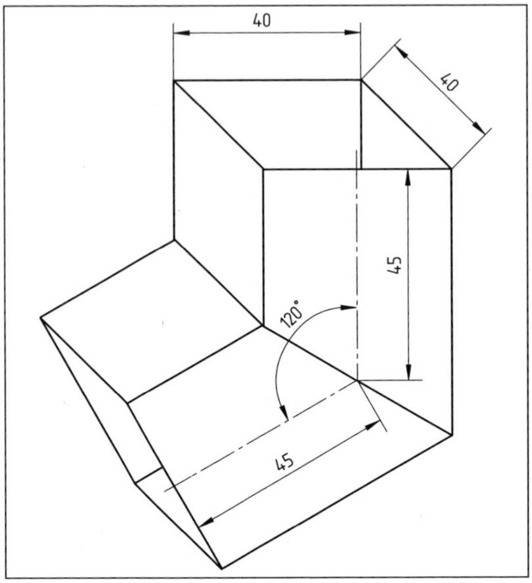

42.1 *Rohrknie als Raumbild*

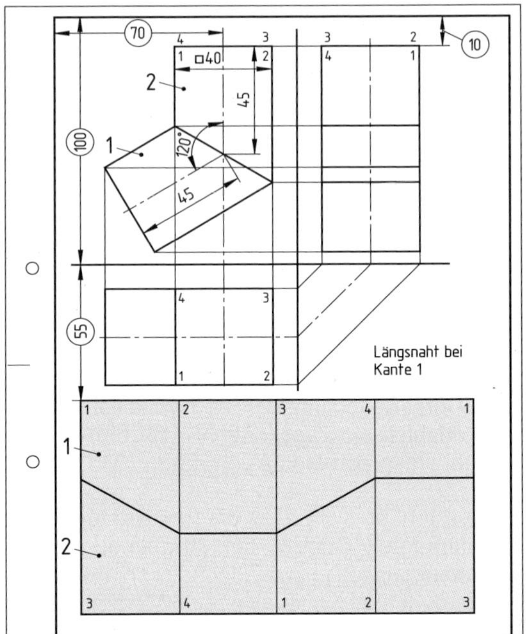

Zeichnen Sie auf ein A4-Blatt im Maßstab 1:1 von dem Rohrknie (Bild 42.1) die drei Ansichten und die Abwicklung der Teile 1 und 2 ohne Nahtzugaben. Der Abstand von den Projektionsachsen beträgt 10 mm.

42.2 *Rohrknie mit Abwicklungen*

Im Bild 42.3 ist ein Sockelknie mit quadratischem Querschnitt dargestellt. Die Nahtverbindungen sind als Einzelheit eingetragen. Bild 42.4 zeigt die Lösung in zwei Ansichten mit den Nahtverbindungen als Ausbruch.

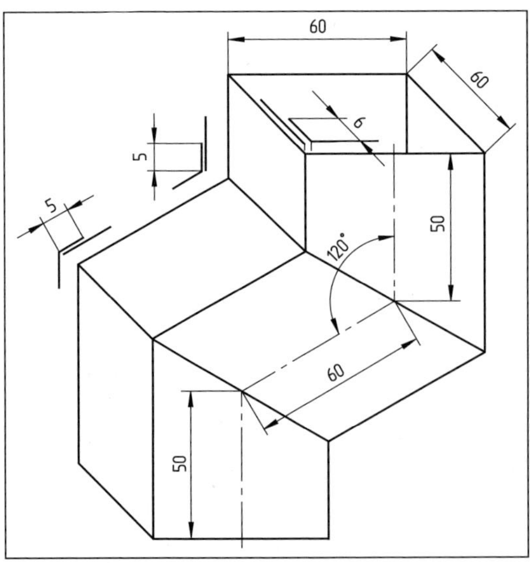

42.3 *Sockelknie als Raumbild*

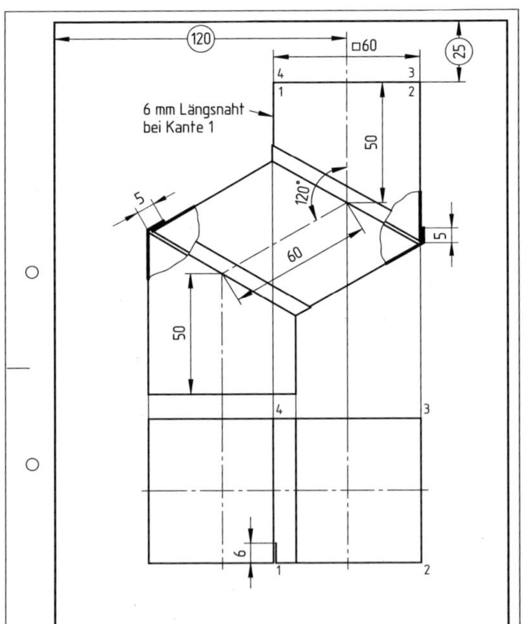

Zeichnen Sie auf ein A4-Blatt im Maßstab 1:1 von dem Sockelknie (Bild 42.3) die Vorderansicht und Draufsicht. Gehen Sie bei der Konstruktion von der Mittelachse aus. Geben Sie die gelöteten Nahtverbindungen als Ausbruch an und tragen Sie die Maße ein.

42.4 *Sockelknie, 2 Ansichten*

3.2 Zylindrische Körper

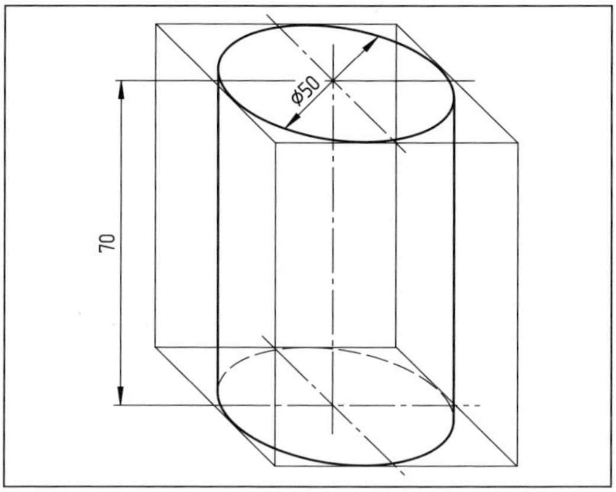

43.1 *Zylinder, Rohr*

Der Zylinder ist die Grundform für alle Rohrstücke mit kreisförmigem Querschnitt. Da er keine Kantenlinien besitzt, werden auf dem Zylindermantel in gleichmäßigem Abstand sogenannte Mantellinien gezogen. Hierfür ist meistens die Zwölferteilung mit den Zirkel (vgl. Bild 22.1) oder mit dem 30°/60°-Zeichendreieck ausreichend. In der Draufsicht erscheinen diese Mantellinien nur als Punkte. Es ist zweckmäßig, bei der Nummerierung der Mantellinien der Nahtlinie die Zahl 1 zu geben. Die Vorderansicht und Seitenansicht erscheinen in der Projektion als Rechtecke. Durch die Drehung um 90° hat sich jedoch die Lage der Mantellinien verändert (Bild 43.2).

Die Hilfskonstruktion der Mantellinien wird eigentlich nur dann benötigt, wenn ein schräggeschnittener Zylinder in drei Ansichten zu zeichnen oder sein Mantel abzuwickeln ist. Deshalb wären die Mantellinien in der Zeichnung Bild 43.2 konstruktiv nicht nötig gewesen, wurden aber der Übung halber mit eingezeichnet.

Die Abwicklung eines ungeschnittenen Zylinders ist ein Rechteck, dessen Länge gleich dem Umfang des Grundkreises ist *($U = d \cdot \pi$)*. Die Höhe wird der Vorderansicht entnommen. Soll der Mantel eines geschnittenen Rohres abgewickelt werden, steckt man die errechnete Umfangslänge auf einer geraden Linie ab und teilt diese Strecke in zwölf gleiche Teile (vgl. Bild 20.4). Von den Teilungspunkten aus werden die Mantellinien gezogen.

Beim gekippten Zylinder (Bild 43.3) zeichnet man zuerst die Vorderansicht und ermittelt danach die Draufsicht und Seitenansicht. Die Kreise der oberen und unteren Flächen erscheinen dann als Ellipsen.

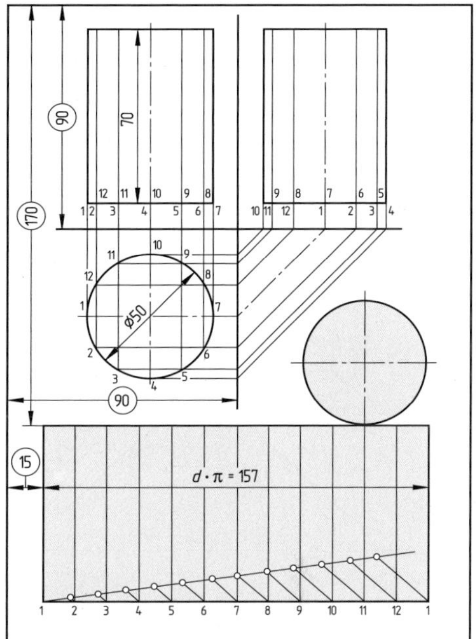

Zeichnen Sie auf ein A4-Blatt im Maßstab 1:1 das zylindrische Rohrstück mit den angegebenen Maßen in drei Ansichten und die Abwicklung des Rohrmantels ohne Nahtzugabe. Tragen Sie die Maße ein.

43.2 *Zylindrisches Rohrstück*

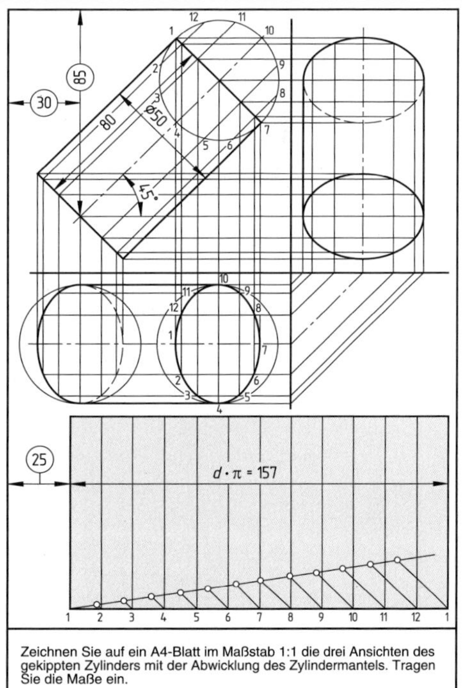

Zeichnen Sie auf ein A4-Blatt im Maßstab 1:1 die drei Ansichten des gekippten Zylinders mit der Abwicklung des Zylindermantels. Tragen Sie die Maße ein.

43.3 *Gekippter Zylinder*

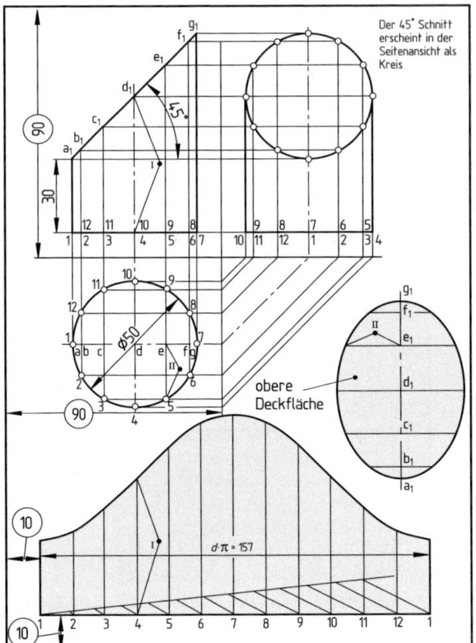

Zeichnen Sie auf ein A4-Blatt im Maßstab 1:1 die drei Ansichten des unter 45° geschnittenen Zylinders, die Abwicklung des Mantels und die obere Deckelfläche. Die Maße sind einzutragen. Projektionsachsenabstände 10 mm.

44.1 Schräggeschnittener Zylinder, 45°

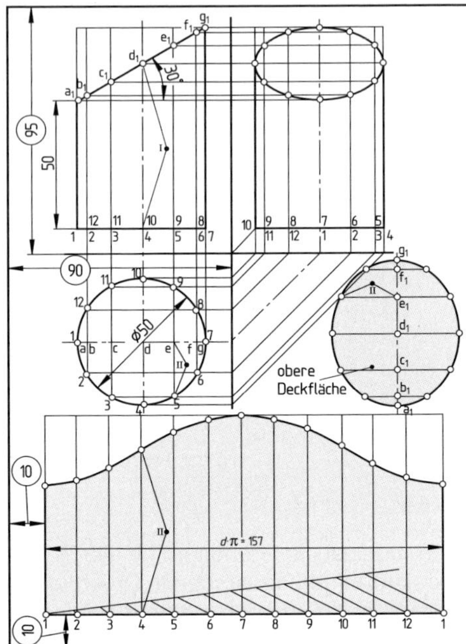

Zeichnen Sie auf ein A4-Blatt im Maßstab 1:1 die drei Ansichten des unter 30° geschnittenen Zylinders, die Abwicklung des Mantels und die obere Deckelfläche. Die Maße sind einzutragen. Projektionsachsenabstände 10 mm.

44.2 Schräggeschnittener Zylinder, 30°

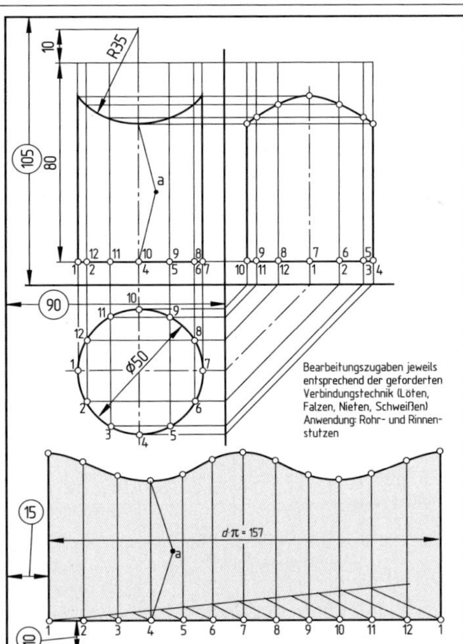

Zeichnen Sie auf ein A4-Blatt im Maßstab 1:1 die drei Ansichten des rundgeschnittenen Rohres mit der Abwicklung des Mantels. Die Maße sind einzutragen. Projektionsachsenabstände 10 mm.

44.3 Rund angeschnittener Rohrstutzen

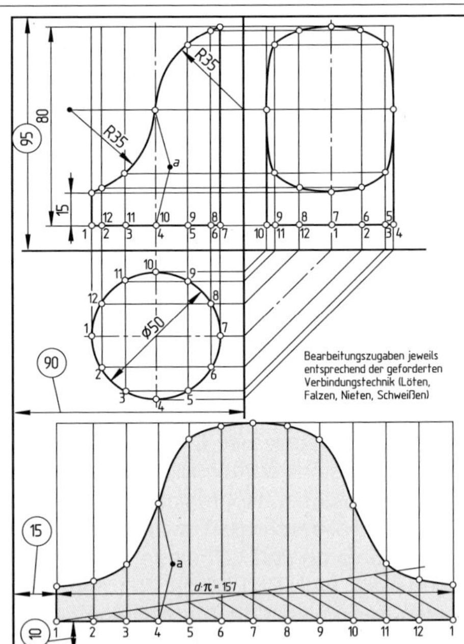

Zeichnen Sie auf ein A4-Blatt im Maßstab 1:1 die drei Ansichten des geschweift geschnittenen Rohres mit der Abwicklung des Mantels. Die Maße sind einzutragen. Projektionsachsenabstände 10 mm.

44.4 Geschweift geschnittenes Rohr

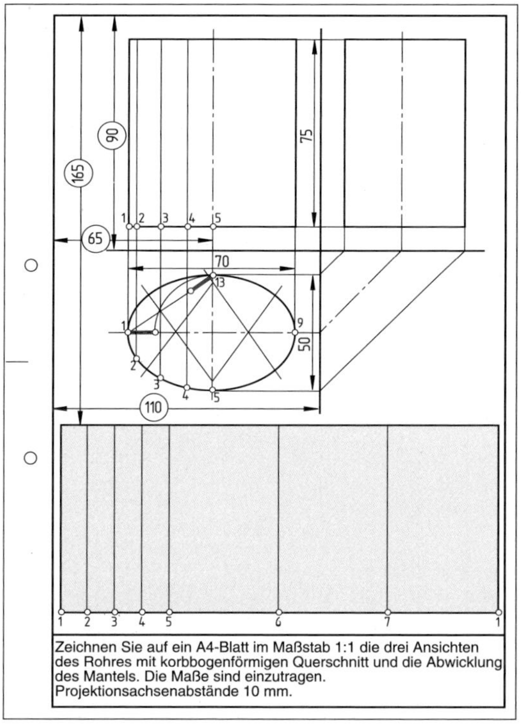

45.1 Rohr mit ovalem Querschnitt nach Korbbogenkonstruktion

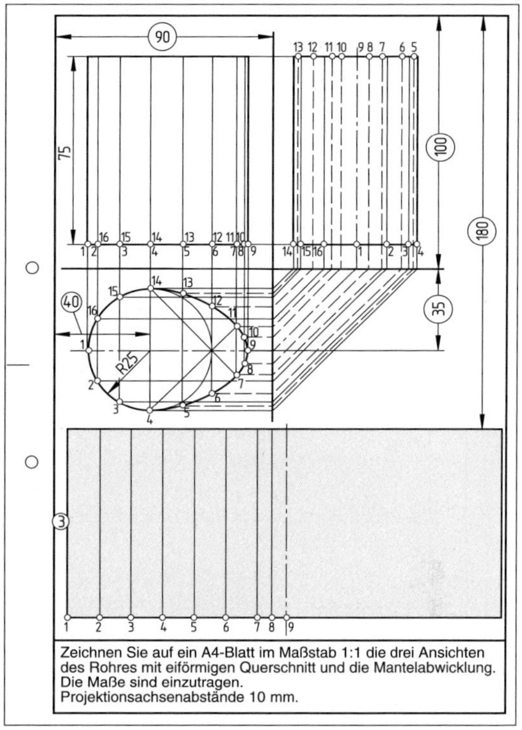

45.2 Rohr mit eiförmigem Querschnitt

Vereinfachungen

In vielen Zeichnungen kann auf die Draufsicht verzichtet werden, wenn diese nur dazu dient, die Zwölferteilung für die Mantellinien einzutragen. Es genügt ein ausgeklappter Kreisquerschnitt in der Vorderansicht oder sogar ein eingeklappter Halbkreis (Bild 45.3 oben). Die Nummerierung der Mantellinien ist immer ratsam.

Für die Abwicklung des Mantels eines unter 45° geschnittenen zylindrischen Rohres erübrigt sich auch die Seitenansicht, da diese einen kreisrunden Querschnitt zeigt.

Die vereinfachte Abwicklung des Mantels erläutert Bild 45.3 unten. Man ermittelt die Zuschittlänge nach der Formel $U = d \cdot \pi$, teilt die danach gezeichnete Strecke in zwölf gleiche Teile und errichtet die Mantellinien mit Nummerierung. Auf der mittleren wird der Kreis der Rohrquerschnitts angetragen und in zwölf Umfangspunkte geteilt. Von diesen gehen horizontale Linien aus, die die senkrechten Mantellinien schneiden und damit die Punkte der Zuschnittkurve liefern.

Dieses Verfahren findet Anwendung in der Zeichnung eine 90°-Rohrknies im Bild 46.1.

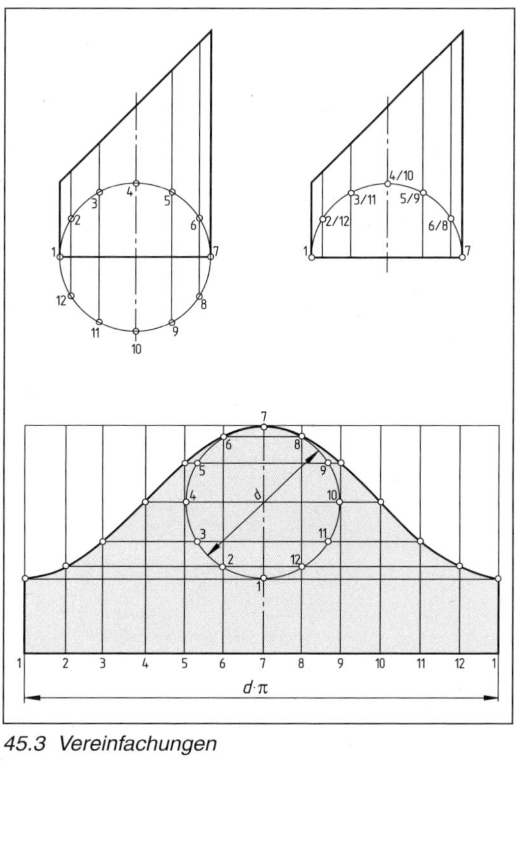

45.3 Vereinfachungen

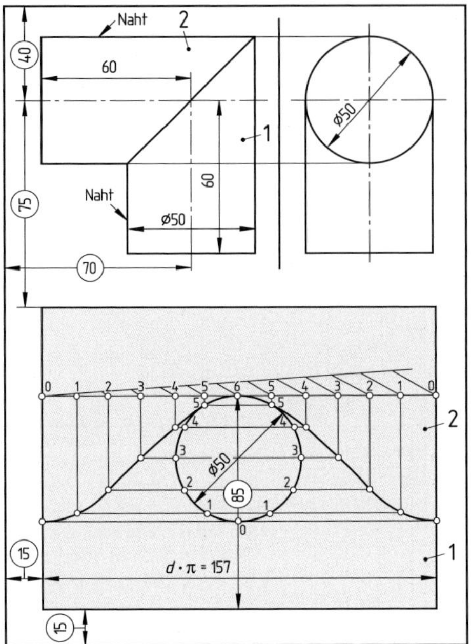

Zeichnen Sie auf ein A4-Blatt im Maßstab 1:1 die Vorder- und Seitenansicht des 90°-Rohrknies ohne Mantellinien. Benutzen Sie für die Abwicklungen der Teile 1 und 2 das vereinfachte Verfahren gemäß Bild 45.3. Tragen Sie die Maße ein.

46.1 Rohrknie, 90°

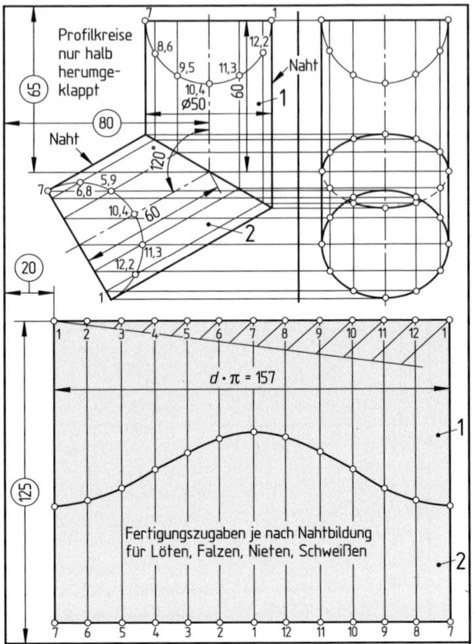

Zeichnen Sie auf ein A4-Blatt im Maßstab 1:1 die Vorder- und Seitenansicht des 120°-Rohrknies mit den Abwicklungen der Teile 1 und 2. Tragen Sie die Maße ein.

46.2 Rohrknie, 120°

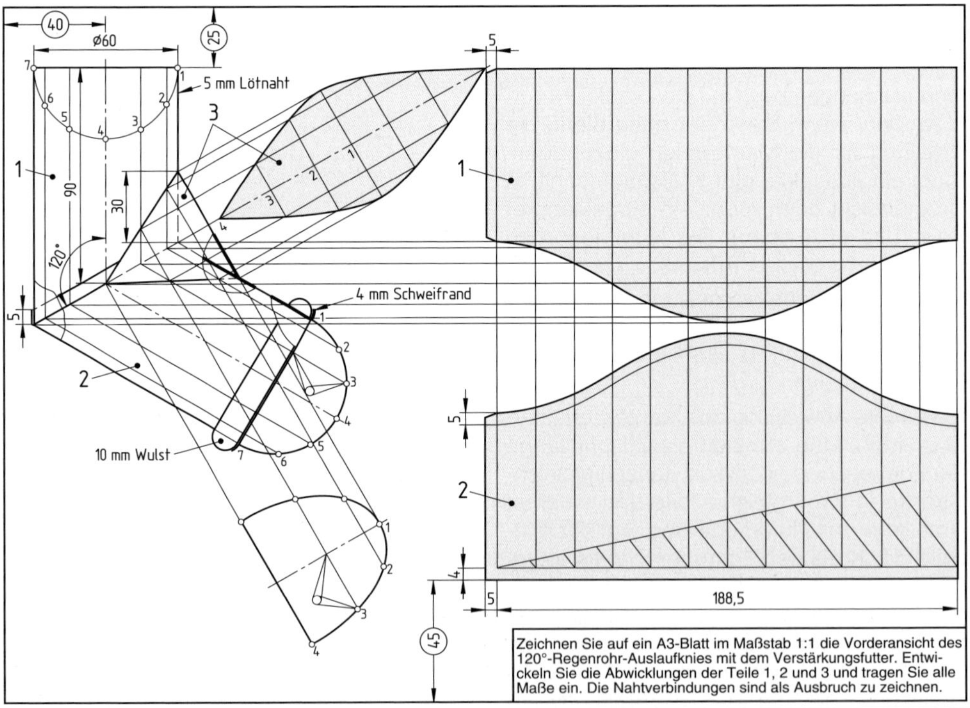

Zeichnen Sie auf ein A3-Blatt im Maßstab 1:1 die Vorderansicht des 120°-Regenrohr-Auslaufknies mit dem Verstärkungsfutter. Entwickeln Sie die Abwicklungen der Teile 1, 2 und 3 und tragen Sie alle Maße ein. Die Nahtverbindungen sind als Ausbruch zu zeichnen.

46.3 Auslaufknie mit Verstärkungsfutter

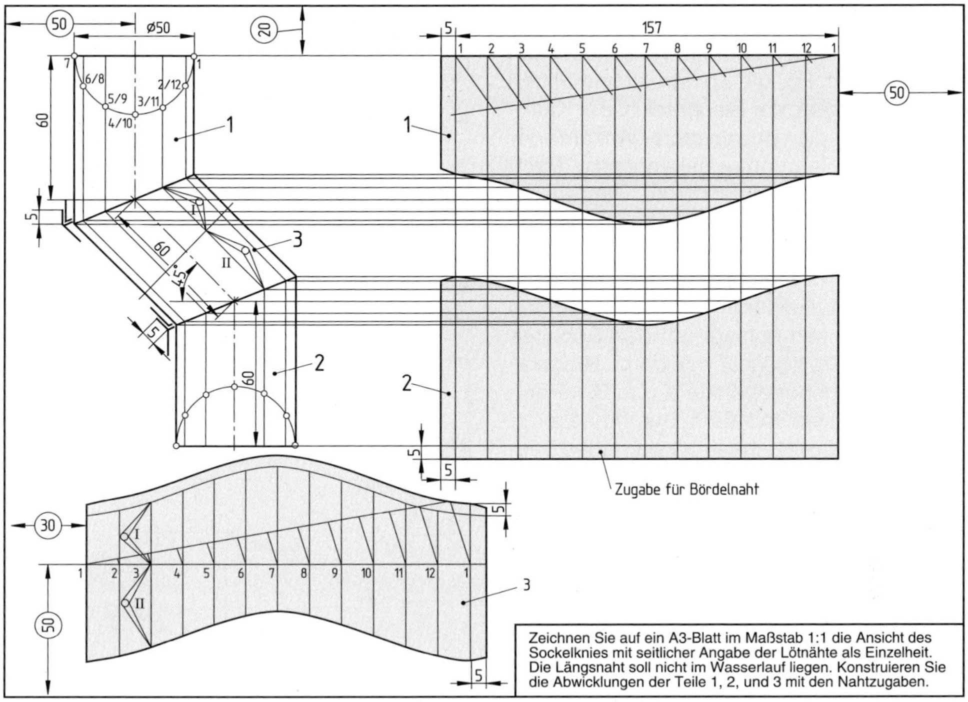

Zeichnen Sie auf ein A3-Blatt im Maßstab 1:1 die Ansicht des Sockelknies mit seitlicher Angabe der Lötnähte als Einzelheit. Die Längsnaht soll nicht im Wasserlauf liegen. Konstruieren Sie die Abwicklungen der Teile 1, 2, und 3 mit den Nahtzugaben.

47.1 Sockelknie

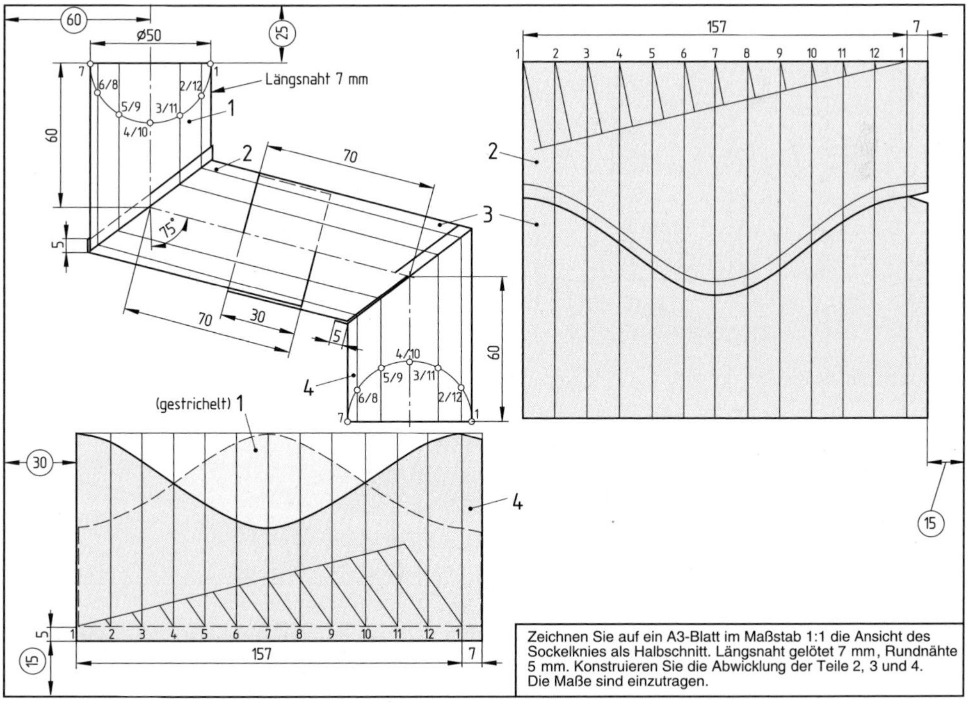

Zeichnen Sie auf ein A3-Blatt im Maßstab 1:1 die Ansicht des Sockelknies als Halbschnitt. Längsnaht gelötet 7 mm, Rundnähte 5 mm. Konstruieren Sie die Abwicklung der Teile 2, 3 und 4. Die Maße sind einzutragen.

47.2 Sockelknie mit Schiebenaht

3.3 Gliederbögen

Gliederbögen werden aus mehreren Teilstücken zusammengesetzt. Für die Konstruktion müssen der Rohrdurchmesser, der Biegeradius, der Krümmungsgrad und die gewünschte Anzahl der Zwischenstücke (Segmente) bekannt sein. Nach der Anzahl seiner Zwischenstücke werden die Gliederbögen ein-, zwei-, dreiteilig usw. genannt. Bild 48.1 erläutert die Konstruktionsschritte für einen 90°-Bogen mit einem Zwischenstück. Man beginnt mit dem Aufzeichnen des Winkels für die Bogenkrümmung und schlägt um den Scheitelpunkt M einen Kreisbogen mit dem „Biegeradius" *r*. An die Bogenendpunkte A und B werden die Anschlussstutzen mit dem Durchmesser *d* und der Länge *h* angezeichnet. Da sich jedes Segment aus zwei symmetrischen Hälften zusammensetzt, und sich an jedem Anschlussstutzen ebenfalls eine solche Hälfte befindet, muss der Bogen AB in 4 gleiche Teile geteilt werden. Dies kann durch wiederholte Winkelhalbierungen mit dem Zirkel oder durch Rechnung und Abtragen des Winkels mit dem Winkelmesser erfolgen. Soll ein Gliederbogen *n* Segmente erhalten, so berechnet man die Aufteilung des Bogens, also die Anzahl der Bogenteile, nach der allgemeinen Formel:

$$\text{Anzahl der Bogenteile} = 2 \cdot n + 2$$

Die gezeichneten Anschlussstutzen werden einschließlich ihrer Mittellinien bis an die nächste Teilungslinie verlängert. Hier liegen die Rundnähte der Anschlussstutzen. Verbindet man die Naht-eckpunkte und die Mittellinienschnittpunkte über je zwei Teilungslinien hinweg, so erhält man ein komplettes Zwischenstück. Die Mittellinie jedes Segmentes liegt als Tangente am Bogen AB.

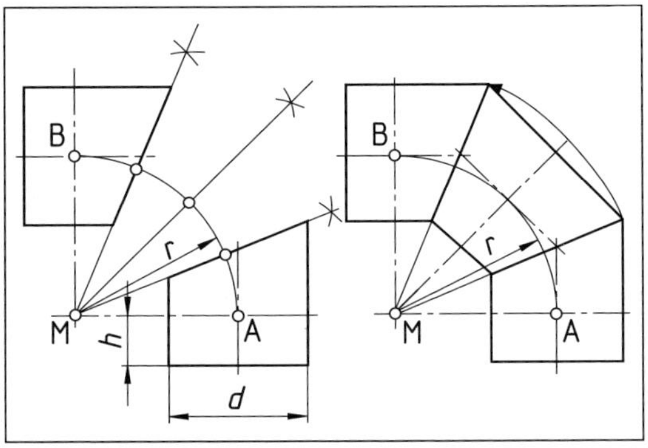

48.1 Gliederbogenkonstruktion

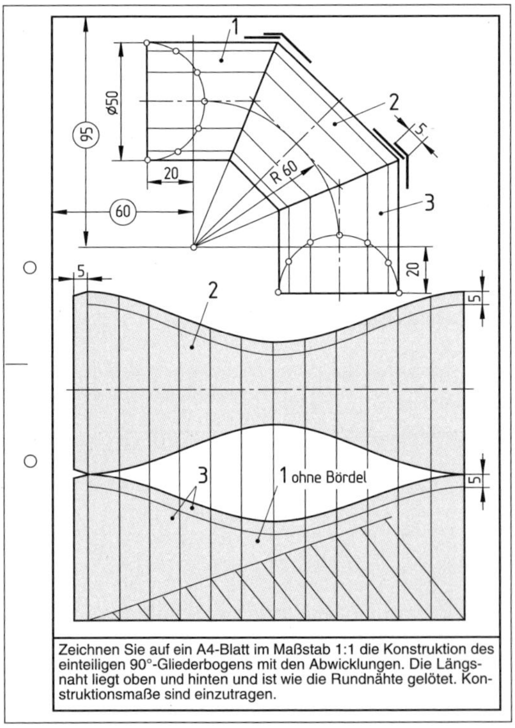

48.2 Einteiliger Gliederbogen, 90°

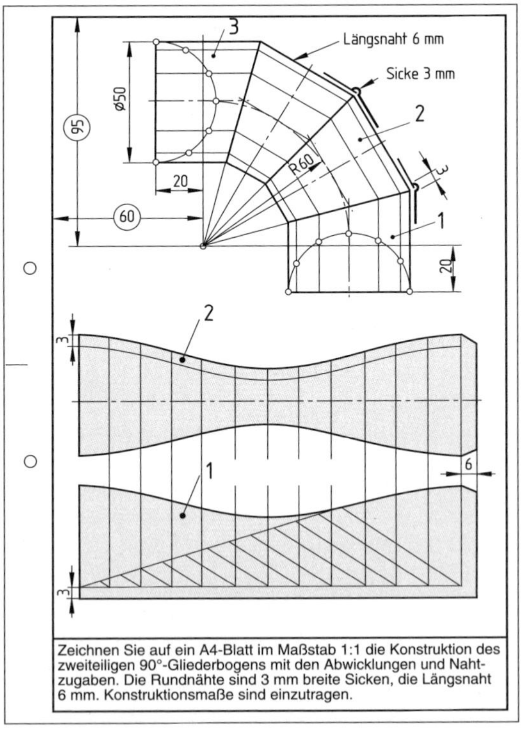

48.3 Zweiteiliger Gliederbogen, 90°

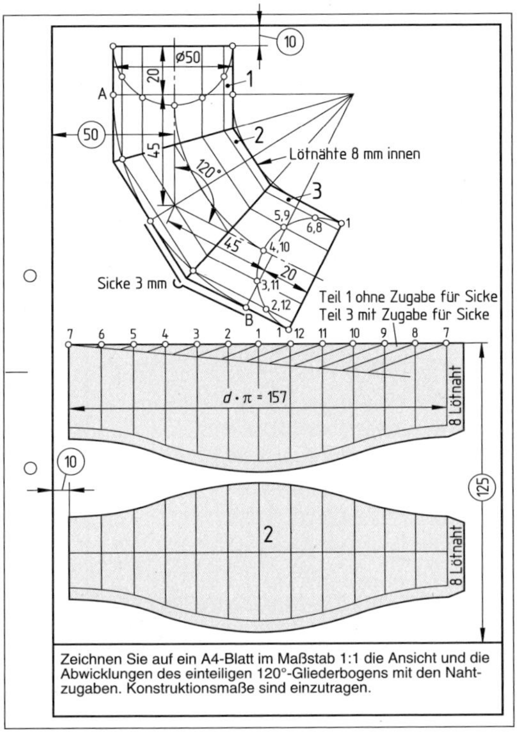

49.1 Einteiliger Rohrbogen, 120°

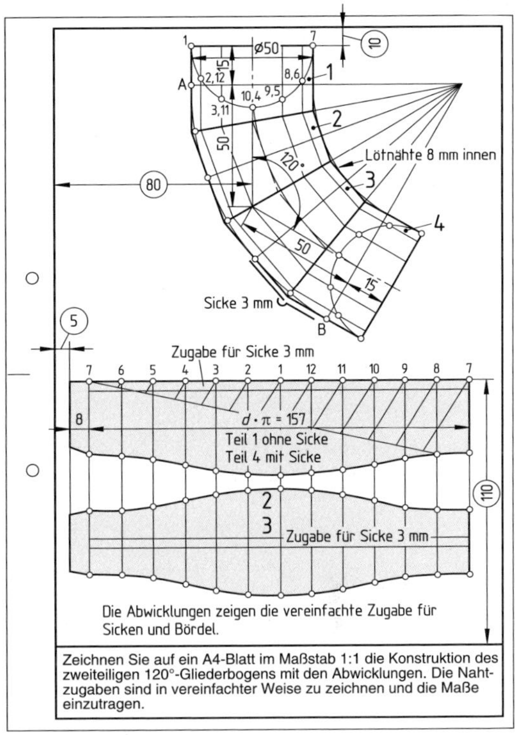

49.2 Zweiteiliger Rohrbogen, 120°

Größere Abstände zwischen den Rinnenstutzen und dem Regenrohr können durch einen doppelten Gliederbogen mit Zwischenstück überbrückt werden (Bild 49.3). Das Zwischenstück erhält eine Schiebenaht. Die Teilbögen enthalten drei Segmente, für den Bogenradius wählt man den 1,5- bis 2-fachen Rohrdurchmesser.

Nimmt man für den Bogenwinkel 60°, dann ist die Neigung des Zwischenstückes 30°. Nach Festlegung der Punkte A und M_1 schlägt man um diese mit M_1A Kreisbögen, die sich im Punkt C schneiden. Legt man an M_1C einen rechten Winkel an, so schneidet die Neigungslinie die Senkrechten der Ausladung in den Punkten B und E. Strecke EF wird angetragen, sie ist gleich AB. Daraus ergibt sich die senkrechte Höhe zwischen M_1 und M_2. Um M_2 schlägt man den Bogen DF.

Sollen die Bogenstücke je drei Segmente erhalten, so ist die Teilungszahl für die Bögen AC und DF nach der Gliederbogenformel (2 · 3) + 2 = 8 Teilstrecken.

Wenn bauseits neben der Ausladung auch die Höhe festliegt, erfolgt die Konstruktion des Bogenverlaufs nach der Darstellung in Bild 24.3.

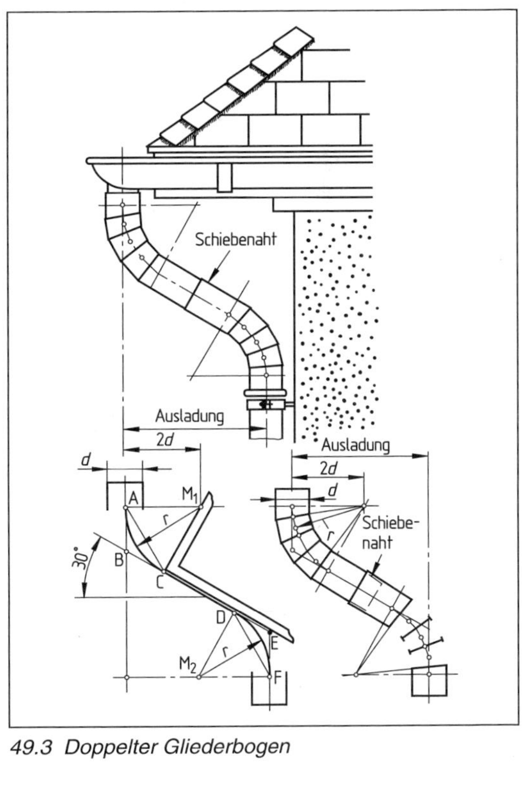

49.3 Doppelter Gliederbogen

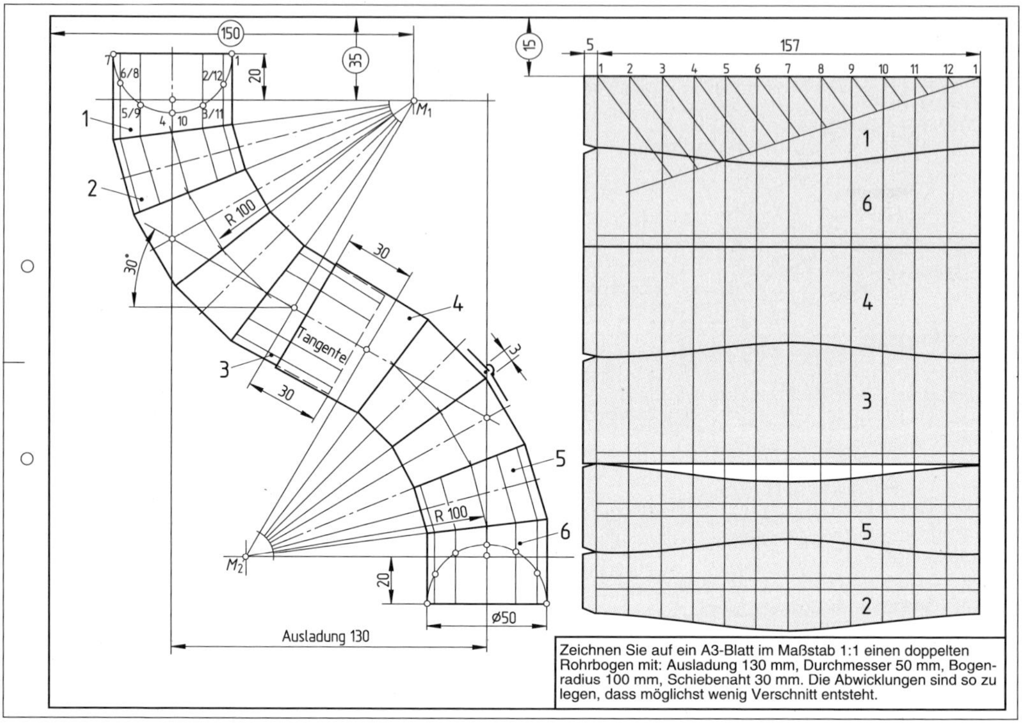

50.1 Doppelter Rohrbogen mit Zwischenstück

Schwanenhals

Bei kleiner Ausladung verzichtet man auf das Zwischenstück und die Schiebenaht. Die beiden Bogenhälften gehen direkt ineinander über. Diese schlanke Ausführung wird Schwanenhals genannt (Bild 50.2). Der Radius *r* des Bogens ist so groß wie die Ausladung. Mit ihm wird ein gleichseitiges Dreieck konstruiert. Verlängert man dessen Seiten nach unten, so schneiden sie die senkrechten Linien der Ausladung und liefern für die untere Bogenhälfte den Punkt M_2. Der Winkel des Bogens beträgt in beiden Hälften 60°. Man wählt für jeden Bogen üblicherweise drei Segmente. Dadurch setzt sich der Schwanenhals einschließlich des Mittelstückes aus sieben Teilen, zusammen mit dem oberen und unteren Stutzen aus insgesamt neun Teilen zusammen.

Die Zuschnitte der Segmente erhalten Zugaben für die Rundnähte. Bei gelöteten Nähten sind das Bördel oder Sicken, die auf der Sickenmaschine angeformt werden. Bei Rohrbogen aus Kupferblech werden die Nähte gelegentlich auch gefalzt. Dann sind die Zugaben größer und auf die Zuschnittkanten verteilt. Die Ecken werden ausgeschnitten. Bild 53.1 zeigt ein Muster für Falzzugaben für Eckenausschnitte.

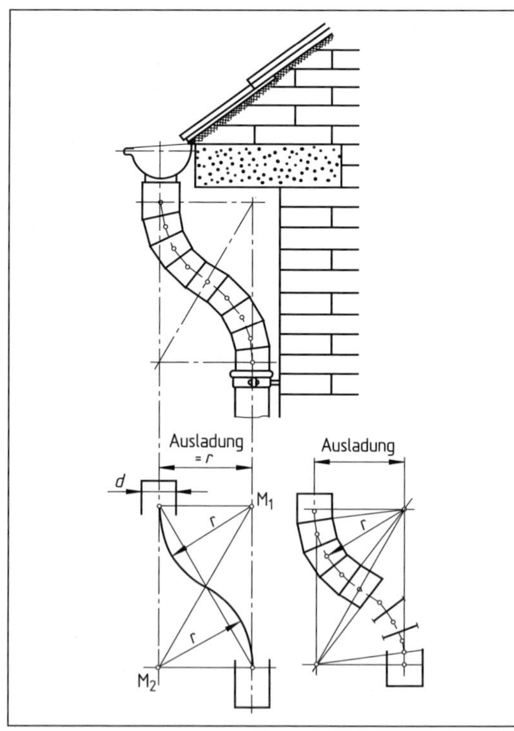

50.2 Schwanenhalskonstruktion

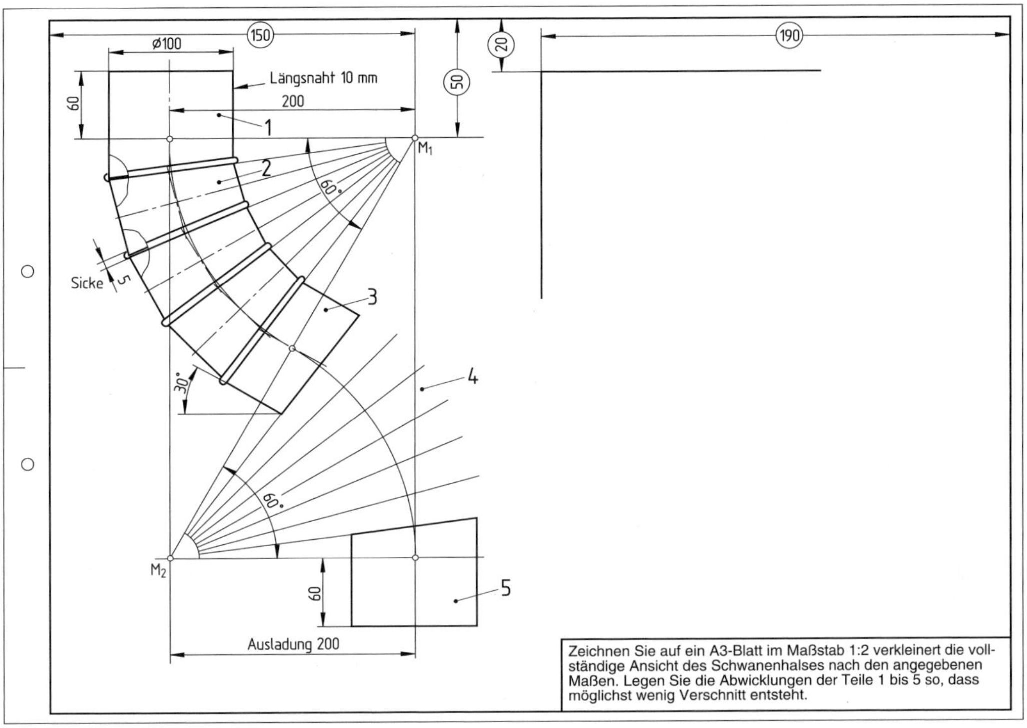

51.1 Schwanenhals

Schweizerbögen werden bei weiten Dachüberständen und großer Ausladung genommen. Der Bogen kann eingeschwungen (Bild 51.2) oder ausgeschwungen (Bild 52.1) sein. Der Bogen ist schlank, weil der Bogenradius so groß ist wie die Ausladung. Wegen seiner Länge erhält er entsprechend viele Segmente. Als Richtwert kann man für die mittlere Segmentlänge drei Viertel des Rohrdurchmessers annehmen. Mit Rücksicht auf die Verstopfungsgefahr und einen besseren Wasserablauf wird das Übergangsknie am oberen bzw. unteren Bogenende möglichst nicht rechtwinklig sondern mit etwas Neigung angesetzt. In den abgebildeten Konstruktionen sind die 90°-Bögen deshalb um eine Durchmesserlänge d verkürzt. Das restliche Bogenstück AB wird für die gewünschte Segmentanzahl nach der Gliederbogenformel $2 \cdot n + 2$ aufgeteilt. Im vorliegenden Fall sind es sieben Segmente, für die also $2 \cdot 7 + 2 = 16$ Teilungen vorzunehmen sind. Die erste und letzte Teilung befindet sich jeweils am Rohrstutzen.

In den folgenden Übungszeichnungen 52.2 und 53.1 wurde aus Platzgründen die Verkürzung des Bogens nur mit einem halben Durchmesser vorgenommen. Die Abwicklungen können auf einem zweiten A4-Blatt gezeichnet werden, oder man

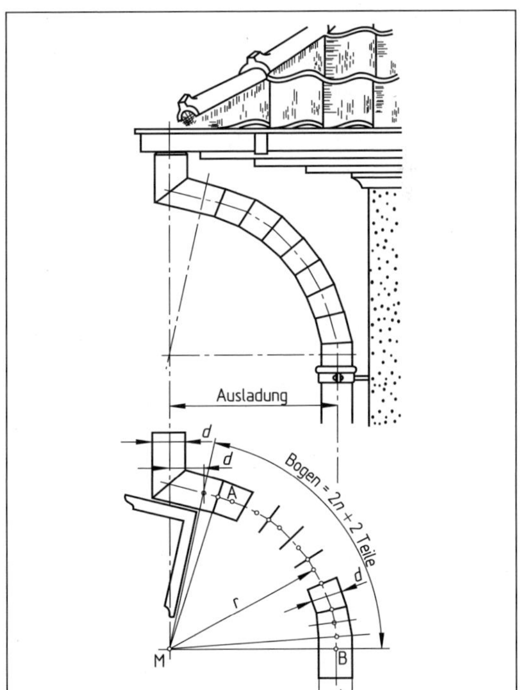

51.2 Schweizerbogen-Konstruktion

nimmt für alles einen A3-Bogen. Da die Längsnaht nicht im Wasserlauf liegen darf, können die Zuschnitte der Bogenteile nicht mit den Kurven aneinander gelegt werden, was größere Verschnittverluste zur Folge hat (Bild 52.2). Das lässt sich vermeiden, wenn man nur halbe Abwicklungen zeichnet und diese mit den passenden Kurven seitenvertauscht aneinander legt (Bild 53.1).

Wenn die Längs- und Rundnähte nicht als gelötete Überlappungen, Bördel oder Sicke, sondern als Falz ausgebildet werden sollen, müssen die Nahtzugaben von drei Falzbreiten für den Falz auf beide Seiten des Zuschnittes verteilt werden. Die übergefalzte Seite bekommt zwei Drittel, die eingefalzte ein Drittel der Zugabe. In Bild 53.1 ist dargestellt, dass die innenliegenden Falzborde zur Berücksichtigung der Blechdicke einen Millimeter schmaler angezeichnet werden. Außerdem werden die Ecken der Zuschnitte im Bereich der Falzzugabe unterschiedlich angeschnitten, je nachdem ob es sich um eine Falzung von Hand oder mit der Maschine handelt. Der fertige Falz zeigt nach handwerklicher Regel immer nach rechts. Das ist beim Runden der zylindrischen Teile zu beachten.

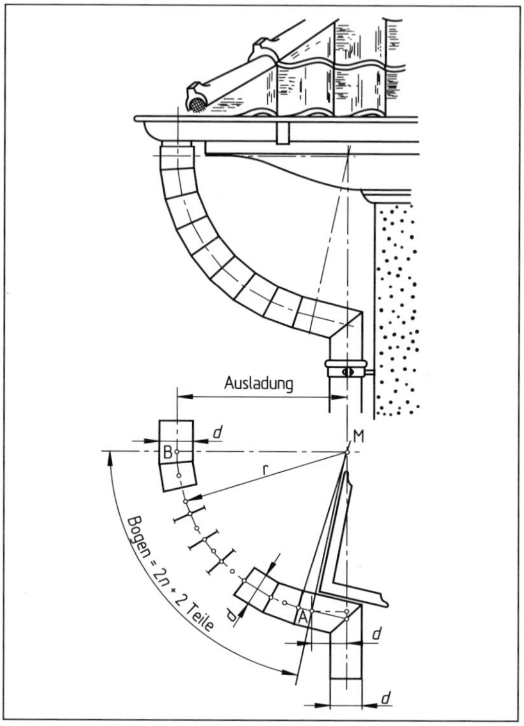

52.1 Schweizerbogen, ausgeschwungen

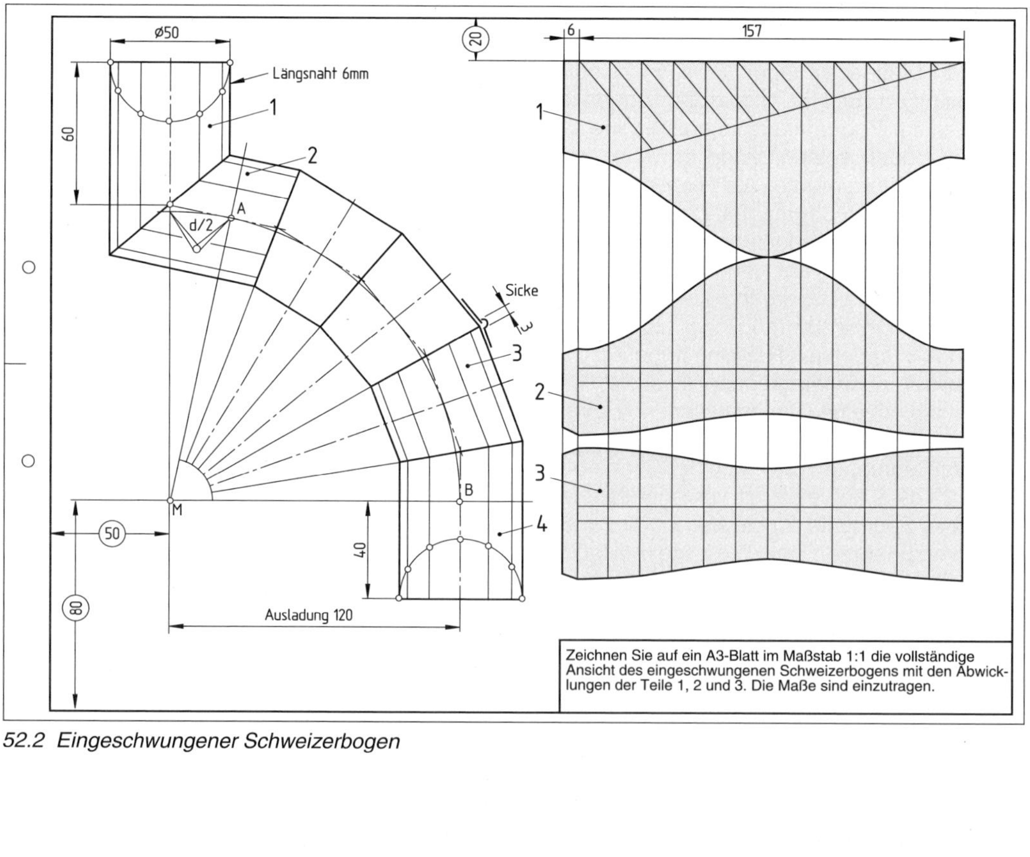

52.2 Eingeschwungener Schweizerbogen

Zeichnen Sie auf ein A3-Blatt im Maßstab 1:1 die vollständige Ansicht des eingeschwungenen Schweizerbogens mit den Abwicklungen der Teile 1, 2 und 3. Die Maße sind einzutragen.

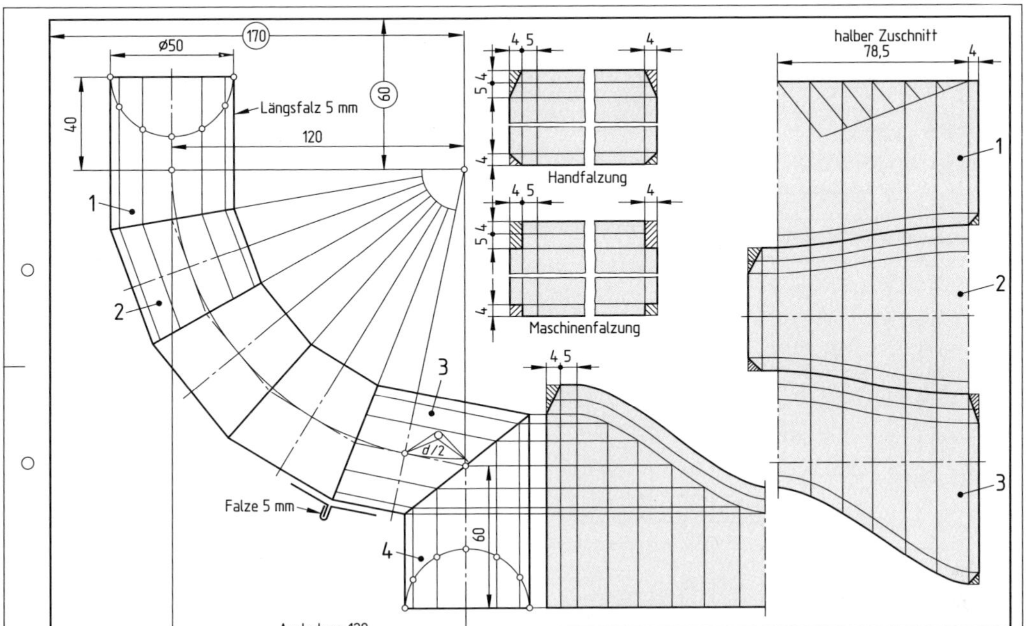

Zeichnen Sie auf ein A3-Blatt im Maßstab 1:1 nach den angegeben Maßen die vollständige Ansicht des ausgeschwungenen Schweizerbogens. Es sind nur die halben Abwicklungen zu zeichnen, damit sie verlustarm angeordnet werden können. Berücksichtigen Sie Zugaben für die Falznähte.

53.1 Ausgeschwungener Schweizerbogen

3.4 Wulstabwicklungen und Rinnenwinkel

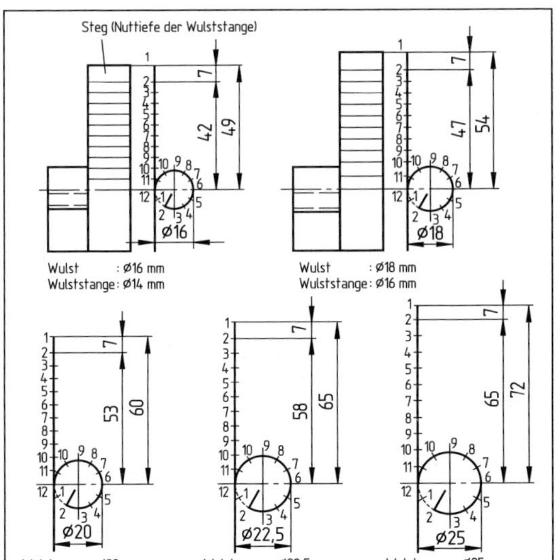

Beispiel:
Zuschnittlänge der Wulst =

$$\left(\frac{\varnothing\text{Wulst}\cdot 3{,}14\cdot 10}{12}\right) + \text{Stegbreite} \quad \text{z. B.} \left(\frac{16\cdot 3{,}14\cdot 10}{12}\right) + 7 = 42 + 7 = 49\ \text{mm}$$

53.2 Wulstabwicklungen

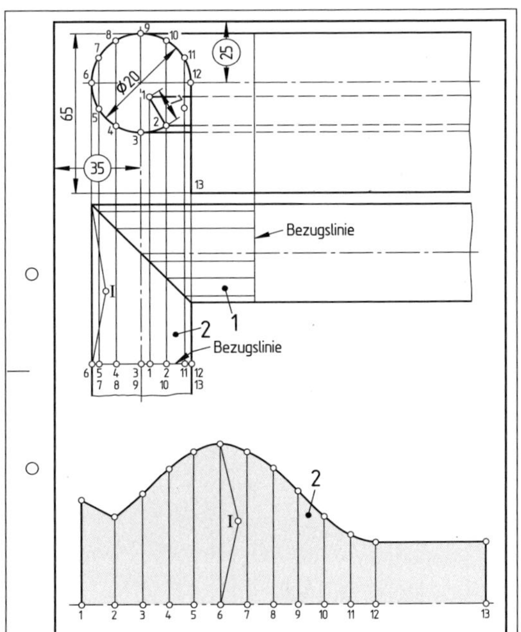

Zeichnen Sie auf ein A4-Blatt im Maßstab 1:1 die auf Gehrung angeschnittene Wulstecke und wickeln Sie Teil 1 oder 2 bis zur Bezugsebene ab.

53.3 Wulstgehrung

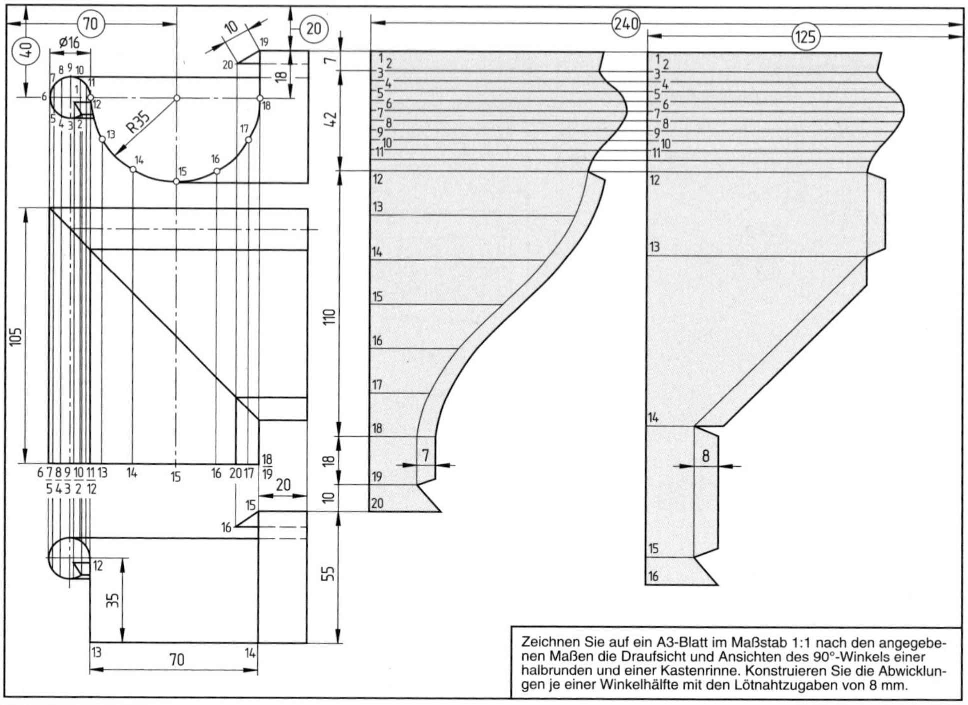

Zeichnen Sie auf ein A3-Blatt im Maßstab 1:1 nach den angegebenen Maßen die Draufsicht und Ansichten des 90°-Winkels einer halbrunden und einer Kastenrinne. Konstruieren Sie die Abwicklungen je einer Winkelhälfte mit den Lötnahtzugaben von 8 mm.

54.1 Rinnenwinkel 90°

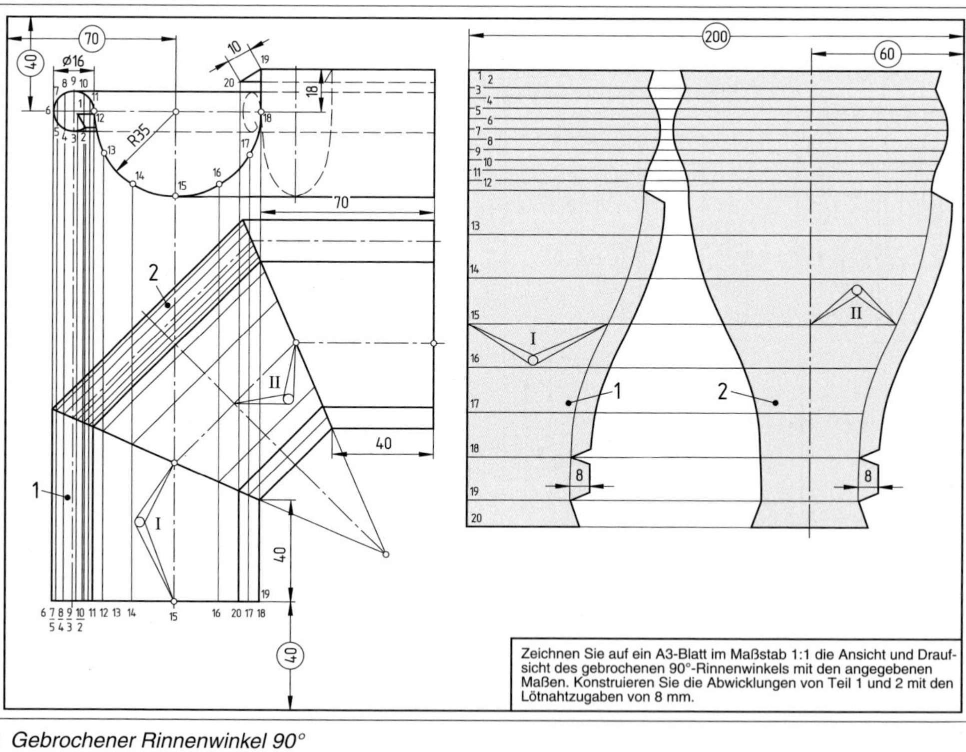

Zeichnen Sie auf ein A3-Blatt im Maßstab 1:1 die Ansicht und Draufsicht des gebrochenen 90°-Rinnenwinkels mit den angegebenen Maßen. Konstruieren Sie die Abwicklungen von Teil 1 und 2 mit den Lötnahtzugaben von 8 mm.

54.2 Gebrochener Rinnenwinkel 90°

3.5 Wahre Größen und wahre Längen

Läuft eine Linie oder Körperkante mit der Projektionsebene parallel, so erscheint sie in ihrer wahren Länge (WL). In der Vorderansicht Bild 55.1 trifft dies für die Kanten a, b, c, und d zu. Die Kanten e und f sieht man nur als Punkte. Deren Länge ist aber in wahrer Größe in der Draufsicht und Seitenansicht zu finden. Die Kante d verläuft in diesen Ansichten jedoch geneigt zur Projektionsebene und erscheint dort verkürzt.

Da für die Abwicklung von Körperflächen immer die wahren Längen der Körperkanten benötigt werden, wird der Körper in so vielen Ansichten gezeichnet, wie zur Darstellung der wahren Kantenlängen erforderlich sind. Bei prismatischen und zylindrischen Körpern reichen dafür meistens zwei Ansichten aus. In pyramiden- oder kegelförmigen Körpern gibt es Linien oder Körperkanten, die in keiner der drei Ansichten in wahrer Länge sichtbar sind, weil sie gegen jede Projektionsebene geneigt verlaufen. Solche Kanten müssen durch Drehung in eine parallele Lage zu einer Projektionsebene gebracht werden.

Bild 55.2 zeigt die erforderliche Hilfskonstruktion zur Ermittlung der wahren Länge von Kante a. Man dreht in der Draufsicht die Kante a um die Spitze S zur waagerechten Achse und projiziert den Schnittpunkt F in die Vorderansicht. Die Strichpunktlinie von F nach S ist die wahre Länge der Kante a. Es empfiehlt sich, die wahre Länge zur Unterscheidung von anderen Hilfslinien als Strichpunktlinie zu zeichnen.

Wenn die wahren Längen für mehrere Kanten eines Körpers zu ermitteln sind, kann man wegen der besseren Übersichtlichkeit die Hilfskonstruktionen auch neben die Vorderansicht legen. Ein Beispiel dafür gibt Bild 55.3. Man zeichnet neben die Vorderansicht eine senkrechte Höhenlinie FS und überträgt aus der Draufsicht seitlich davon die Ausladungen (Zirkelsymbol) der verkürzt erscheinenden Kanten a und b. In den entstehenden Dreiecken FA'S und FB'S sind die Hypotenusen die wahren Längen (WL) der Kanten a und b. Weitere Anwendungsbeispiele sind die Zeichnungen auf den Seiten 62 und 63.

Ein anderes Verfahren zur Ermittlung der wahren Längen von Kanten und Flächen durch Umklappen der Flächen ist bei der Dachausmittlung ab Seite 138 dargestellt.

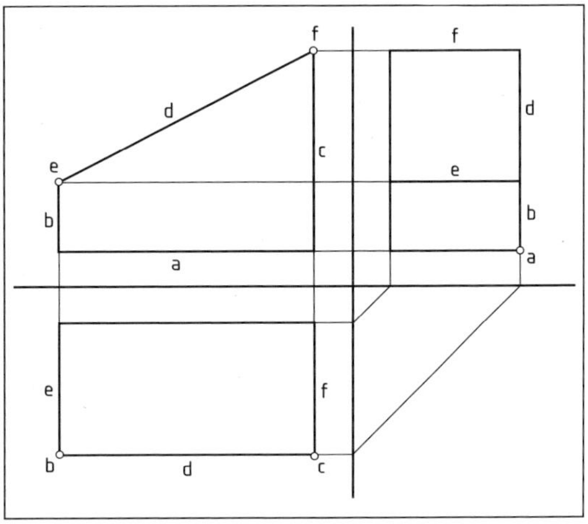

55.1 Wahre Längen aus einer Ansicht

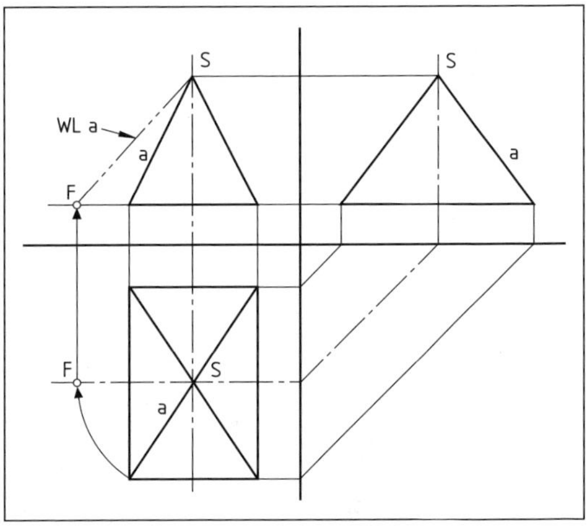

55.2 Wahre Länge durch Drehung

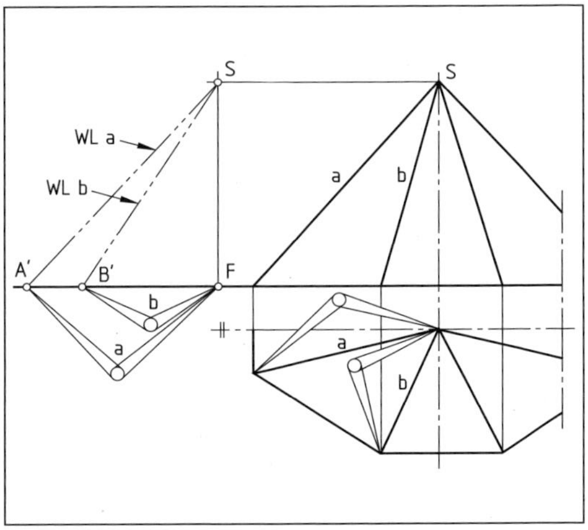

55.3 Wahre Längen durch Hilfskonstruktion

3.6 Pyramidenförmige Körper

Bei den geraden Pyramiden laufen die Kanten in einem Punkt über der Mitte der Grundfläche zusammen. Bei schrägen Pyramiden ist diese Spitze S seitlich versetzt. Das Lot von der Spitze zur Grundfläche ist die Pyramidenhöhe *h*. Für die Abwicklung wird die wahre Länge der Kante benötigt. Die Pyramide wird nach ihrer Grundfläche benannt. Bild 56.1 zeigt eine quadratische und eine sechseckige Pyramide. Ist ihre Spitze waagerecht oder schräg abgeschnitten, so entsteht ein Pyramidenstumpf (Bild 56.2). Für die Abwicklung ist in jedem Fall die Spitze S erforderlich und muss durch Verlängerung der Kantenlinien ermittelt werden.

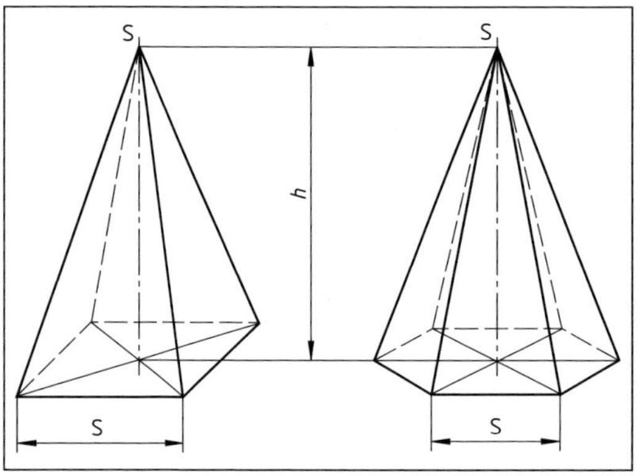

56.1 Pyramiden

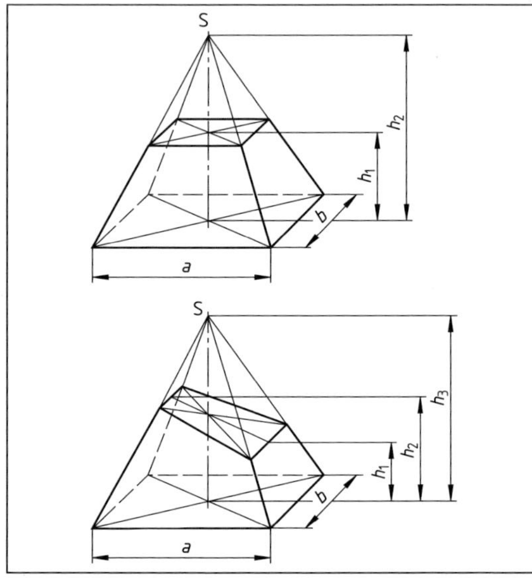

56.2 Pyramidenstümpfe

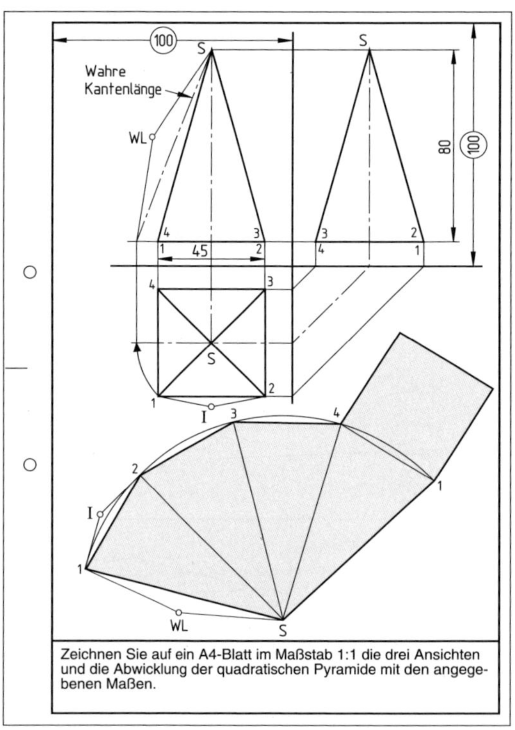

56.3 Quadratische Pyramide

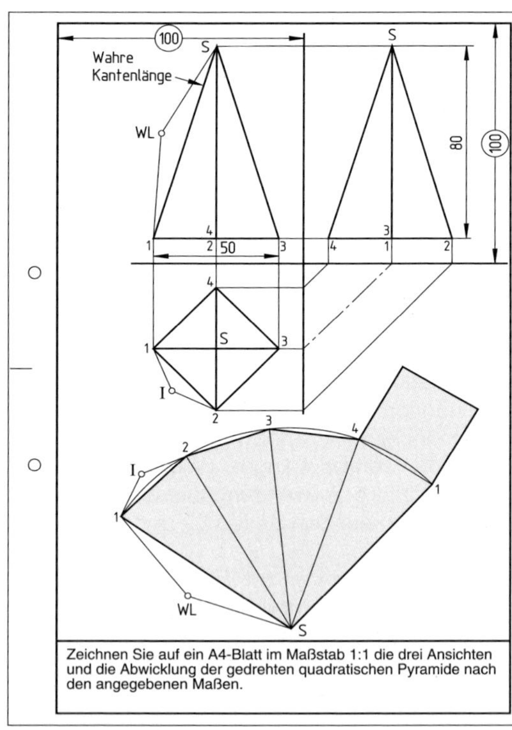

56.4 Quadratische Pyramide, gedreht

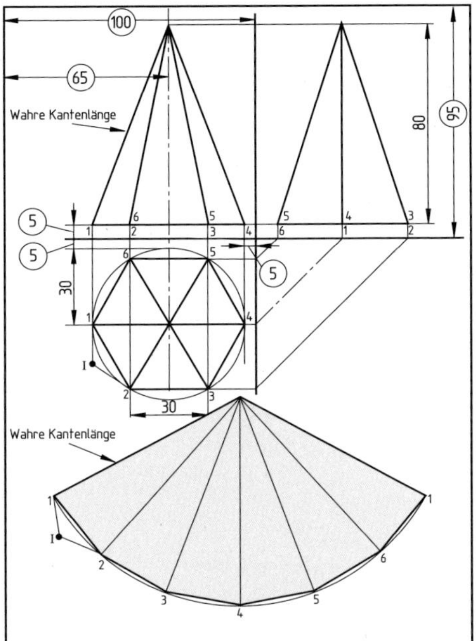

Zeichnen Sie auf ein A4-Blatt im Maßstab 1:1 die 3 Ansichten und die Abwicklung der sechseckigen Pyramide nach den angegebenen Maßen und konstruieren Sie die Abwicklung des Pyramidenmantels.

57.1 Sechseckige Pyramide

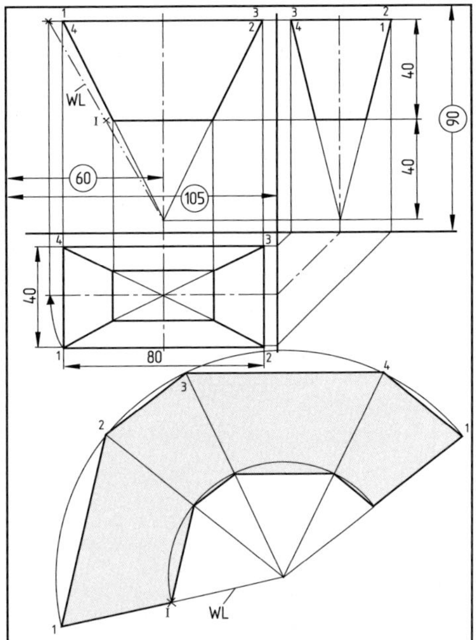

Zeichnen Sie auf ein A4-Blatt die drei Ansichten des rechteckigen Pyramidenstumpfes . Ermitteln Sie die wahren Längen und konstruieren Sie die Abwicklung des Mantels.

57.2 Gerader Pyramidenstumpf

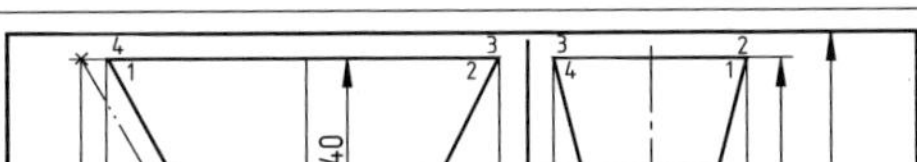

Zeichnen Sie auf ein A4-Blatt im Maßstab 1:1 die drei Ansichten des schräg geschnittenen, rechteckigen Pyramidenstumpfes mit den wahren Längen und konstruieren Sie die Mantelabwicklung.

57.3 Schräger Pyramidenstumpf

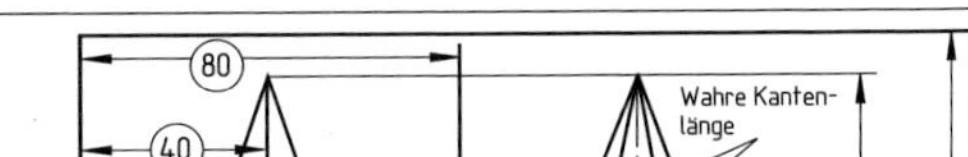

Zeichnen Sie auf ein A4-Blatt im Maßstab 1:1 die drei Ansichten der sechseckigen Pyramide mit schrägem Schnitt. Ermitteln Sie die wahren Längen und konstruieren Sie die Abwicklungen des Mantels und Bodens des oberen Pyramidenabschnittes.

57.4 Sechseckige Pyramide, schräg geschnitten

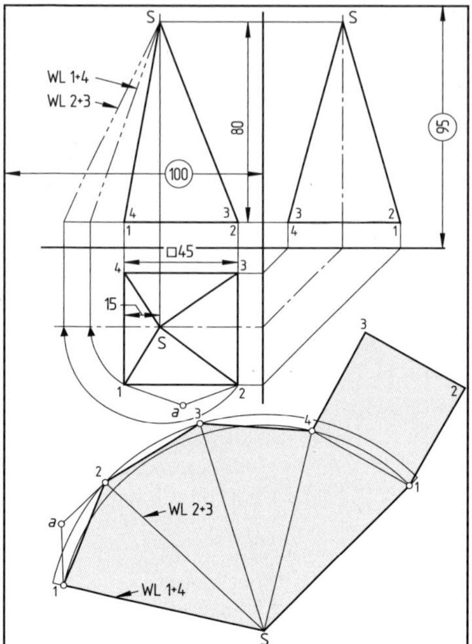

Zeichnen Sie auf ein A4-Blatt im Maßstab 1:1 die drei Ansichten der schiefen Pyramide. Konstruieren Sie die wahren Längen und die Abwicklungen von Mantel und Boden.

58.1 Schiefe quadratische Pyramide

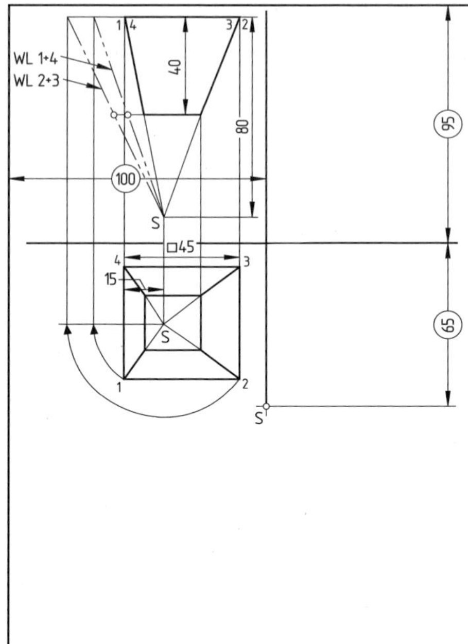

Zeichnen Sie auf ein A4-Blatt im Maßstab 1:1 die drei Ansichten des schiefen Pyramidenstumpfes. Konstruieren Sie die wahren Längen und die Abwicklung des Mantels.

58.2 Schiefer Pyramidenstumpf

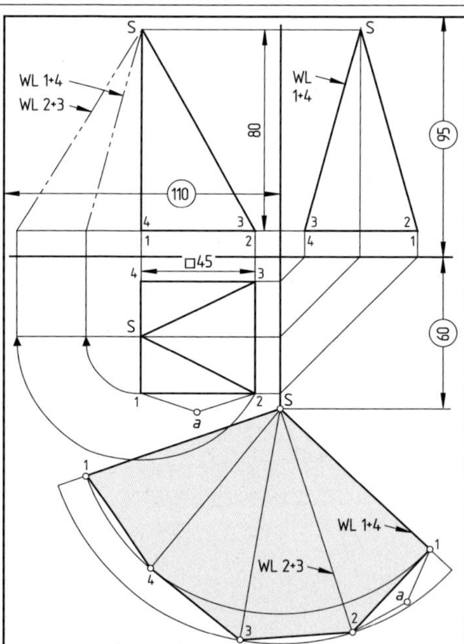

Zeichnen Sie auf ein A4-Blatt im Maßstab 1:1 die drei Ansichten der schiefen quadratischen Pyramide. Konstruieren Sie die wahren Längen und die Abwicklung des Mantels.

58.3 Schiefe quadratische Pyramide

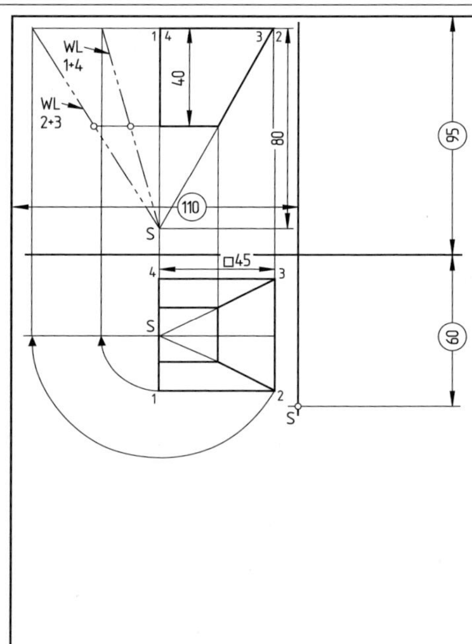

Zeichnen Sie auf ein A4-Blatt im Maßstab 1:1 die drei Ansichten des Pyramidenstumpfes, die wahren Längen und die Abwicklung des Mantels.

58.4 Schiefer Pyramidenstumpf

3.7 Kegelförmige Körper

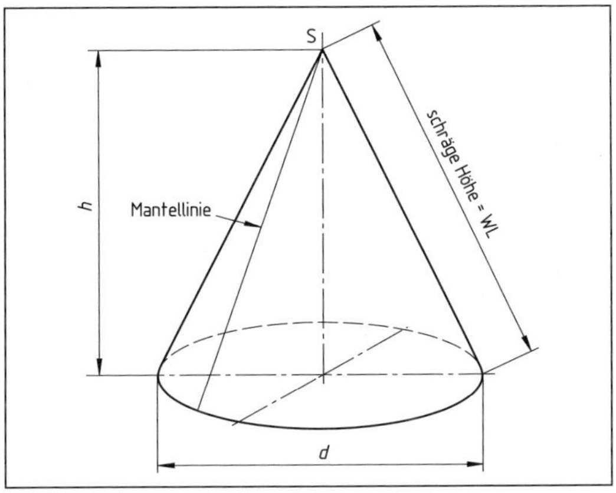

59.1 Kegel

Der Kegel hat einen Kreis als Grundfläche. Sein Mantel läuft in der Spitze S aus. Beim geraden Kegel ist die Körperachse die senkrechte Höhe *h*. Jede gerade Linie vom Umfang der Grundfläche zur Spitze wird Mantellinie genannt. In der Projektion der Vorder- und Seitenansicht sind die äußeren Mantellinien in wahrer Länge zu sehen. Sie werden als schräge Höhe des Kegels bezeichnet.

Die Abwicklung des Kegelmantels kann auf unterschiedliche Weise erfolgen. In Bild 59.2 wurde um die Spitze S ein Kreisbogen mit der wahren Länge der Mantellinien geschlagen. Auf diesem Bogen wurde der Umfangs des Grundkreises abgetragen, der sich aus der Zwölferteilung ergibt. Genauer ist die Bestimmung der Bogenlänge mit der Formel für den Kreisumfang: $U = d \cdot \pi$. Diese Länge muss dann mit dem Zirkel in möglichst kleinen Teilstücken abgetragen werden. Da beim geraden Kegel alle Mantellinien die gleiche Länge haben, erübrigen sie sich eigentlich. Sie wurden aber zur Übung mitgezeichnet.

Bild 59.3 zeigt zwei **vereinfachte Verfahren** zur Abwicklung des Kegelmantels. Oben wurde der Bogenschlag für den Mantelumfang um die Spitze S ausgeführt. Ein Zwölftel des Umfangs erhält man aus der Hilfskonstruktion des eingeklappten halben Grundkreises durch Anlegen des 60°-Winkels (Zirkelsymbol). Unten wurde der Bogenschlag von der seitlichen Mantellinie ausgeführt und der Umfang wie zuvor beschrieben abgetragen. Mantellinien sind in beiden Verfahren verzichtbar. Sie werden erst beim schiefen oder schräg geschnittenen Kegel nötig. Die vereinfachten Verfahren können auch für die Abwicklung von Kegelstümpfen benutzt werden.

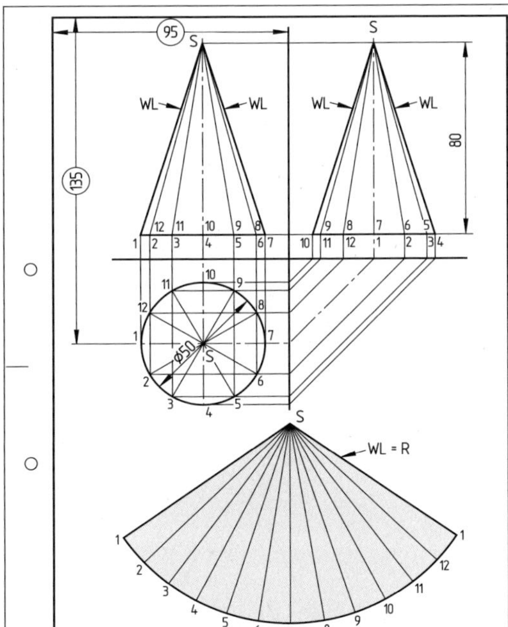

Zeichnen Sie auf ein A4-Blatt im Maßstab 1:1 die drei Ansichten des geraden Kegels mit den Mantellinien und die Abwicklung des Mantels. Die Maße und Nummerierung der Mantellinien sind einzutragen.

59.2 Gerader Kegel

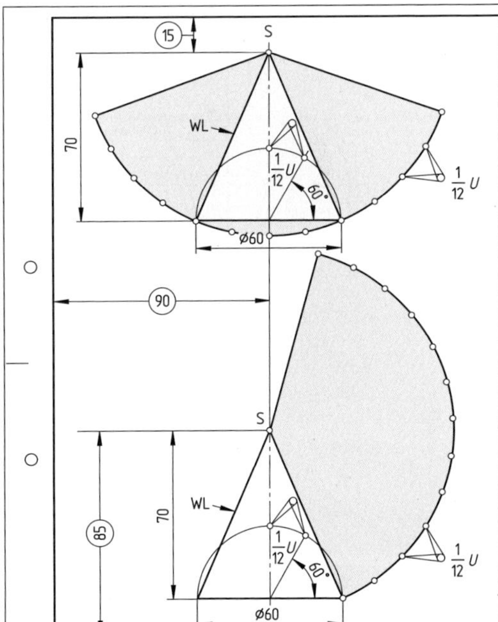

Zeichnen Sie auf ein A4-Blatt im Maßstab 1:1 die geraden Kegel als Vorderansicht mit den vereinfachten Abwicklungen der Mantelflächen. Tragen Sie die Maße ein.

59.3 Vereinfachte Kegelabwicklungen

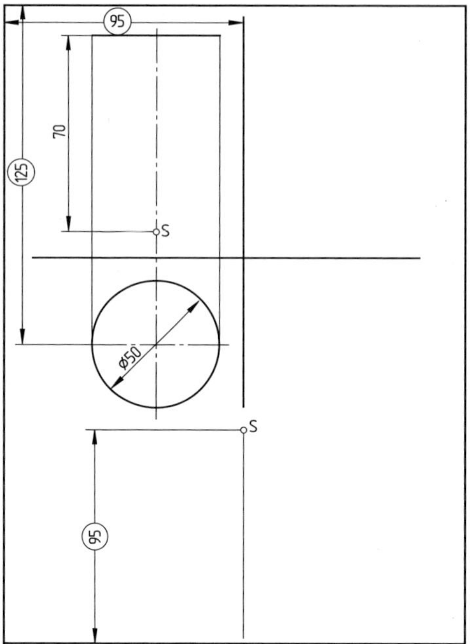

Zeichnen Sie auf ein A4-Blatt im Maßstab 1:1 die drei Ansichten des auf der Spitze stehenden Kegels mit der Abwicklung des Mantels. Die Maße sind einzutragen.

60.1 Kegel auf der Spitze

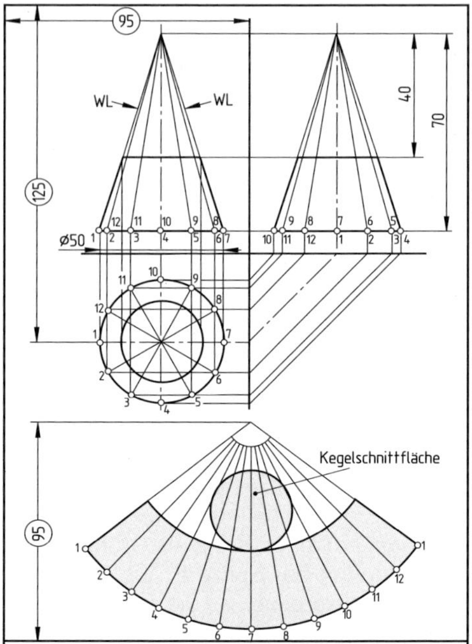

Zeichnen Sie auf ein A4-Blatt im Maßstab 1:1 die drei Ansichten des Kegelstumpfes und die Abwicklung des Mantels mit der Kegelschnittfläche. Tragen Sie die Maße ein.

60.2 Gerader Kegelschnitt

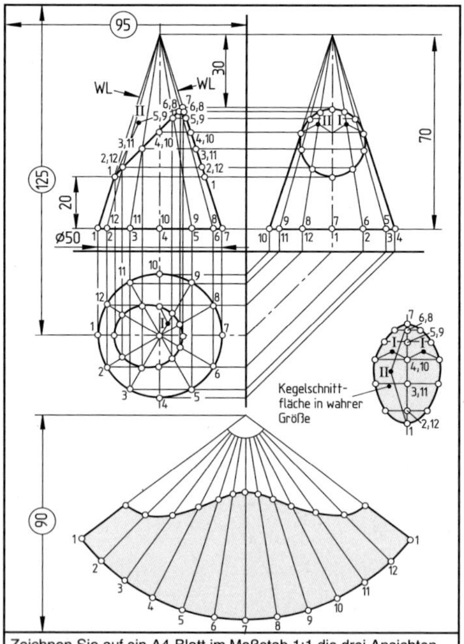

Zeichnen Sie auf ein A4-Blatt im Maßstab 1:1 die drei Ansichten des schräg geschnittenen Kegels und die Abwicklung des Mantels. Konstruieren Sie als getrennte Zeichnung die Zeichnung der Kegelschnittfläche. Tragen Sie die Maße ein.

60.3 Schräger Kegelschnitt

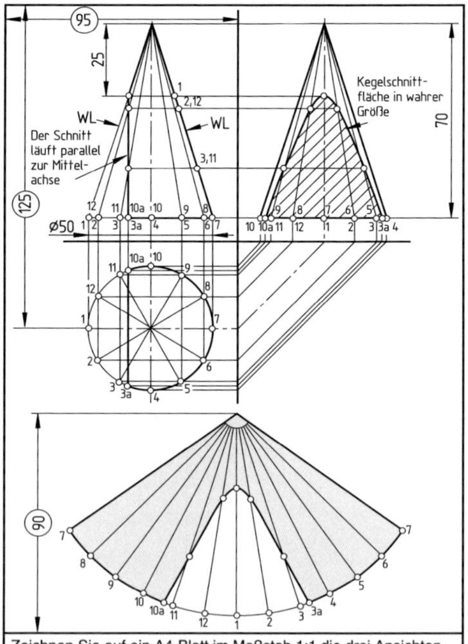

Zeichnen Sie auf ein A4-Blatt im Maßstab 1:1 die drei Ansichten des senkrecht geschnittenen Kegels und die Abwicklung des Mantels. Tragen Sie die Maße ein.

60.4 Senkrechter Kegelschnitt

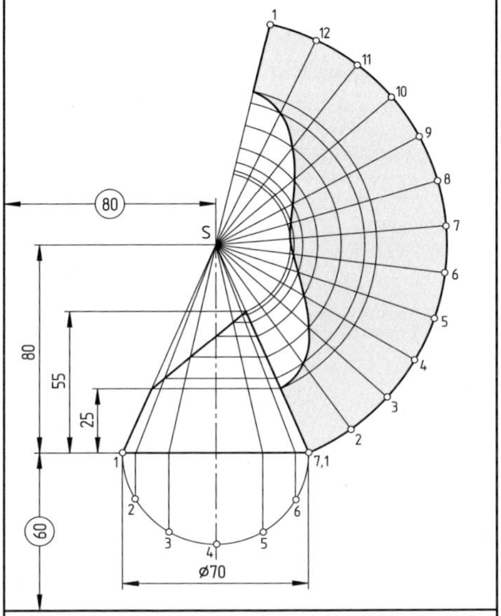

Zeichnen Sie auf ein A4-Blatt im Maßstab 1:1 die Vorderansicht des schräg geschnittenen Kegels mit der seitlich angesetzten Abwicklung des Mantels. Tragen Sie die Maße ein.

61.1 Schräg geschnittener Kegel

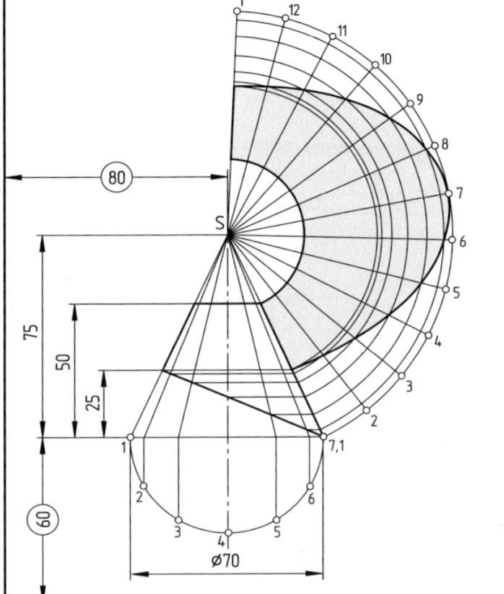

Zeichnen Sie auf ein A4-Blatt im Maßstab 1:1 die Vorderansicht des doppelt geschnittenen Kegels mit der seitlich angesetzten Abwicklung des Mantels. Tragen Sie die Maße ein.

61.2 Doppelt geschnittener Kegel

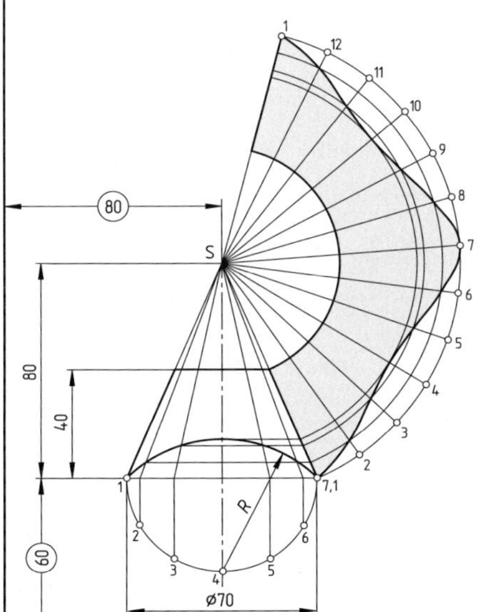

Zeichnen Sie auf ein A4-Blatt im Maßstab 1:1 die Vorderansicht des rund ausgeschnittenen Kegels mit der seitlich angesetzten Abwicklung des Mantels. Tragen Sie die Maße ein.

61.3 Rund ausgeschnittener Kegelstumpf

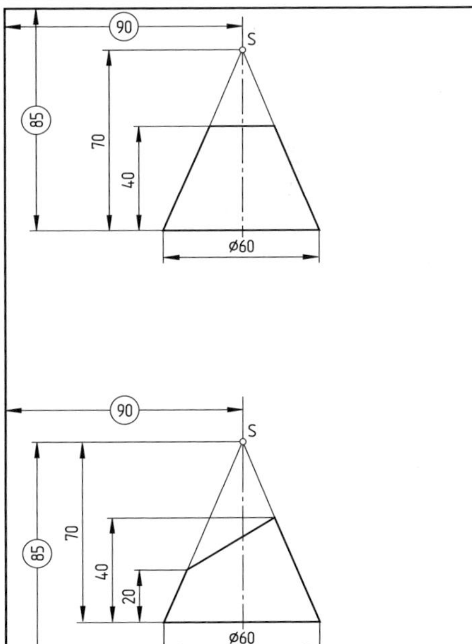

Zeichnen Sie auf ein A4-Blatt im Maßstab 1:1 die Vorderansicht der dargestellten Kegelstümpfe und konstruieren Sie die Mantelabwicklungen nach einem der vereinfachten Verfahren von Bild 59.3.

61.4 Übungen mit vereinfachter Abwicklung

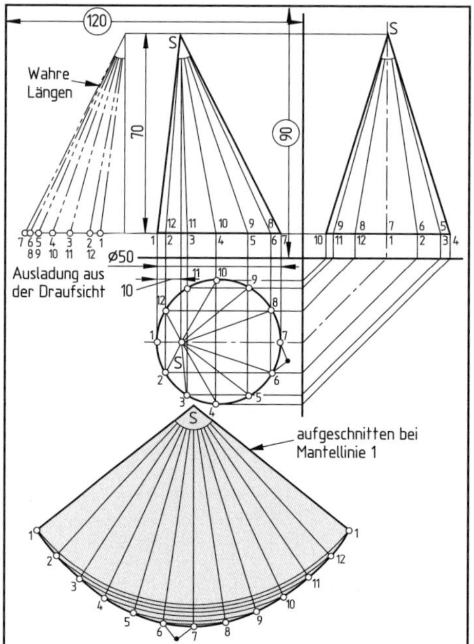

Zeichnen Sie auf ein A4-Blatt im Maßstab 1:1 die drei Ansichten des schiefen Kegels und die Abwicklung des Kegelmantels. Die wahren Längen sind als getrennte Hilfskonstruktion zu zeichnen.

62.1 Schiefer Kegel

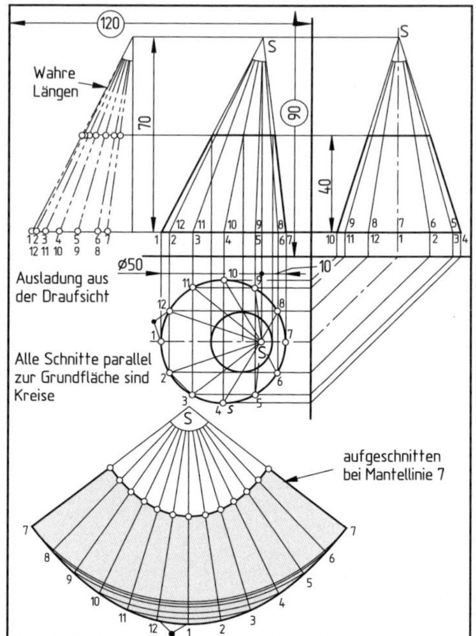

Zeichnen Sie auf ein A4-Blatt im Maßstab 1:1 die drei Ansichten des schiefen Kegelstumpfes mit der Abwicklung der Mantelfläche. Die wahren Längen sind als getrennte Hilfkonstruktion zu zeichnen.

62.2 Schiefer Kegelstumpf

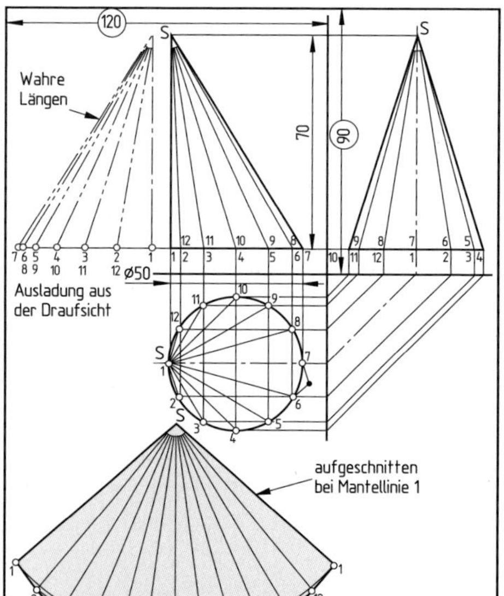

Zeichnen Sie auf ein A4-Blatt im Maßstab 1:1 die drei Ansichten des schiefen Kegels und die Abwicklung des Kegelmantels. Die wahren Längen sind als getrennte Hilfskonstruktion zu zeichnen.

62.3 Schiefer Kegel

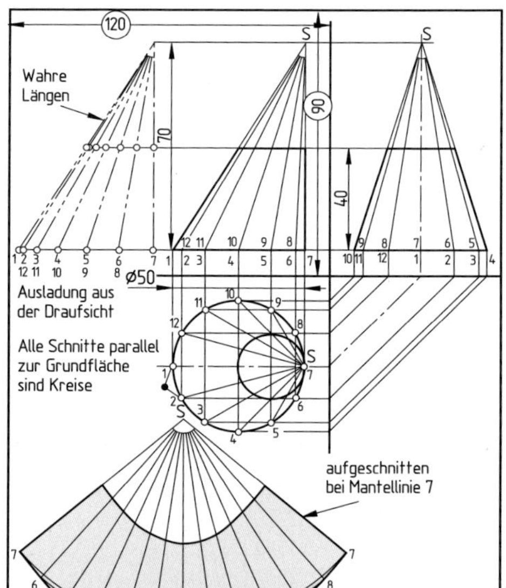

Zeichnen Sie auf ein A4-Blatt im Maßstab 1:1 die drei Ansichten des schiefen Kegelstumpfes mit der Abwicklung der Mantelfläche. Die wahren Längen sind als getrennte Hilfkonstruktion zu zeichnen.

62.4 Schiefer Kegelstumpf

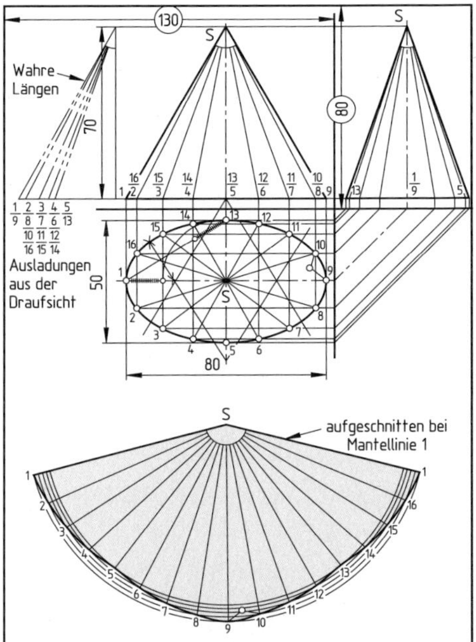

Zeichnen Sie auf ein A4-Blatt im Maßstab 1:1 mit 5 mm Projektionsachsenabstand die drei Ansichten des Kegels mit korbbogenförmiger Grundfläche. Konstruieren Sie die wahren Längen und die Abwicklung des Kegelmantels.

63.1 Kegel mit korbbogenförmiger Grundfläche

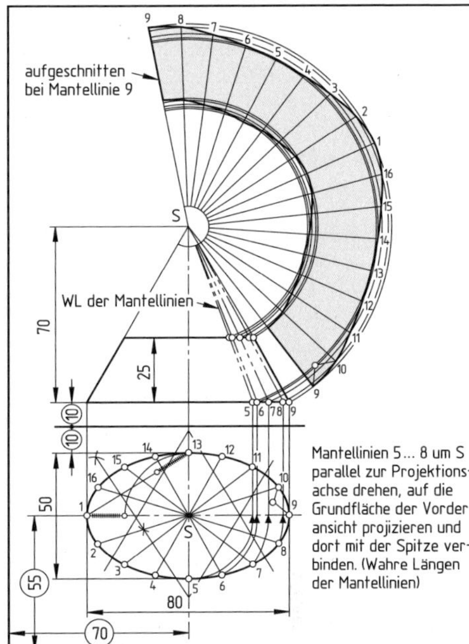

Zeichnen Sie auf ein A4-Blatt im Maßstab 1:1 die Vorderansicht, Draufsicht ohne Schnittfläche und die Mantelabwicklung des ovalen Kegelstumpfes in vereinfachter Form wie angegeben. Die Maße sind einzutragen.

63.2 Kegelstumpf mit ovaler Grundfläche

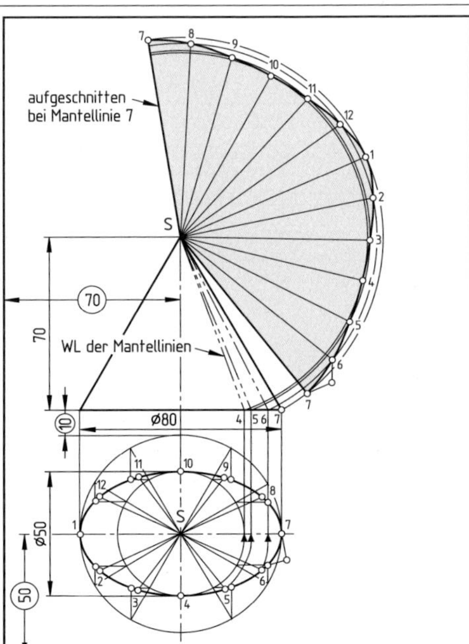

Zeichnen Sie auf ein A4-Blatt im Maßstab 1:1 die Vorderansicht und Draufsicht des Kegels mit elliptischer Grundfläche. Konstruieren Sie die wahren Längen und die Mantelabwicklung in vereinfachter Form wie angegeben. Die Maße sind einzutragen.

63.3 Kegel mit elliptischer Grundfläche

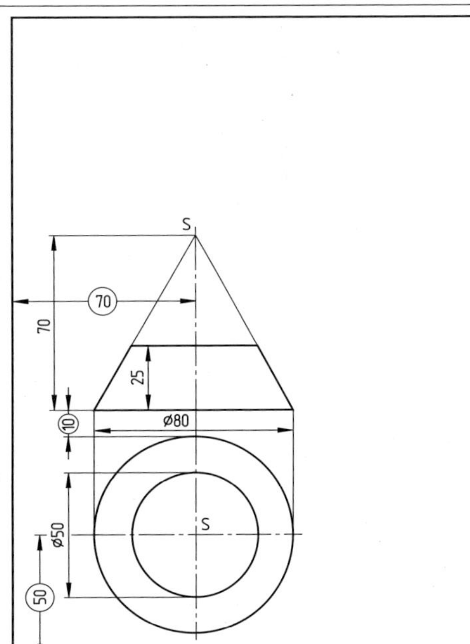

Zeichnen Sie auf ein A4-Blatt im Maßstab 1:1 die Draufsicht (Ellipse) ohne die Schnittfläche, die Vorderansicht, die wahren Längen und die Mantelabwicklung in vereinfachter Form wie angegeben.

63.4 Kegelstumpf mit Ellipsengrundfläche

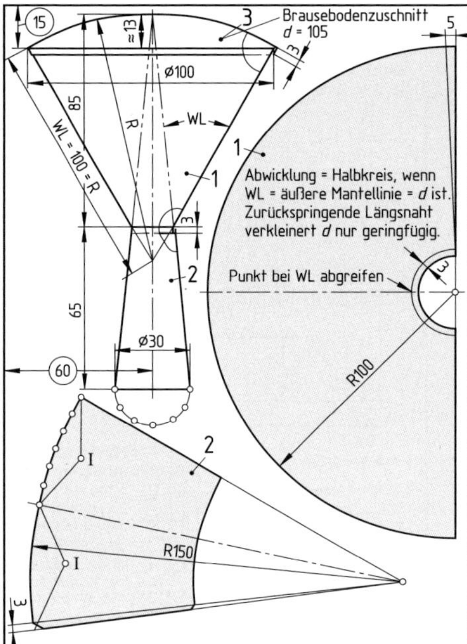

Zeichnen Sie auf ein A4-Blatt im Maßstab 1:1 die Vorderansicht und die Abwicklungen der Brauseteile 1 und 2 mit den Zugaben für Lötnähte. Die Maße sind einzutragen.

64.1 Gießkannenbrause

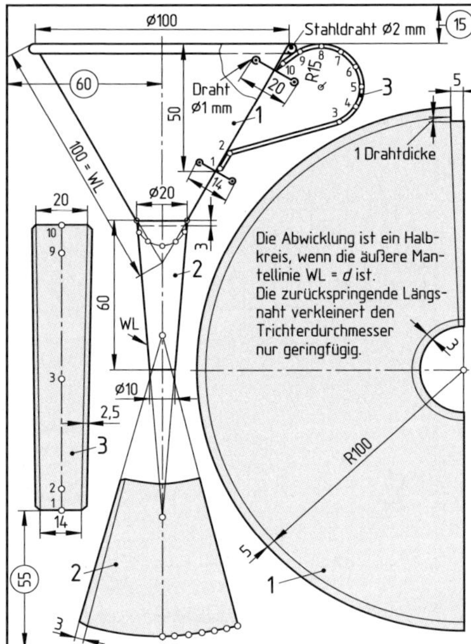

Zeichnen Sie auf ein A4-Blatt im Maßstab 1:1 die Vorderansicht des Trichters und die Abwicklungen der Teile 1, 2 und 3 mit den Zugaben für Nähte und Drahteinlagen. Die Maße sind einzutragen.

64.2 Trichter

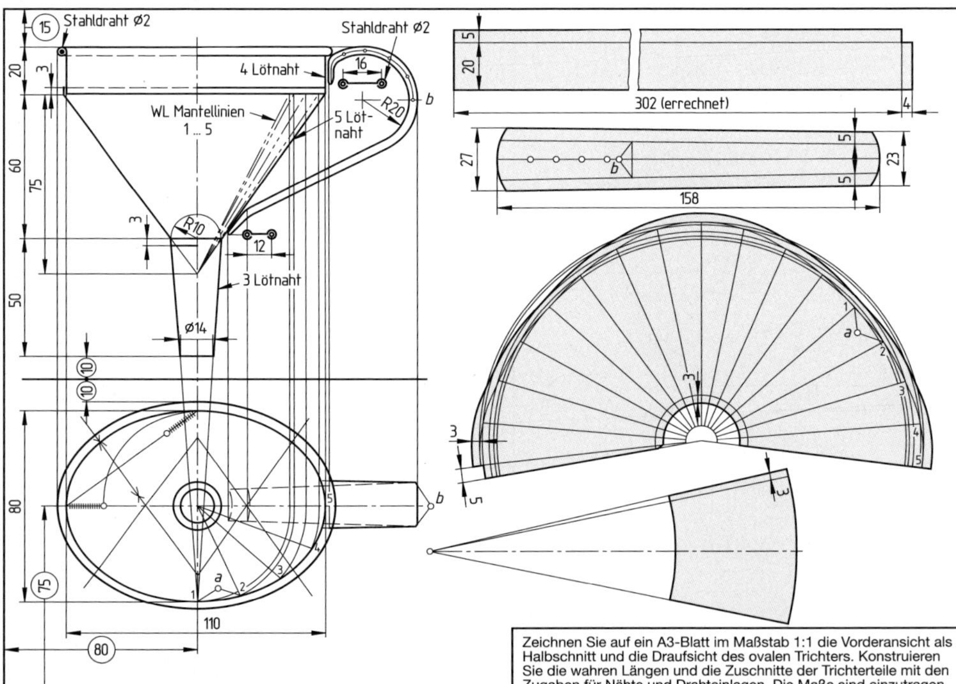

Zeichnen Sie auf ein A3-Blatt im Maßstab 1:1 die Vorderansicht als Halbschnitt und die Draufsicht des ovalen Trichters. Konstruieren Sie die wahren Längen und die Zuschnitte der Trichterteile mit den Zugaben für Nähte und Drahteinlagen. Die Maße sind einzutragen.

64.3 Ovaler Trichter

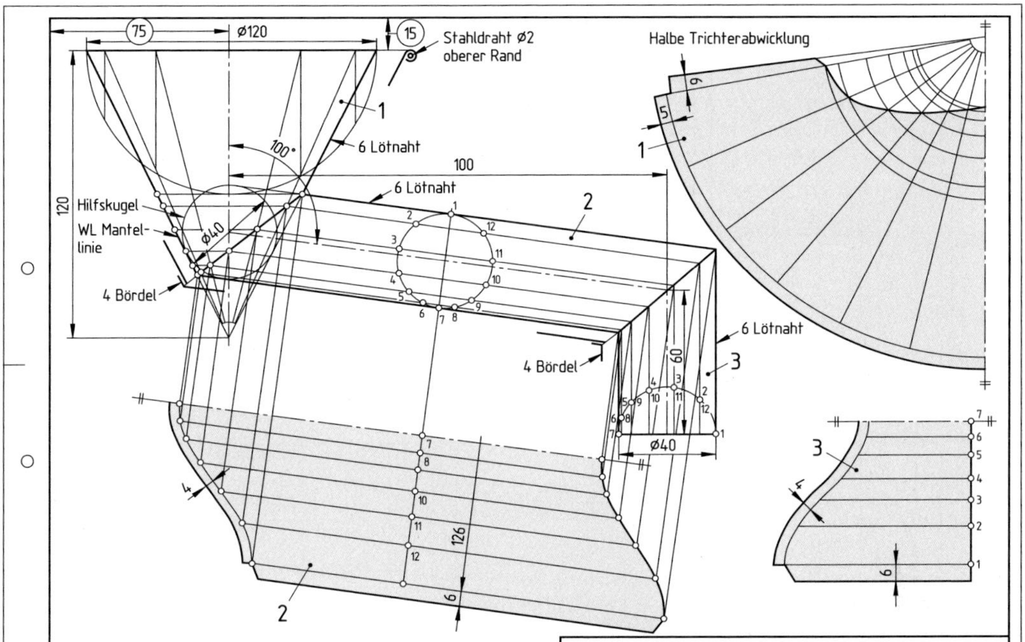

Zeichnen Sie auf ein A3-Blatt im Maßstab 1:1 die Vorderansicht des Winkeltrichters und die halben Abwicklungen der Trichterteile mit den Nahtzugaben. Die Maße sind einzutragen.

65.1 Winkeltrichter

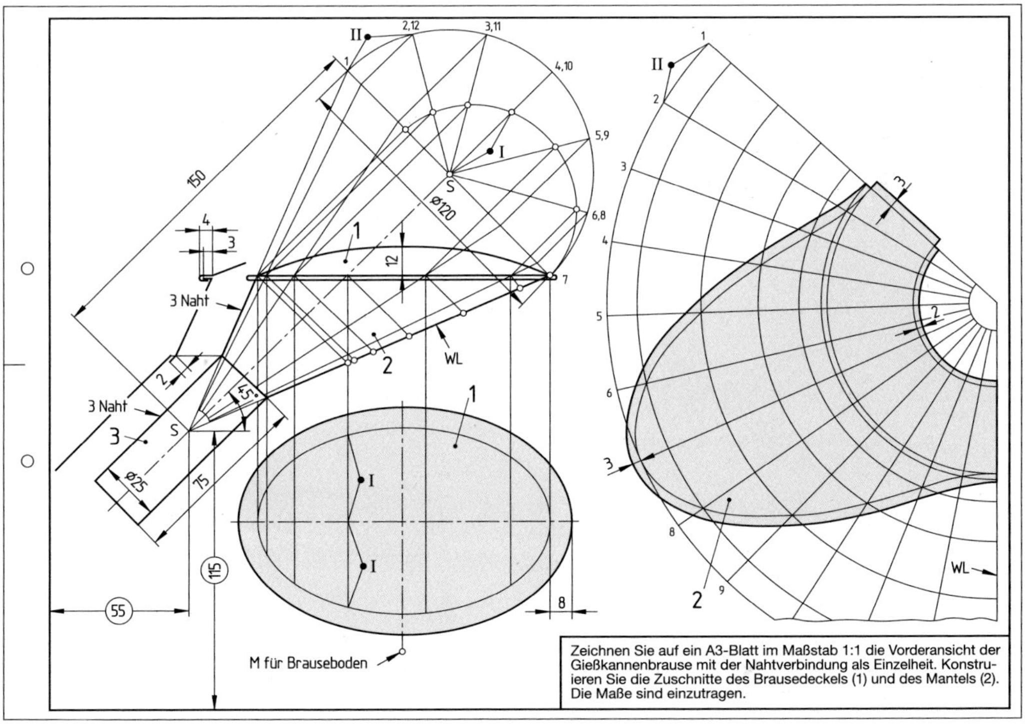

Zeichnen Sie auf ein A3-Blatt im Maßstab 1:1 die Vorderansicht der Gießkannenbrause mit der Nahtverbindung als Einzelheit. Konstruieren Sie die Zuschnitte des Brausedeckels (1) und des Mantels (2). Die Maße sind einzutragen.

65.2 Gießkannenbrause aus geradem Kegel

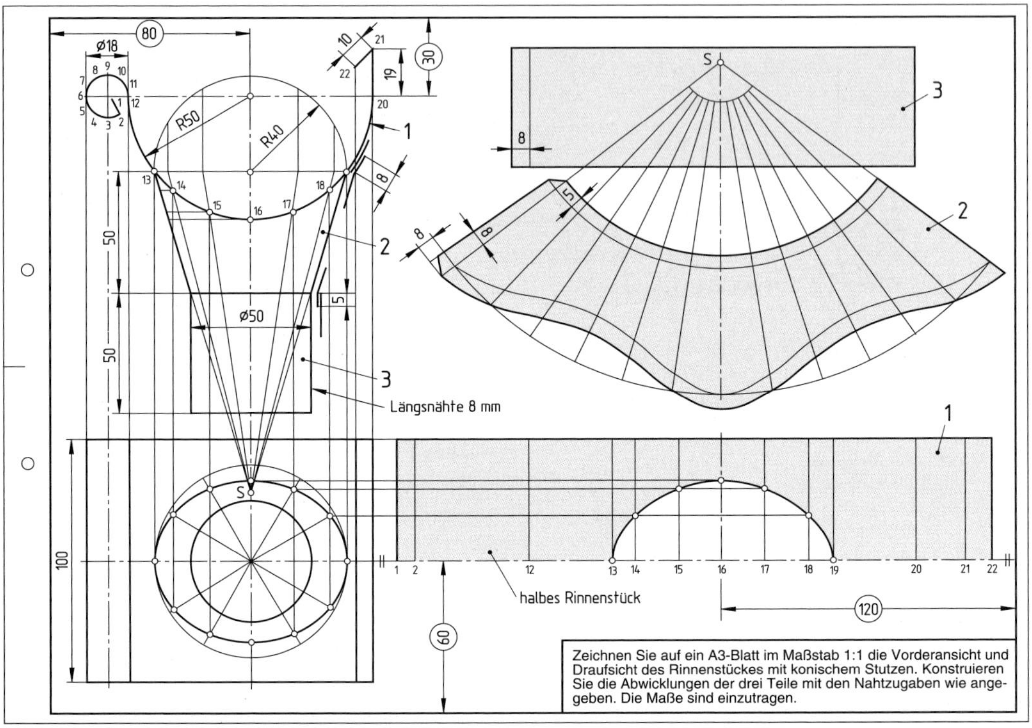

Zeichnen Sie auf ein A3-Blatt im Maßstab 1:1 die Vorderansicht und Draufsicht des Rinnenstückes mit konischem Stutzen. Konstruieren Sie die Abwicklungen der drei Teile mit den Nahtzugaben wie angegeben. Die Maße sind einzutragen.

66.1 Rinne mit konischem Stutzen

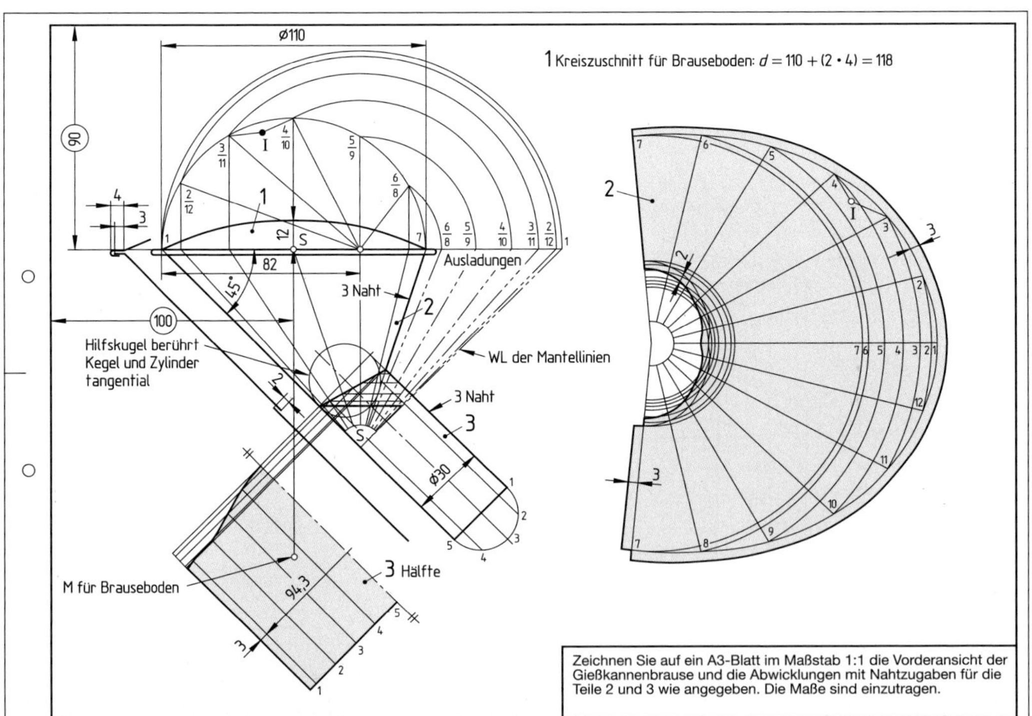

Zeichnen Sie auf ein A3-Blatt im Maßstab 1:1 die Vorderansicht der Gießkannenbrause und die Abwicklungen mit Nahtzugaben für die Teile 2 und 3 wie angegeben. Die Maße sind einzutragen.

66.2 Gießkannenbrause aus schiefem Kegel

Konische Gliederbögen setzen sich aus doppelt geschnittenen Kegelstücken zusammen (Bild 67.1). Damit sich die Durchmesser der Segmente gleichmäßig reduzieren, wird die Längendifferenz der Durchmesser am engen Bogenende je zur Hälfte in so viele Strecken aufgeteilt wie Segmente vorhanden sind. Von den Punkten A_1 bis C_1 schlägt man Kreisbögen zu den äußeren Segmentecken, von den Punkten A_2 bis C_2 zu den inneren. Die Achsen der Segmente mit den Punkten A, B, C und D haben ihre Schnittpunkte auf dem Kreisbogen. Die Achsen AB, BC und CD sind gleich lang und bilden mit ihrer gestreckten Länge die Mittelachse für einen geraden Kegelstumpf, der als Hilfskonstruktion für die Abwicklung der Segmente zu zeichnen ist. Hierzu werden die Segmente wechselseitig aneinander gelegt. Vorher ist die Grundlinie des Kegels zu ermittelt. Es ist die gestrichelte Linie A'A' am unteren Segment. Sie verläuft rechtwinklig zur Achse AB. Am oberen Segment ist es die Linie D'D'. Die Hilfskonstruktion des geraden Kegels ist in Bild 67.2 dargestellt. Die beiden verlängerten Mantellinie A'D' schneiden sich in der Kegelspitze S. Mithilfe der Sehne XY wird die Neigung der unteren Segmentkante übertragen. Mit dem Zirkel werden die Abschnitte der äußeren Mantellinien jedes Segmentes I, II, III usw. übertragen. Die Fußpunkte der übrigen Mantellinien auf A'A' werden mit dem ausgeklappten Halbkreis ermittelt. Die Mantellinien-Schnittpunkte mit den Segmentgehrungen liefern in der Projektion zur Außenlinie die wahren Längen.

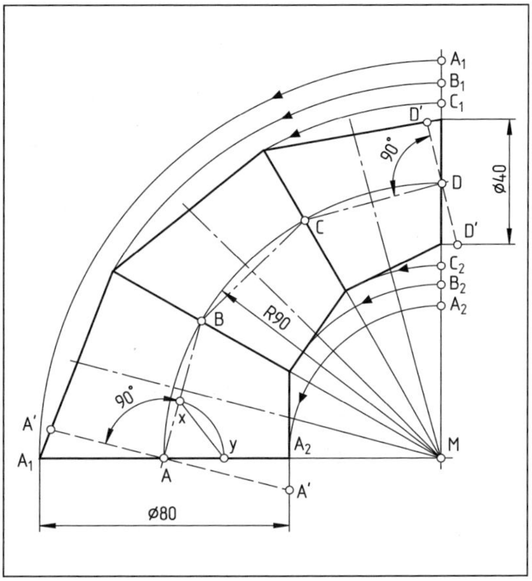

67.1 Konstruktion eines konischen Gliederbogens

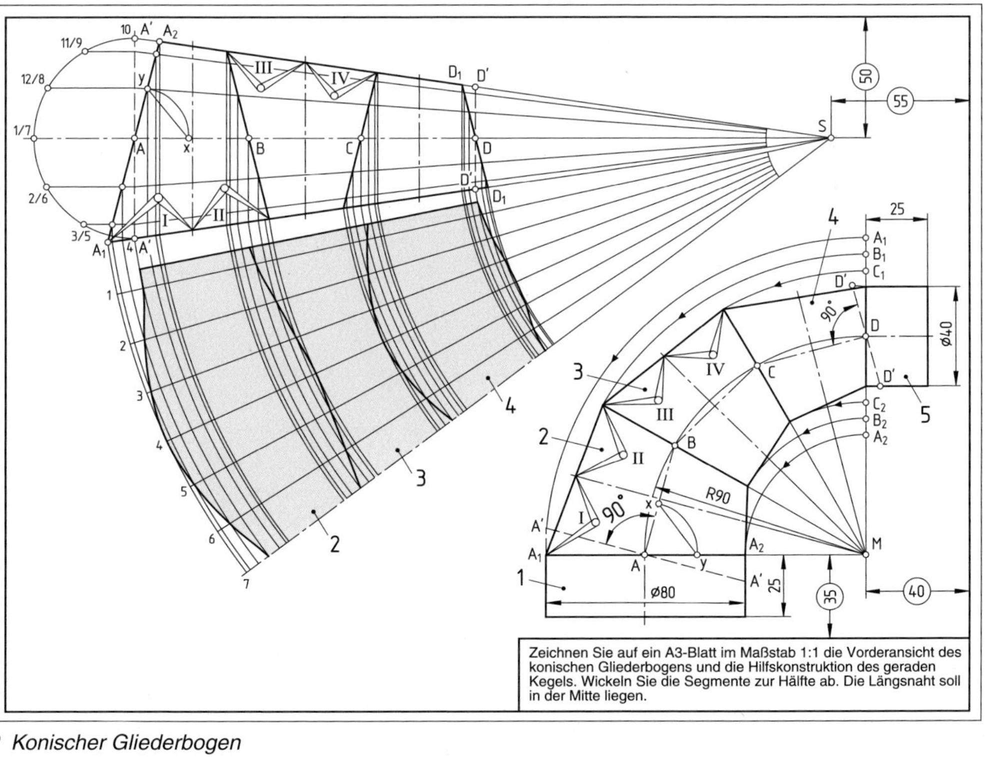

Zeichnen Sie auf ein A3-Blatt im Maßstab 1:1 die Vorderansicht des konischen Gliederbogens und die Hilfskonstruktion des geraden Kegels. Wickeln Sie die Segmente zur Hälfte ab. Die Längsnaht soll in der Mitte liegen.

67.2 Konischer Gliederbogen

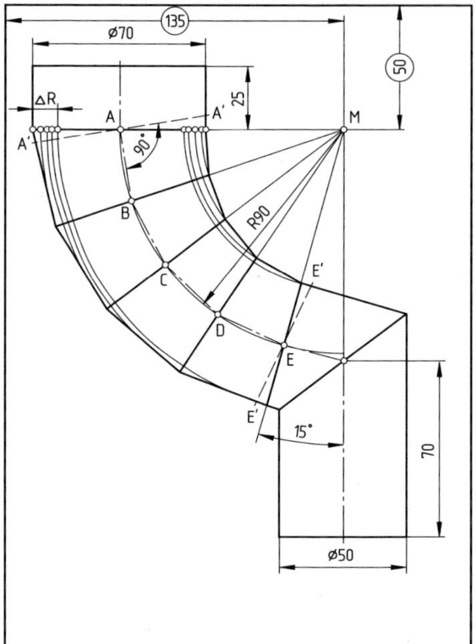

Zeichnen Sie auf ein A4-Blatt im Maßstab 1:1 die Vorderansicht des konischen Schweizerbogens nach den angegebenen Maßen. Benutzen Sie für die Reduzierung der Segmente das auf Seite 67 beschriebene Verfahren. Die Maße sind einzutragen.

68.1 Konischer Schweizerbogen

Ein konischer Gliederbogen kann auch anders konstruiert werden. Weil die konischen Segmente einen geraden Kegelstumpf ergeben, wenn sie wechselseitig zusammengesetzt werden, kann diese Kegelstumpfzeichnung zur genauen Bestimmung der sich verjüngenden Segmentschnitte benutzt werden. Man zeichnet den S-Bogen A bis H, indem man Kreisbögen um M_1 und M_2 schlägt. Der Segmentzahl entsprechend wird der S-Bogen unterteilt (Bild 68.2). Die Achsen der Segmente AB, BC, CD usw. liegen als Tangenten am Bogen. Die Längen der Schnittlinien der Segmente werden mit der Hilfskonstruktion des Kegelstumpfes ermittelt. Die Segmentachsen ergeben zusammen die Länge AH des Kegelstumpfes. Wenn unten der große und oben der kleine Durchmesser angetragen ist, können die Seitenlinien gezeichnet werden und ergeben in der Verlängerung die Kegelspitze S. An die Achspunkte B bis G zeichnet man die Schnittlinien der Segmente unter ihrem Neigungswinkel α. Bei der Sechserteilung des 60°-Bogens ergeben sich hier 10°. Von den einzelnen Segmenten werden dann, ausgehend von der Mittelachse, die Längen der Schnittlinien in die Vorderansicht übertragen (Zirkelsymbole).

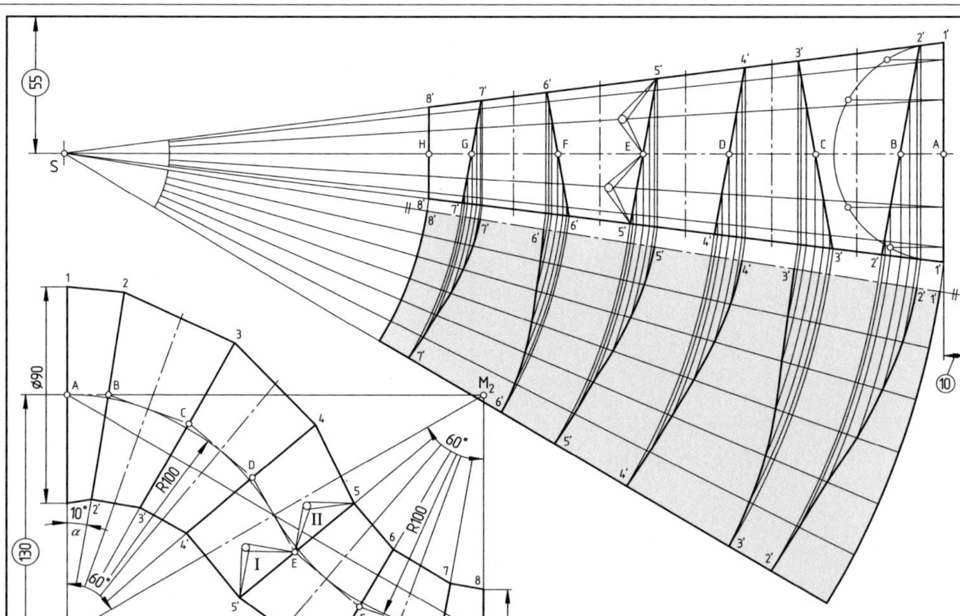

Zeichnen Sie auf ein A3-Blatt im Maßstab 1:1 die Vorderansicht des konischen Schwanenhalses nach den angegebenen Maßen. Benutzen Sie für die Konstruktion der Segmente das oben angegebene Verfahren mittels Hilfskegel. Zeichnen Sie die Hälfte der Segmentabwicklungen.

68.2 Konischer Schwanenhals

3.8 Übergangsstücke (Übergangskörper)

Übergangsstücke nennt man die Verbindungsteile zwischen Rohren oder Lüftungskanälen mit verschieden gestalteten Querschnitten. Sie kommen auch als Zwischenstücke bei Abzugshauben, Schüttvorrichtungen und Wasserfangkästen vor. Bei Übergangsstücken mit vieleckigen Querschnitten werden die Abwicklungen des Mantels als Einzelteile oder in zusammenhängender Form gezeichnet. Hierzu benötigt man die wahren Längen aller Körperkanten, die in den Bildern 69.1 bis 70.3 nach dem auf Seite 55 beschriebenen Verfahren durch Drehung in der Draufsicht und Projektion in die Vorderansicht ermittelt werden. In den Bildern 70.4 und 71.1 werden die wahren Längen in getrennten rechtwinkligen Hilfsdreiecken neben der Vorderansicht konstruiert. Die Höhe *h* wird aus der Vorderansicht, die Dreiecksgrundlinie als so genannte **„Ausladung"** aus der Draufsicht entnommen (Bild 55.3). Wenn das Übergangsstück einen eckigen mit einem runden Querschnitt verbindet, müssen auf den gerundeten Mantelflächen zusätzliche Hilfsmantellinien von den Körperecken zu den Punkten der Kreisteilung gezogen werden. Sie dienen in der Abwicklung als Hilfskantungen.

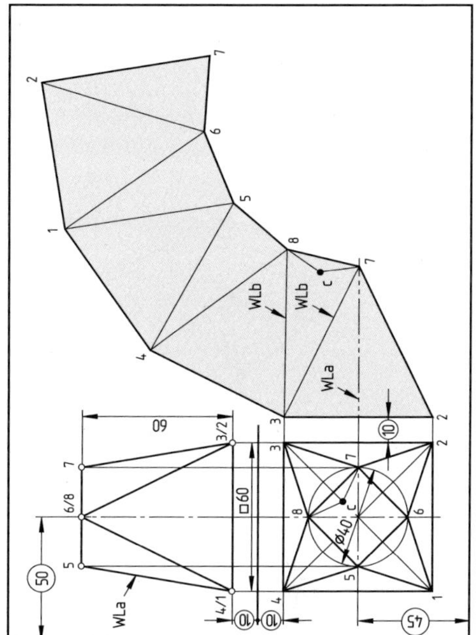

Zeichnen Sie auf ein A4-Blatt quer im Maßstab 1:1 die Draufsicht, Vorderansicht und Abwicklung des dargestellten Übergangskörpers. Die Maße sind einzutragen.

69.1 Übergangskörper I

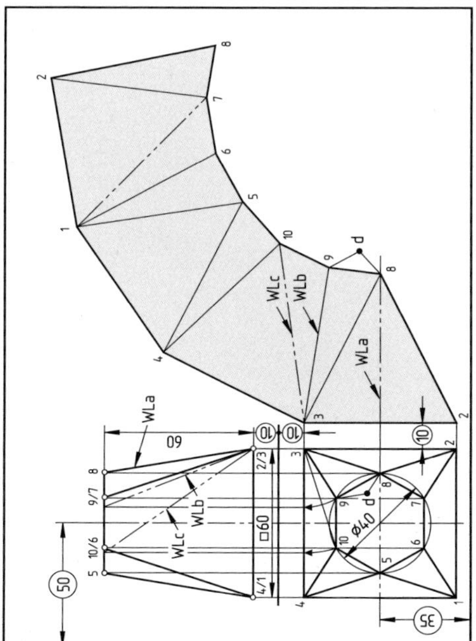

Zeichnen Sie auf ein A4-Blatt quer im Maßstab 1:1 die Draufsicht und Vorderansicht des dargestellten Übergangskörpers mit den wahren Längen. Konstruieren Sie die Abwicklung und tragen Sie die Maße ein.

69.2 Übergangskörper II

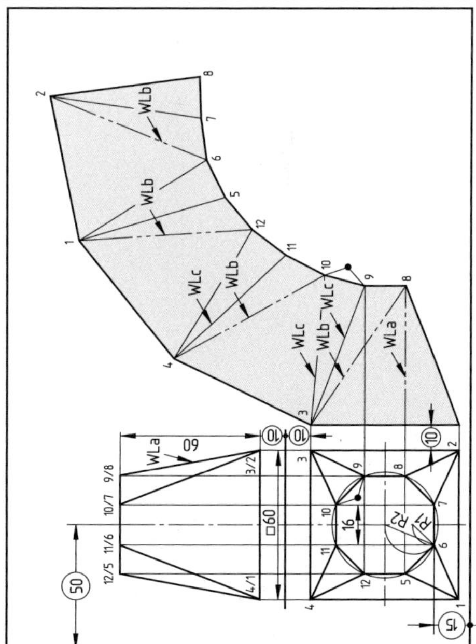

Zeichnen Sie auf ein A4-Blatt quer im Maßstab 1:1 die Draufsicht und Vorderansicht des dargestellten Übergangskörpers mit der Abwicklung des Mantels. Die Maße sind einzutragen.

69.3 Übergangskörper III

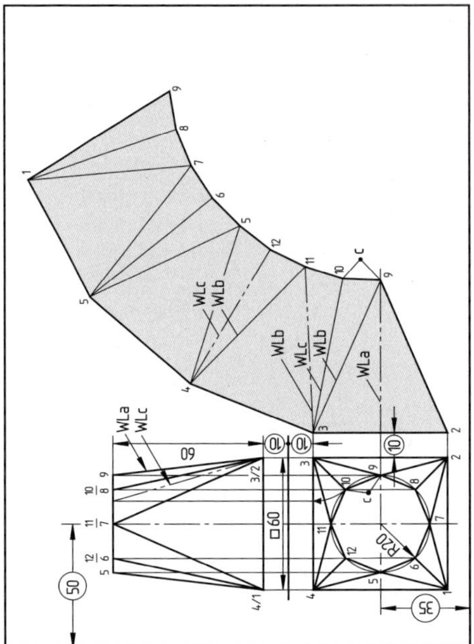

Zeichnen Sie auf ein A4-Blatt quer im Maßstab 1:1 die Draufsicht und Vorderansicht mit den wahren Längen des dargestellten Übergangskörpers. Konstruieren Sie die Abwicklung und tragen Sie die Maße ein.

70.1 Übergangskörper IV

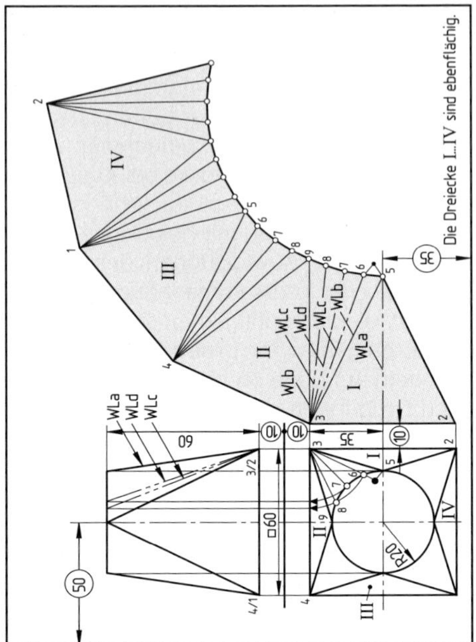

Zeichnen Sie auf ein A4-Blatt quer im Maßstab 1:1 die Draufsicht und Vorderansicht mit den wahren Längen des dargestellten Übergangskörpers. Konstruieren Sie die Abwicklung und tragen Sie die Maße ein.

70.2 Übergangskörper V

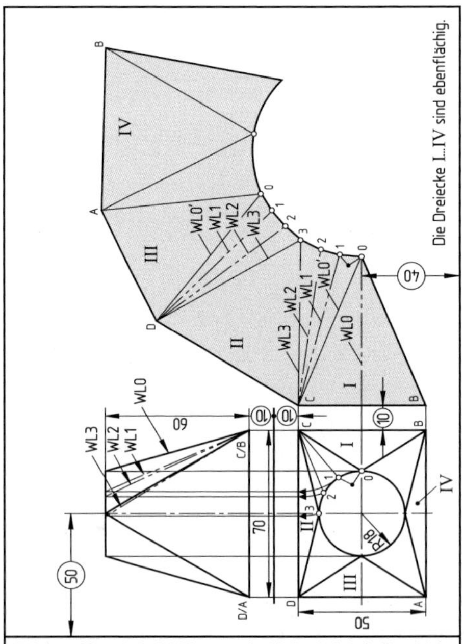

Zeichnen Sie auf ein A4-Blatt quer im Maßstab 1:1 die Draufsicht und Vorderansicht mit den wahren Längen des dargestellten Übergangskörpers. Konstruieren Sie die Abwicklung und tragen Sie die Maße ein.

70.3 Übergangskörper VI

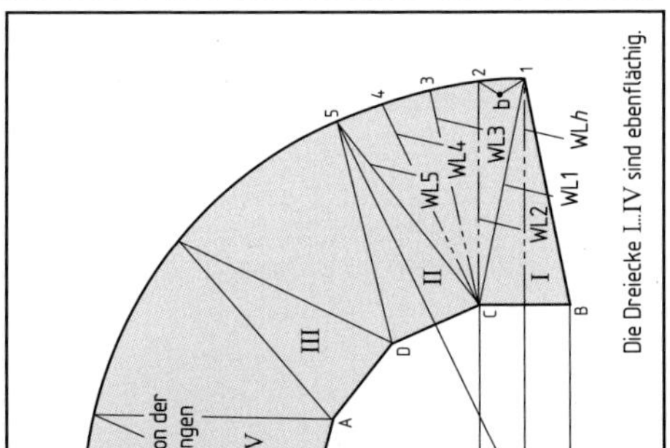

Zeichnen Sie auf ein A4-Blatt quer im Maßstab 1:1 die Draufsicht und Vorderansicht des dargestellten Übergangskörpers. Ermitteln Sie in getrennter Hilfskonstruktion die wahren Längen und zeichnen Sie die Abwicklung.

70.4 Übergangskörper VII

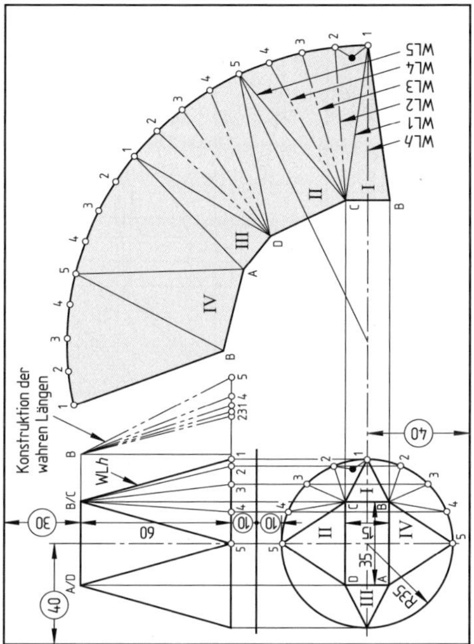

Zeichnen Sie auf ein A4-Blatt quer im Maßstab 1:1 die Draufsicht und Vorderansicht des dargestellten Übergangskörpers. Ermitteln Sie in getrennter Hilfskonstruktion die wahren Längen und zeichnen Sie die Abwicklung.

71.1 Übergangskörper VIII

Bei Übergangsstücken mit kreisrunden oder elliptischen Querschnitten besitzt der Mantel keine natürlichen Kantungen, die für die Abwicklung benutzt werden können. Ersatzweise müssen in der Draufsicht Mantellinien eingezeichnet werden. In der Zeichnung 71.2 wurde in der Draufsicht des symmetrischen Körpers ein Viertel des Kreises und Ovals in je vier gleiche Teile geteilt (1 bis 5 und A bis E). Die Verbindungslinien 1 bis A, 2 bis B usw. sind als schmale Volllinien gezeichnete Mantellinien. Durch die außerdem gestrichelt gezeichneten Diagonalen werden die viereckigen, gekrümmten Mantelstücke in Dreiecke zerlegt (Dreieckverfahren). Es erübrigt sich, die Mantellinien und Diagonalen in die Vorderansicht zu projizieren, da sie auch dort – mit Ausnahme der Linie 5 bis E – nicht in wahrer Länge erscheinen.

Ihre wahren Längen werden in den Hilfsdreiecken neben der Vorderansicht ermittelt. Die Abwicklung des Mantels wird so konstruiert, dass man Dreiecke aus den wahren Längen der Mantellinie, der Diagonalen und dem zugehörigen Bogenabschnitt vom Kreis oder Oval aus der Draufsicht zeichnet. Diese Dreiecke legt man in der richtigen Reihenfolge aneinander. Daher kommt die Bezeichnung **Dreieckverfahren.**

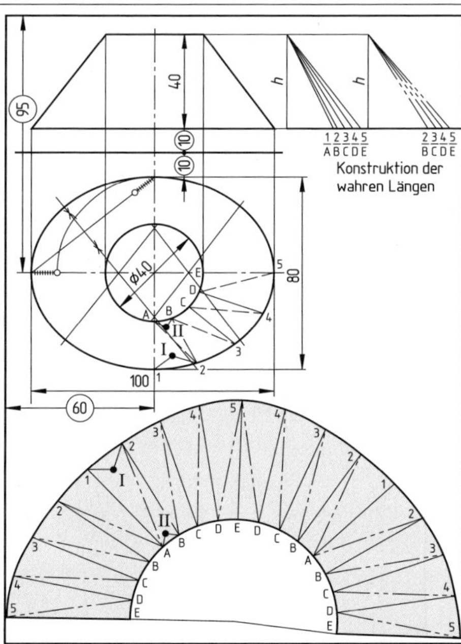

Zeichnen Sie auf ein A4-Blatt im Maßstab 1:1 die Draufsicht und Vorderansicht des dargestellten Übergangskörpers. Ermitteln Sie die erforderlichen wahren Längen und konstruieren Sie die Abwicklung nach dem Dreieckverfahren.

71.2 Übergangskörper IX

Zeichnen Sie auf ein A4-Blatt im Maßstab 1:1 die Draufsicht und Vorderansicht des dargestellten Übergangskörpers. Ermitteln Sie die wahren Längen und konstruieren sie die Abwicklung nach dem Dreieckverfahren.

71.3 Übergangskörper X

3.9 Sockel, Hauben, Dachspitzen

Die Zeichnung solcher Gegenstände und die Ermittlung ihrer Zuschnitte ähnelt der Konstruktion pyramidenförmiger Körper. Zum Unterschied sind ihre Flächen aber nicht nur eben, sondern meistens gekrümmt. Deshalb ist die Darstellung ihrer Profilschnitte ein notwendiger Bestandteil der Zeichnung und muss gelegentlich separat konstruiert werden. Die Zeichnungen 72.1 bis 76.2 zeigen einige Beispiele für Ansicht und Abwicklung.

Die einzelnen Teile des Gegenstandes werden als ebene Flächen abgewickelt und anschließend profiliert. Wenn es sich um dekorative oder kunstgewerbliche Stücke handelt, werden die Verbindungsnähte meistens als **Gehrung** ausgeführt. Die Zuschnitte erhalten dann keine besonderen Nahtzugaben. Stattdessen werden die profilierten Bleche an den Kanten auf den vorgesehenen Gehrungswinkel angeschliffen und stumpf gelötet. Auch bei großen Teilen der Bauklempnerei sind Ansichten im Maßstab 1:1 erforderlich und erfordern für die großen Radien den Stangenzirkel. Von den Abwicklungen der Teilstücke werden Schablonen angefertigt, die mit den notwendigen Zugaben für die jeweilige Fügetechnik versehen werden.

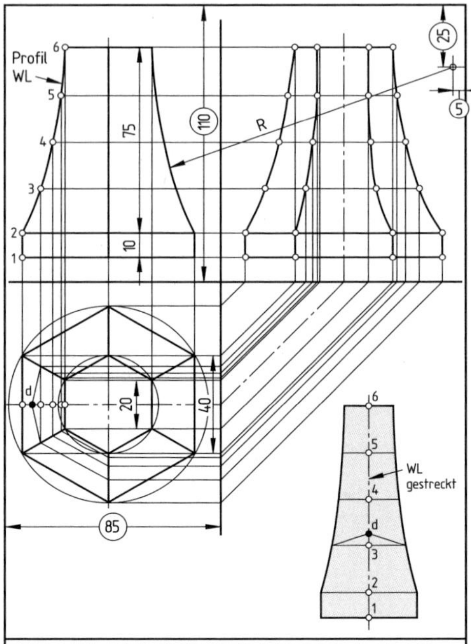

Zeichnen Sie auf ein A4-Blatt im Maßstab 1:1 die drei Ansichten des Sockels und die Abwicklung eines Seitenteils. Die Maße sind einzutragen.

72.1 Sockel I

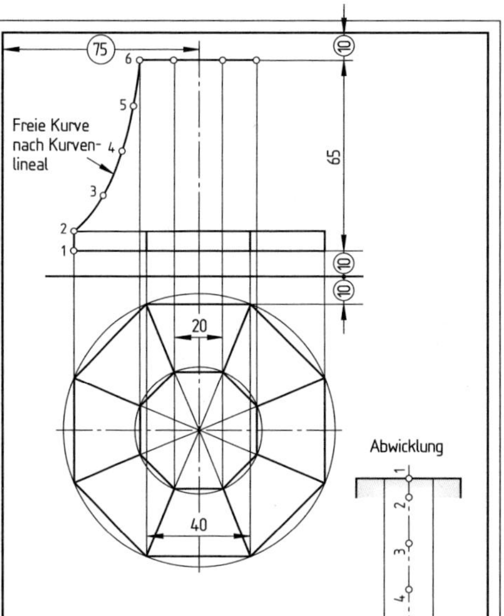

Zeichnen Sie auf ein A4-Blatt im Maßstab 1:1 die Draufsicht und die Vorderansicht des Sockels mit der Abwicklung eines Seitenteils. Die Maße sind einzutragen.

72.2 Sockel II

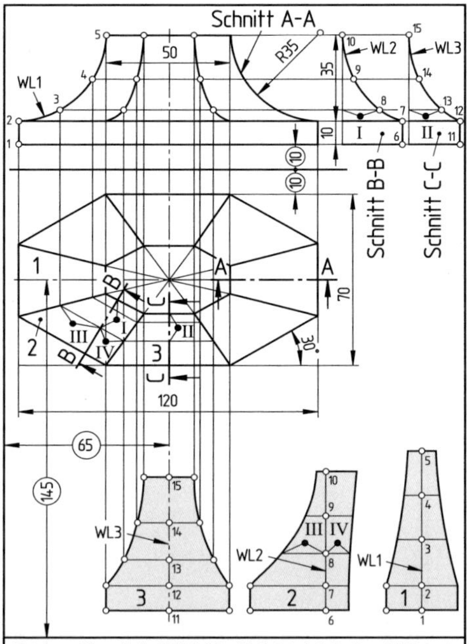

Zeichnen Sie auf ein A4-Blatt im Maßstab 1:1 die Draufsicht und die Vorderansicht des Sockels. Konstruieren Sie die Profilschnitte B-B und C-C und die Abwicklungen der Teile 1, 2 und 3.

72.3 Sockel III

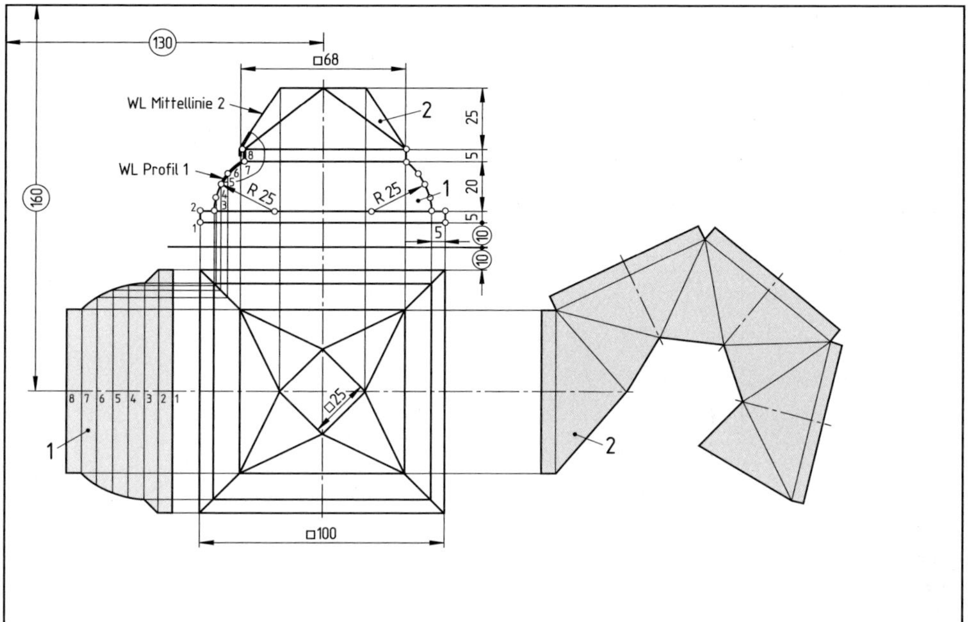

Zeichnen Sie auf ein A3-Blatt im Maßstab 1:1 die Draufsicht und die Vorderansicht des Sockels. Konstruieren Sie die Abwicklung eines Seitenteils (1) und als zusammenhängenden Zuschnitt das Übergangsstück.

73.1 Sockel mit Übergangsstück

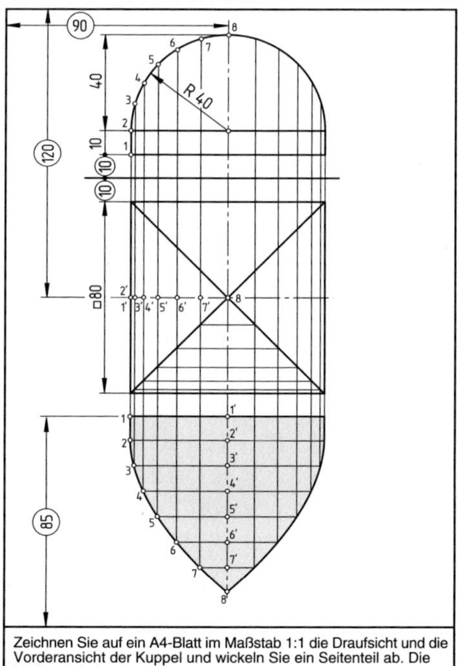

Zeichnen Sie auf ein A4-Blatt im Maßstab 1:1 die Draufsicht und die Vorderansicht der Kuppel und wickeln Sie ein Seitenteil ab. Die Maße sind einzutragen.

73.2 Quadratische Kuppel

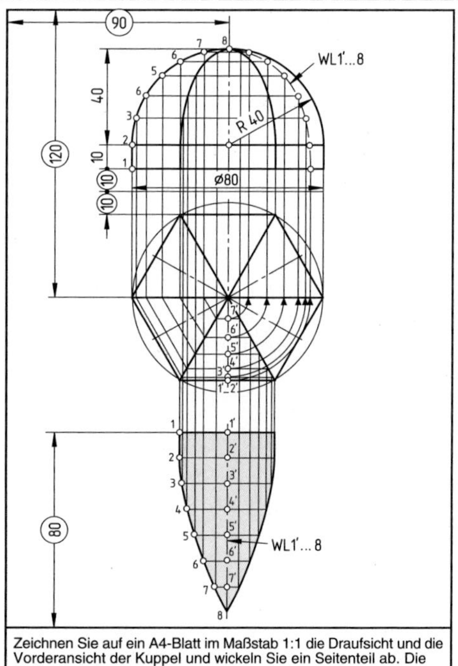

Zeichnen Sie auf ein A4-Blatt im Maßstab 1:1 die Draufsicht und die Vorderansicht der Kuppel und wickeln Sie ein Seitenteil ab. Die Maße sind einzutragen.

73.3 Sechseckige Kuppel

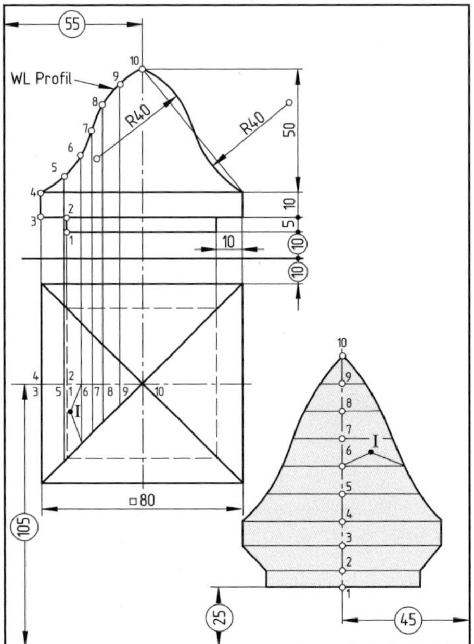

Zeichnen Sie auf ein A4-Blatt im Maßstab 1:1 die Vorderansicht und die Draufsicht der Haube mit der Abwicklung eines Seitenteils. Die Maße sind einzutragen.

74.1 Laternenhaube I

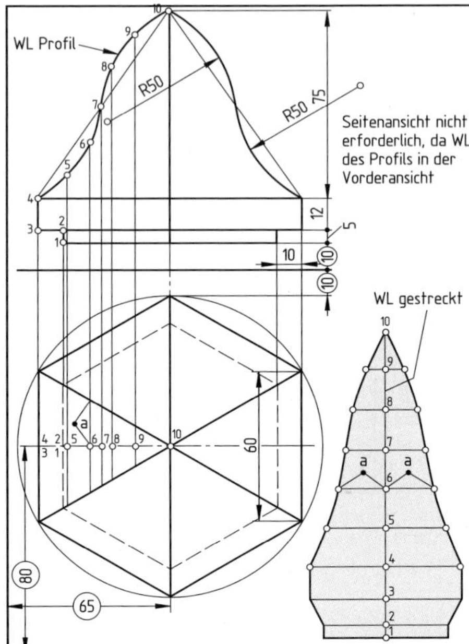

Zeichnen Sie auf ein A4-Blatt im Maßstab 1:1 die Vorderansicht und die Draufsicht der Haube mit der Abwicklung eines Seitenteils. Die Maße sind einzutragen.

74.2 Laternenhaube II

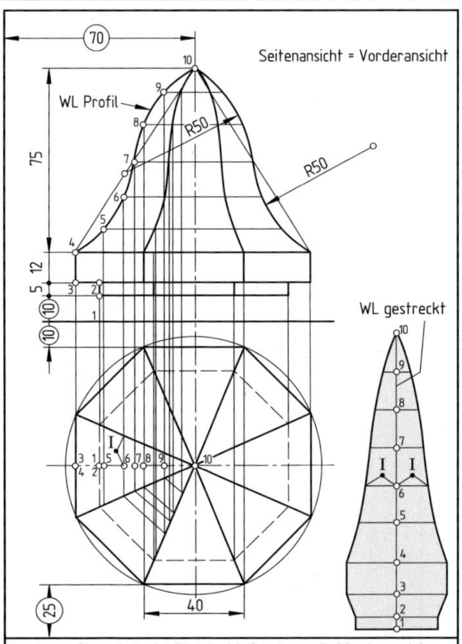

Zeichnen Sie auf ein A4-Blatt im Maßstab 1:1 die Vorderansicht und die Draufsicht der Haube mit der Abwicklung eines Seitenteils. Die Maße sind einzutragen.

74.3 Laternenhaube III

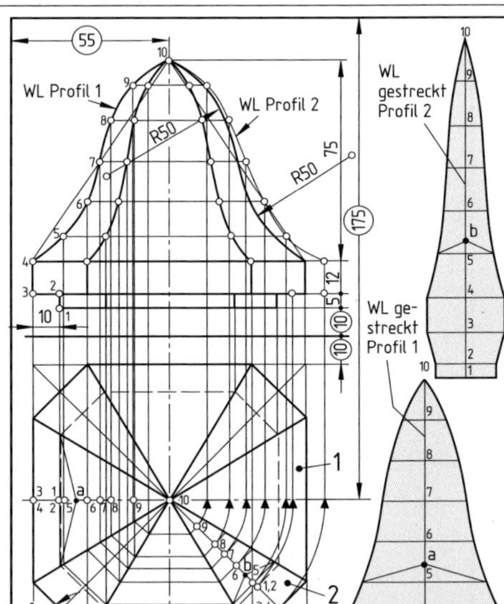

Zeichnen Sie auf ein A4-Blatt im Maßstab 1:1 die Draufsicht und die Vorderansicht der Haube und je eine Abwicklung der verschiedenen Seitenteile. Die Maße sind einzutragen.

74.4 Laternenhaube IV

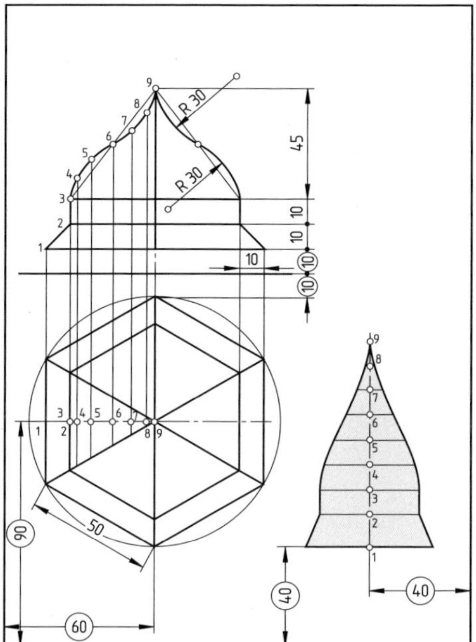

Zeichnen Sie auf ein A4-Blatt im Maßstab 1:1 die Draufsicht und die Vorderansicht der Kuppel mit der Abwicklung eines Seitenteils. Die Maße sind einzutragen.

75.1 Sechsseitige Kuppel

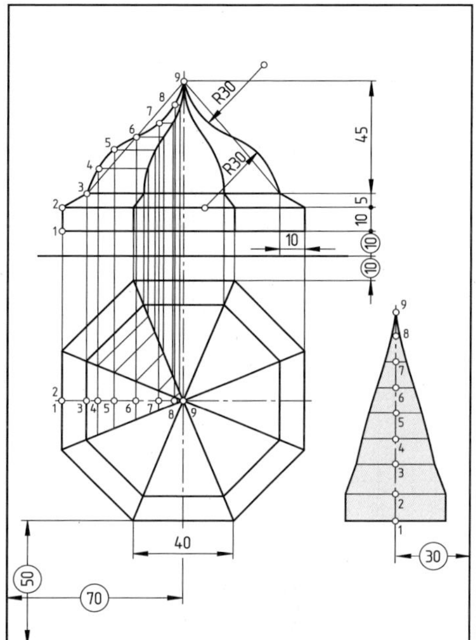

Zeichnen Sie auf ein A4-Blatt im Maßstab 1:1 die Draufsicht und die Vorderansicht der Kuppel mit der Abwicklung eines Seitenteils. Die Maße sind einzutragen.

75.2 Achtseitige Kuppel

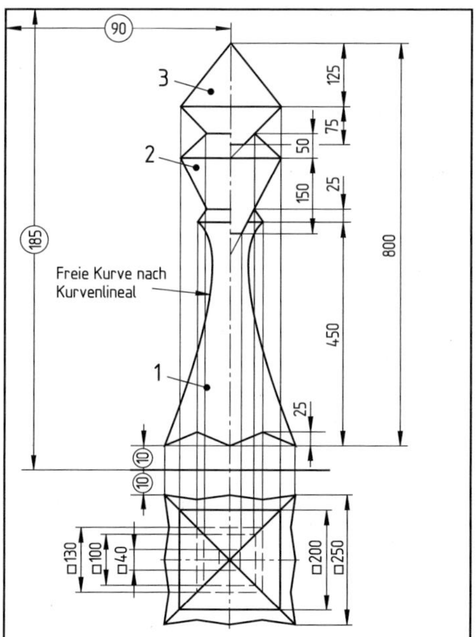

Zeichnen Sie auf ein A4-Blatt im Maßstab 1:5 die Draufsicht und die Vorderansicht der Turmspitze im Halbschnitt.

75.3 Turmspitze im Halbschnitt

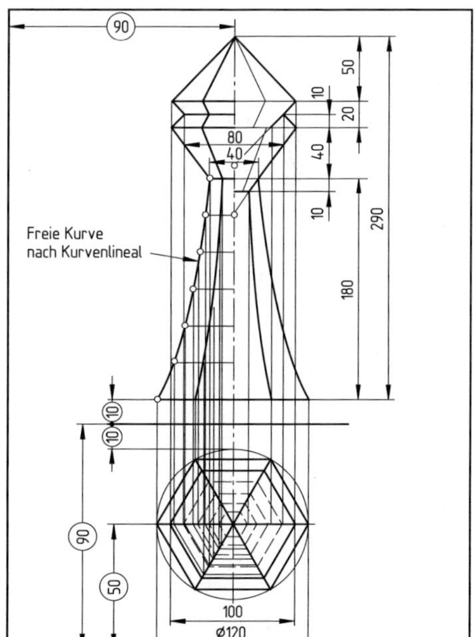

Zeichnen Sie auf ein A4-Blatt im Maßstab 1:2 die Draufsicht und die Vorderansicht der Dachspitze im Halbschnitt.

75.4 Dachspitze im Halbschnitt

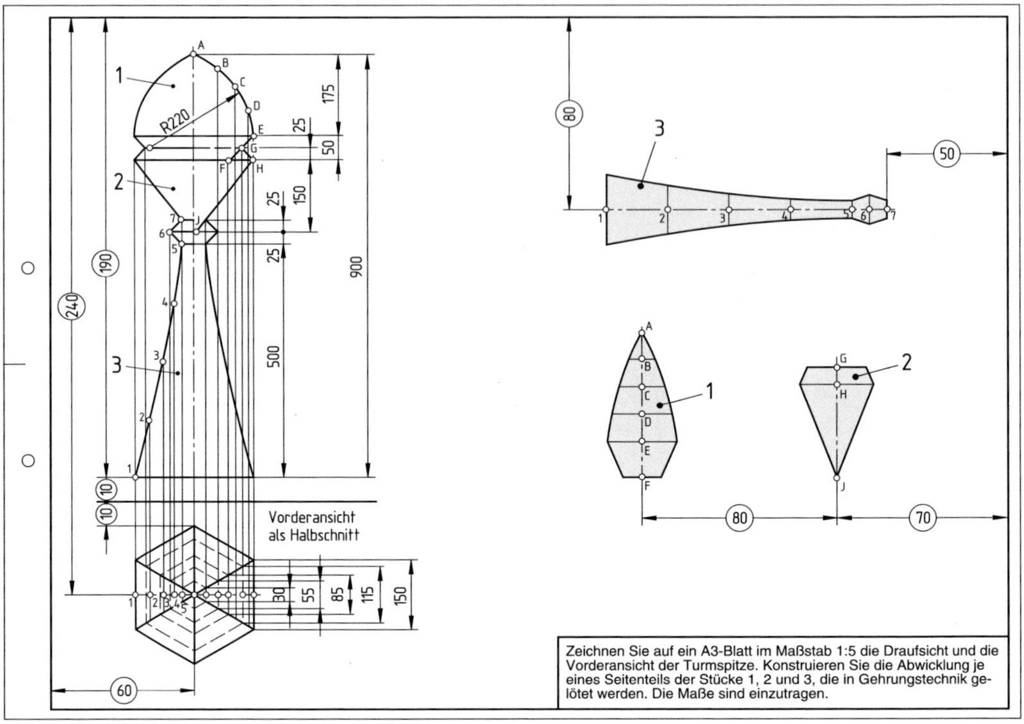

76.1 Turmspitze im Halbschnitt

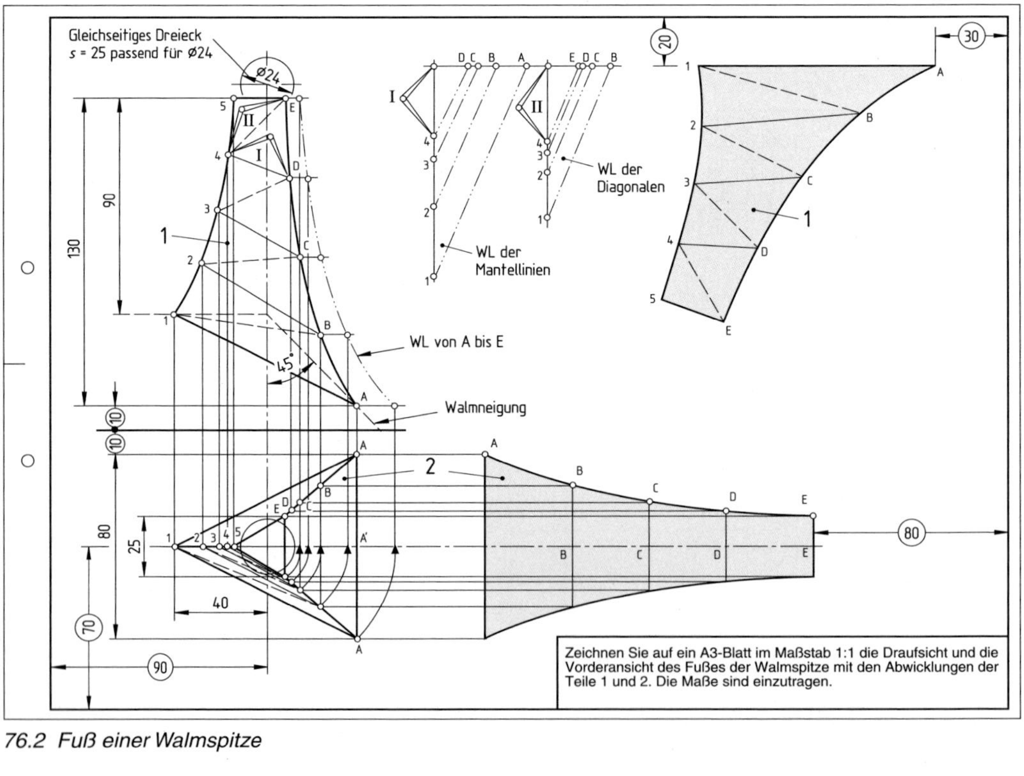

76.2 Fuß einer Walmspitze

3.10 Durchdringungen

Wenn sich Körper rechtwinklig oder schiefwinklig schneiden, durchdringt ein Teil den anderen. Alle Punkte, an denen sich die Oberflächen der beiden Körper dabei treffen, bilden die **Verschneidungslinie** oder **Durchdringungslinie.**
In Bild 77.1 wird ein senkrechtes Rohrstück von einem gleichweiten waagerechten Rohr durchdrungen und bilden ein Abzweigstück. In der Vorderansicht sind die Durchdringungslinien gerade Linien, die sich im Schnittpunkt der beiden Rohrachsen treffen. Bei Abzweigen mit ungleichen Durchmessern ist die Durchdringungslinie dagegen eine Kurve. Zur Ermittlung der Durchdringungslinie werden beide Rohre mit Mantellinien versehen, deren Schnittpunkte im Bereich der Durchdringung die Durchdringungslinie ergeben. In der Draufsicht und Seitenansicht erscheint die Durchdringungslinie als Kreisbogen.
Die Konstruktion dieser Durchdringungslinie ist für die Abwicklung der beiden Teile unerlässlich. Die Zeichnung Bild 77.2 zeigt die Abwicklung des senkrechten Rohres mit dem Lochausschnitt in zweckmäßiger Anordnung. Der Stutzen wird wie ein doppelt geschnittener Zylinder abgewickelt.

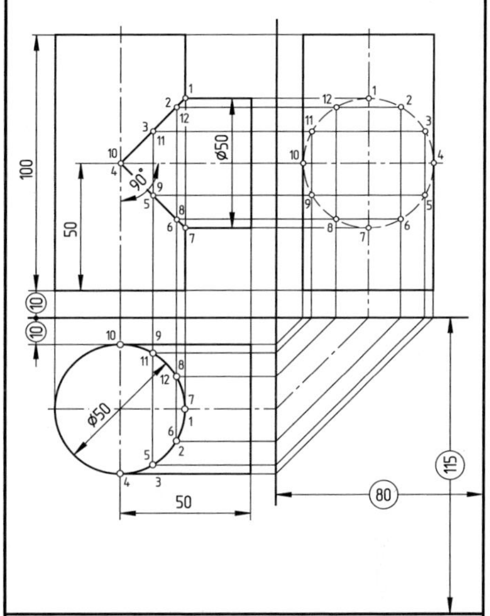

Zeichnen Sie auf ein A4-Blatt im Maßstab 1:1 die drei Ansichten des rechtwinkligen Rohrabzweiges mit der Durchdringungslinie. Die Maße sind einzutragen.

77.1 Rohrabzweig 90°

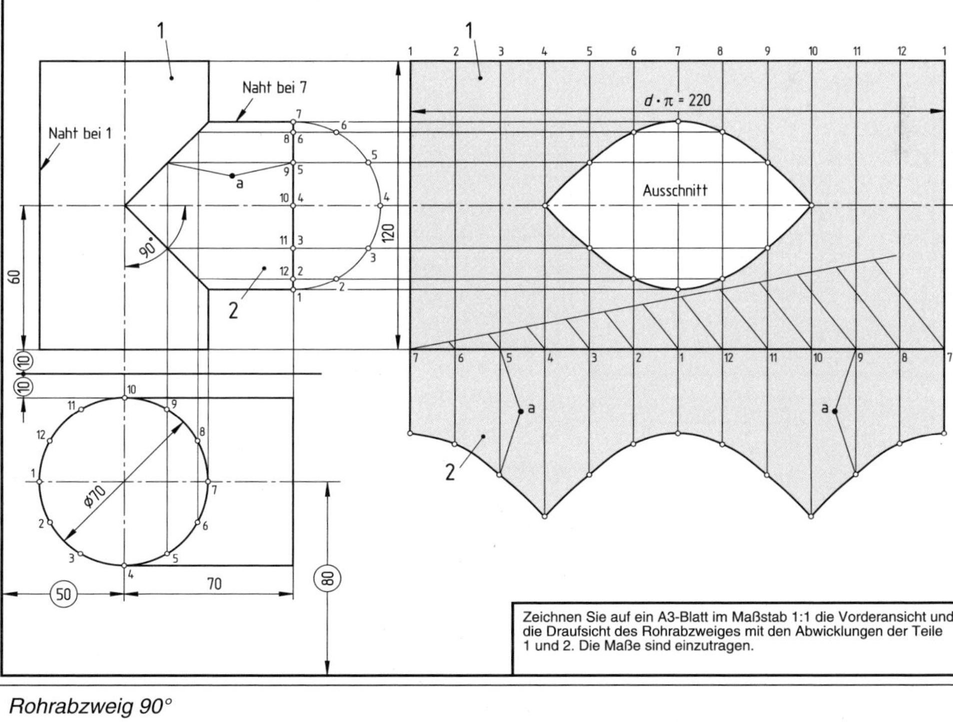

Zeichnen Sie auf ein A3-Blatt im Maßstab 1:1 die Vorderansicht und die Draufsicht des Rohrabzweiges mit den Abwicklungen der Teile 1 und 2. Die Maße sind einzutragen.

77.2 Rohrabzweig 90°

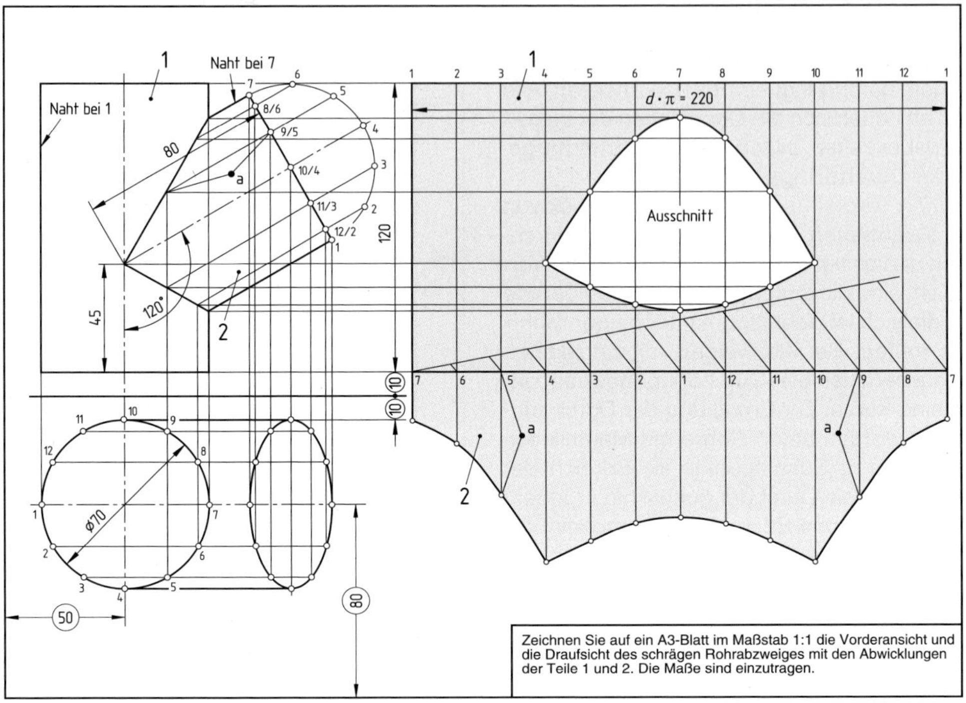

Zeichnen Sie auf ein A3-Blatt im Maßstab 1:1 die Vorderansicht und die Draufsicht des schrägen Rohrabzweiges mit den Abwicklungen der Teile 1 und 2. Die Maße sind einzutragen.

78.1 Rohrabzweig 120°, gleiche Weiten

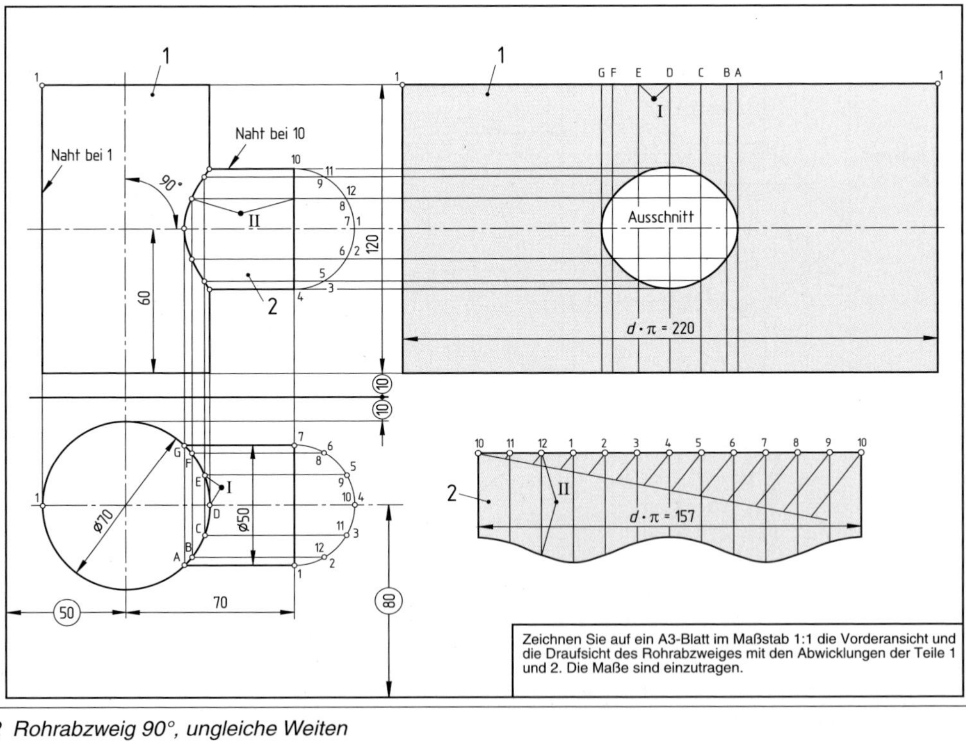

Zeichnen Sie auf ein A3-Blatt im Maßstab 1:1 die Vorderansicht und die Draufsicht des Rohrabzweiges mit den Abwicklungen der Teile 1 und 2. Die Maße sind einzutragen.

78.2 Rohrabzweig 90°, ungleiche Weiten

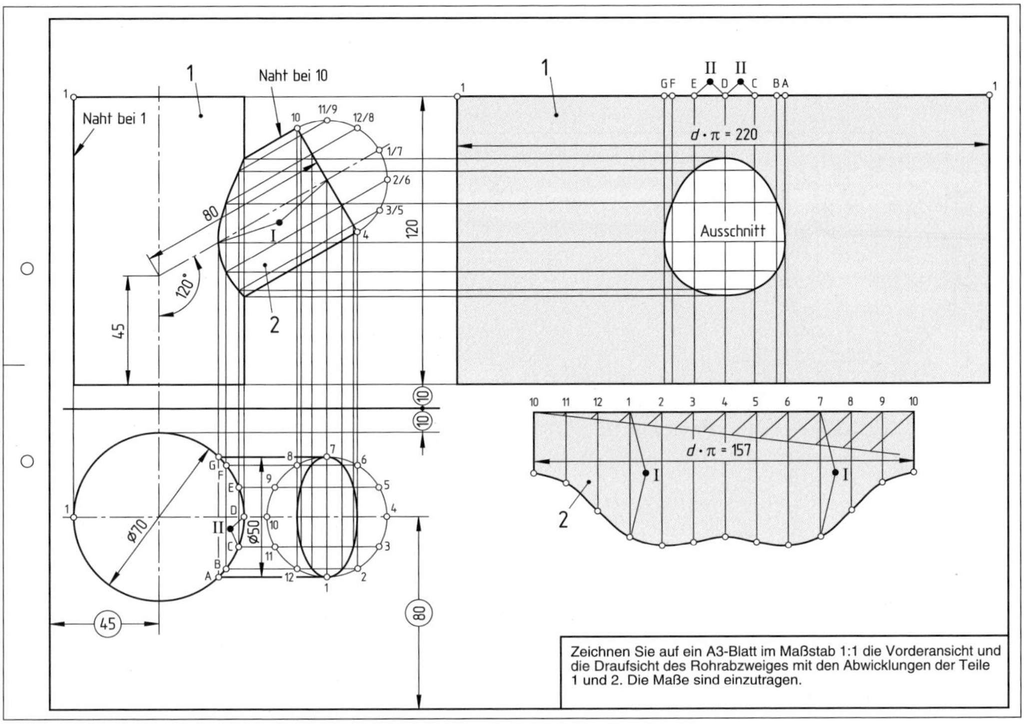

Zeichnen Sie auf ein A3-Blatt im Maßstab 1:1 die Vorderansicht und die Draufsicht des Rohrabzweiges mit den Abwicklungen der Teile 1 und 2. Die Maße sind einzutragen.

79.1 Rohrabzweig 120°, ungleiche Weiten

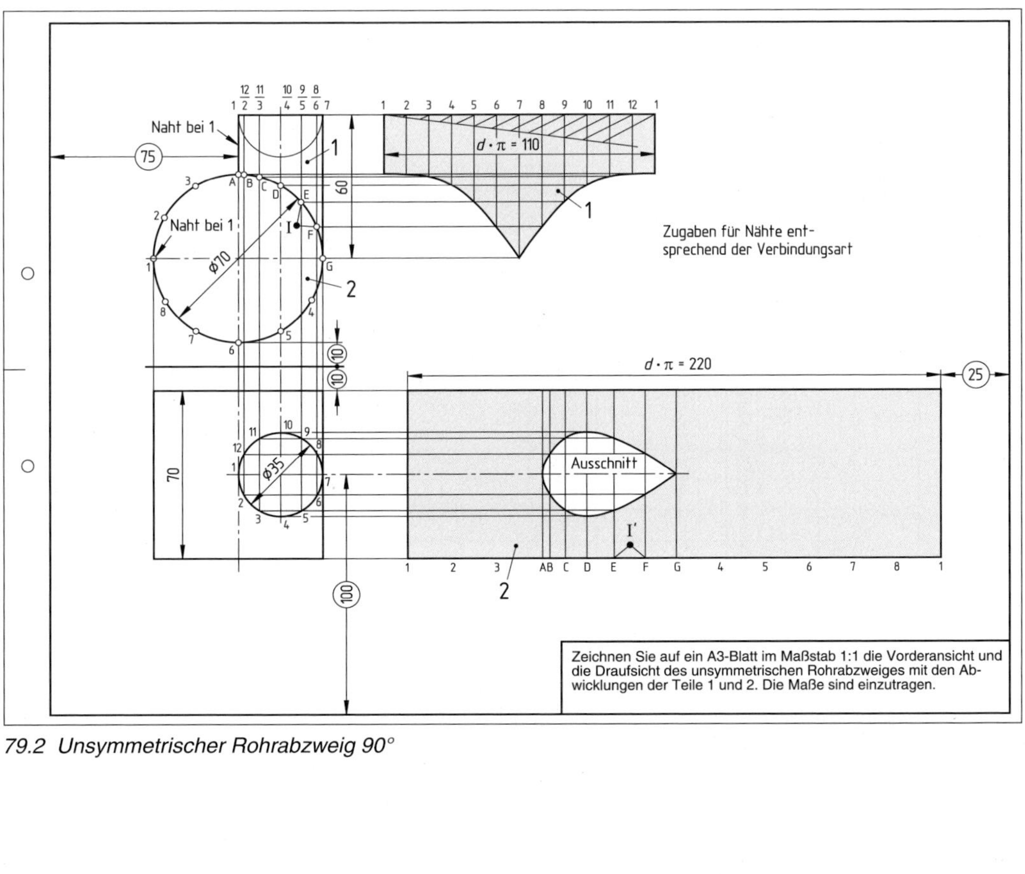

Zeichnen Sie auf ein A3-Blatt im Maßstab 1:1 die Vorderansicht und die Draufsicht des unsymmetrischen Rohrabzweiges mit den Abwicklungen der Teile 1 und 2. Die Maße sind einzutragen.

79.2 Unsymmetrischer Rohrabzweig 90°

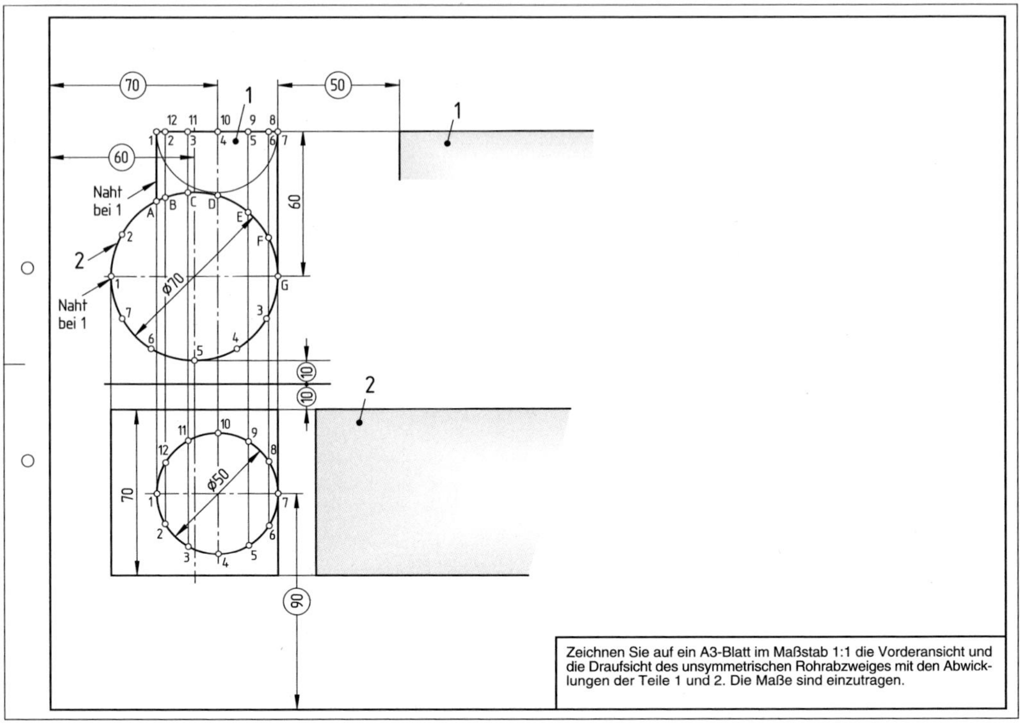

80.1 Unsymmetrischer Rohrabzweig

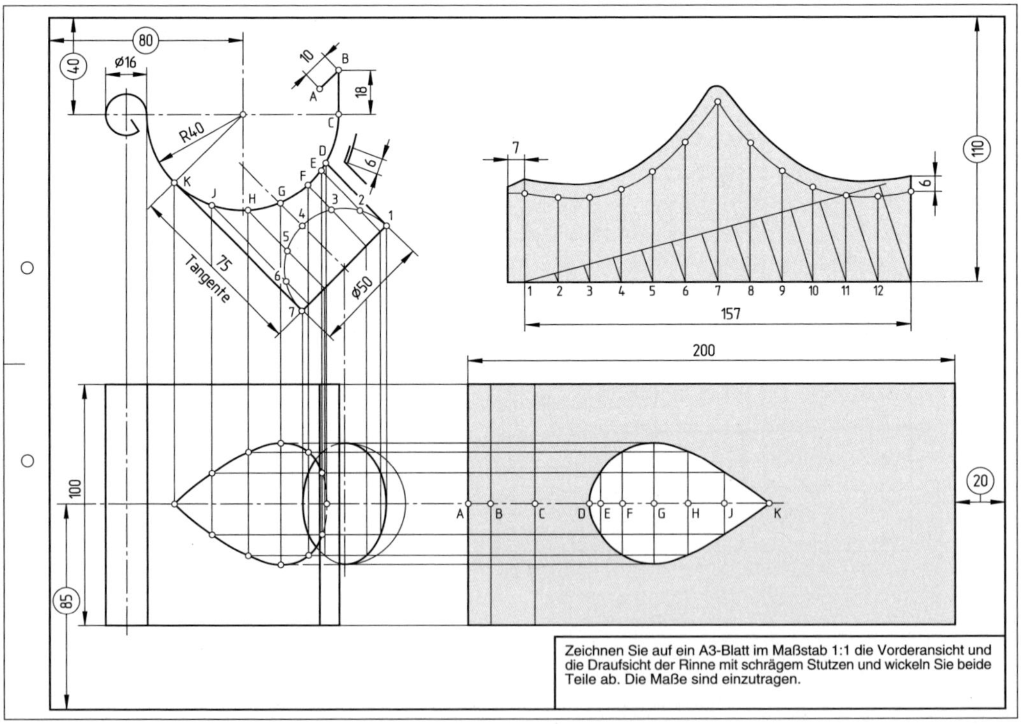

80.2 Rinne mit schrägem Stutzen

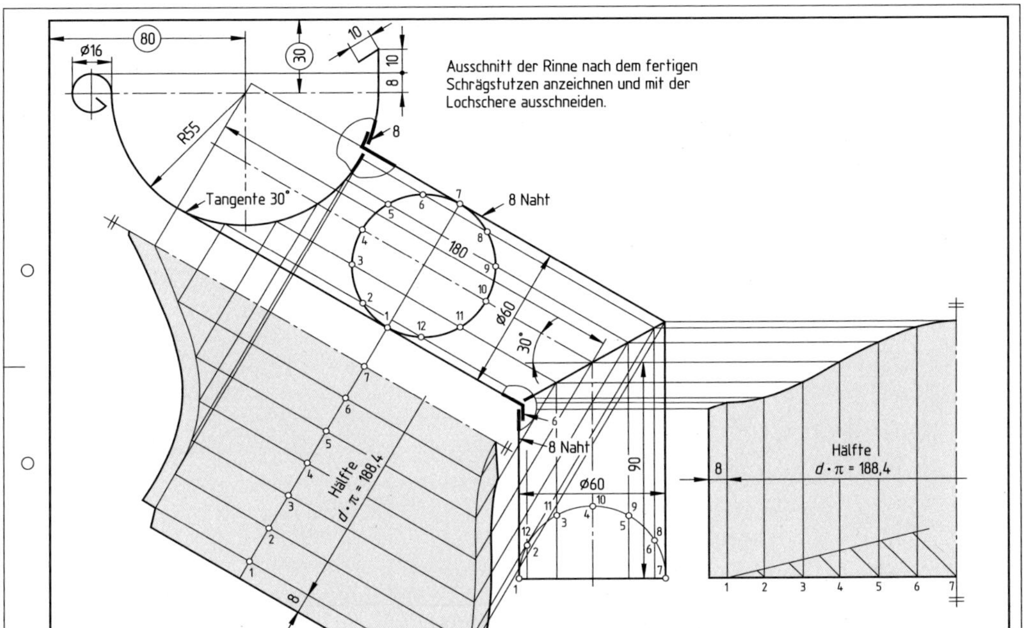

Zeichnen Sie auf ein A3-Blatt im Maßstab 1:1 die Vorderansicht der Rinne mit schrägem Stutzen und wickeln Sie von den Teilen des Kniestutzens je eine Hälfte mit den Nahtzugaben ab. Die Maße sind einzutragen.

81.1 Rinne mit schrägem Kniestutzen

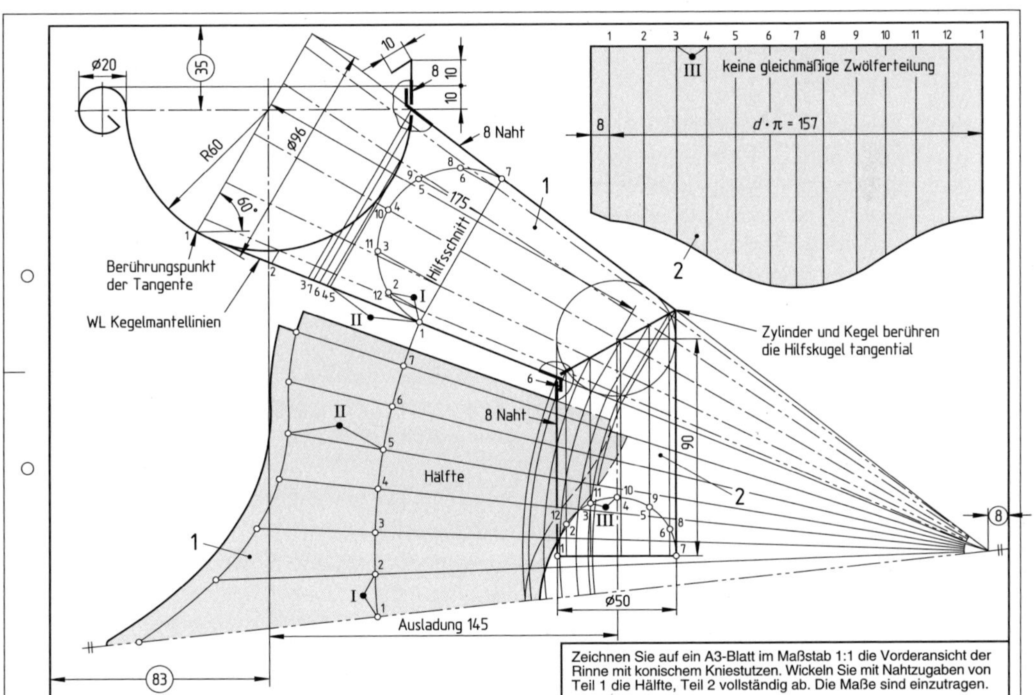

Zeichnen Sie auf ein A3-Blatt im Maßstab 1:1 die Vorderansicht der Rinne mit konischem Kniestutzen. Wickeln Sie mit Nahtzugaben von Teil 1 die Hälfte, Teil 2 vollständig ab. Die Maße sind einzutragen.

81.2 Rinne mit konischem Kniestutzen

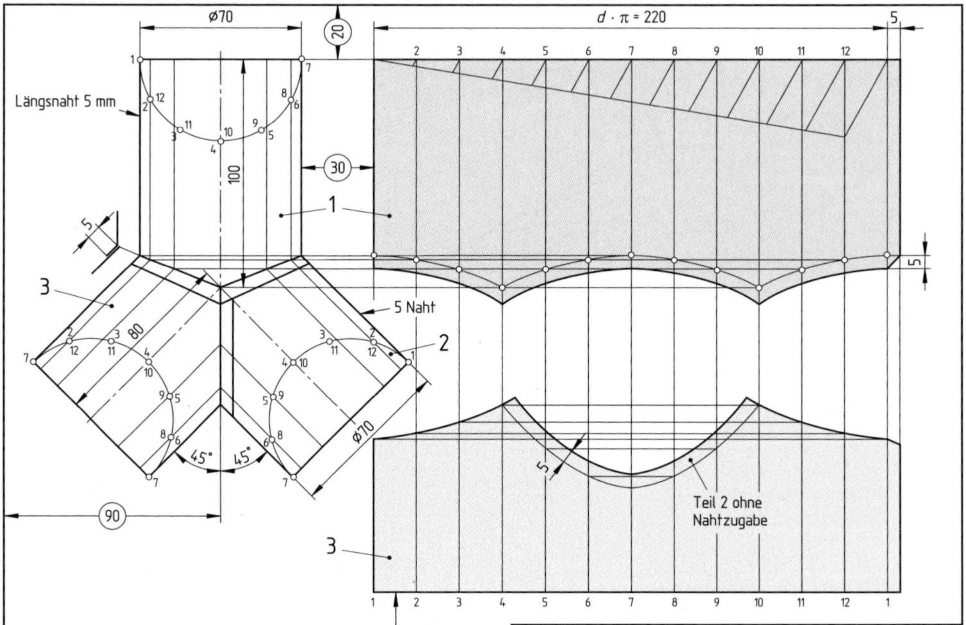

Zeichnen Sie auf ein A3-Blatt im Maßstab 1:1 die Vorderansicht des doppelten Rohrabzweiges und wickeln Sie die Teile 1 und 3 mit den Nahtzugaben ab. Die Maße sind einzutragen.

82.1 Doppelter Rohrabzweig (Hosenrohr)

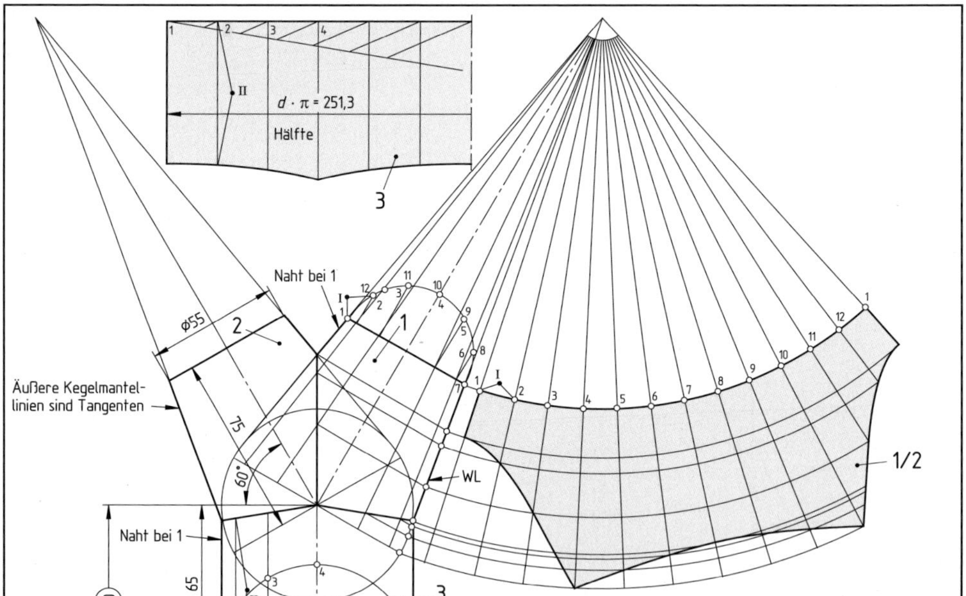

Zeichnen Sie auf ein A3-Blatt im Maßstab 1:1 die Vorderansicht des konischen Hosenrohres und wickeln Sie Teil 1 ganz, von Teil 3 die Hälfte ab. Die Maße sind einzutragen.

82.2 Konisches Hosenrohr

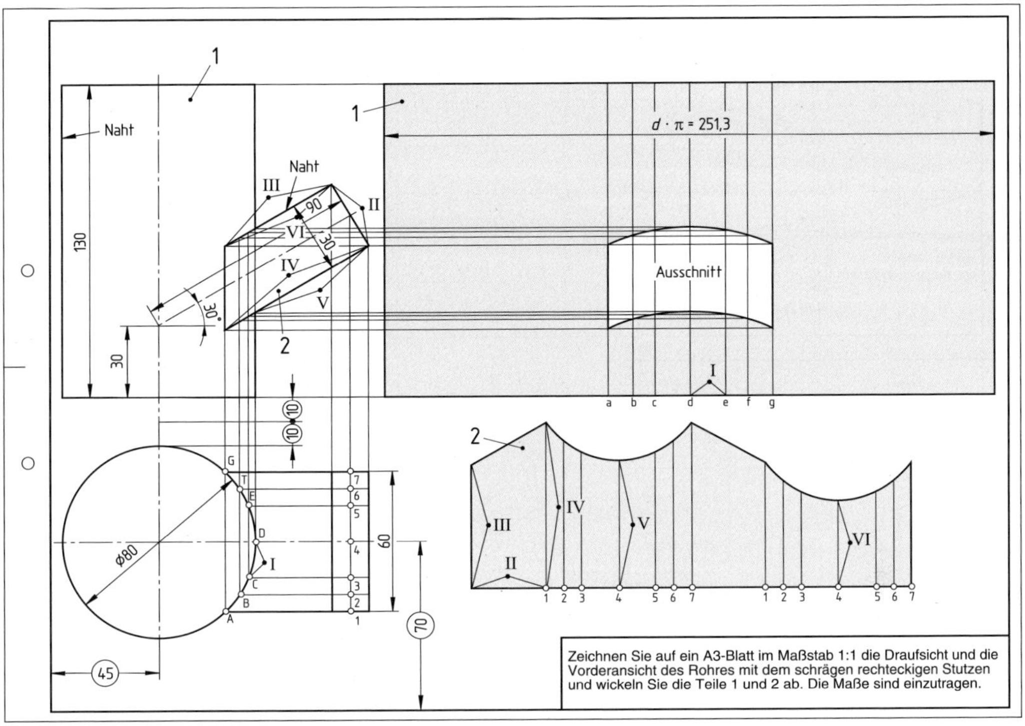

83.1 Rundes Rohr mit rechteckigem Schrägstutzen

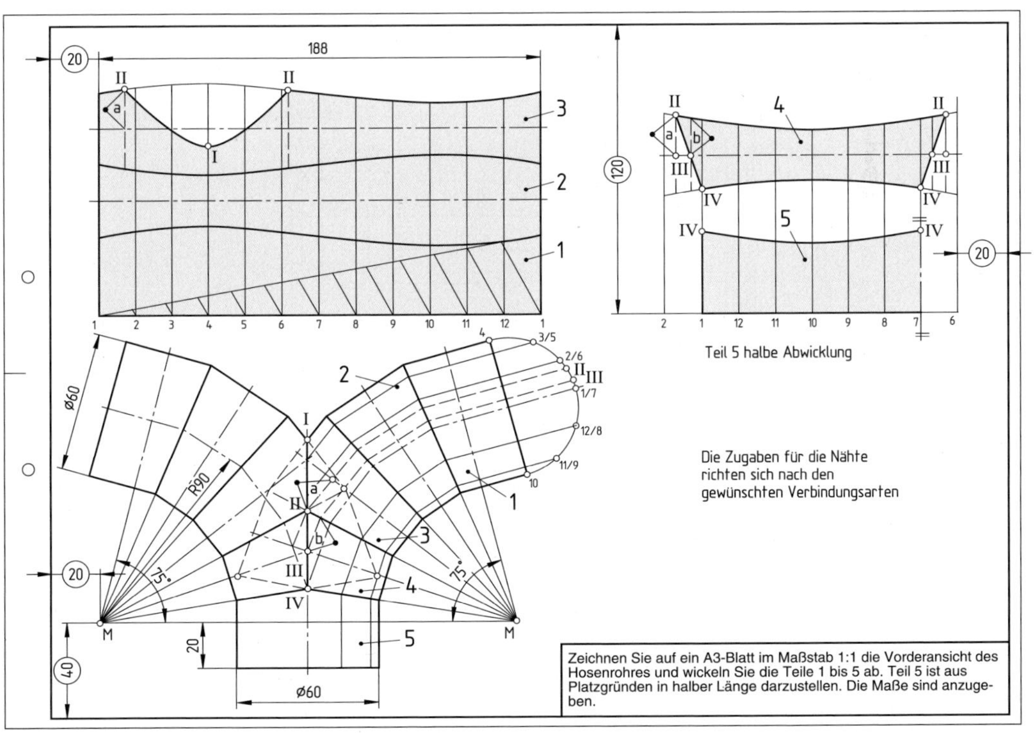

83.2 Hosenrohr mit Gliederbogen

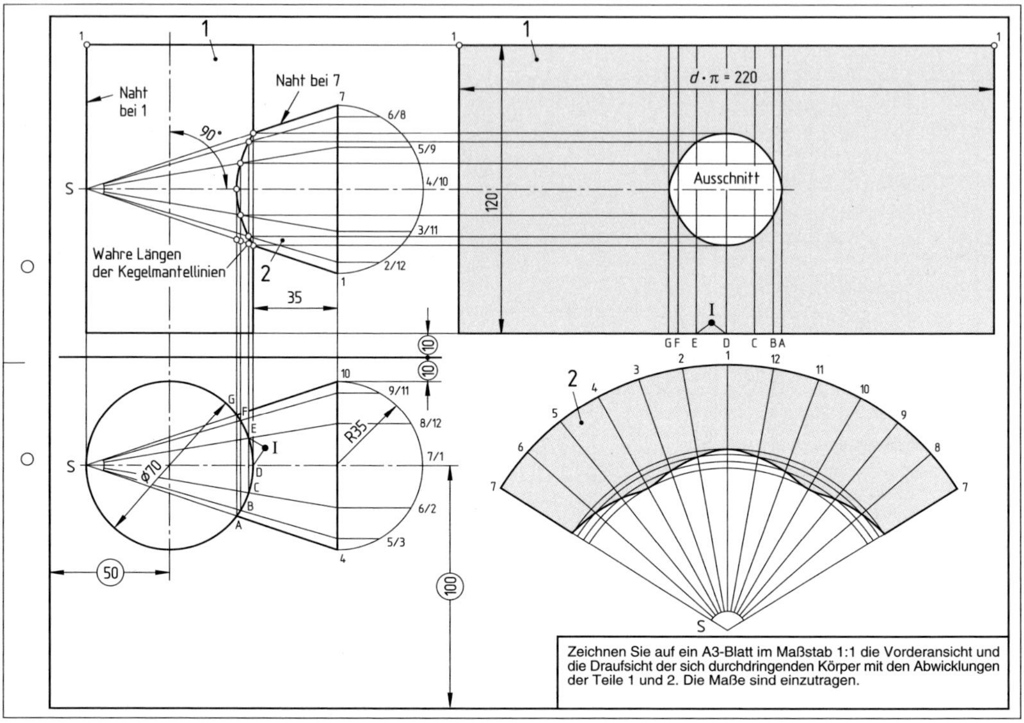

84.1 Durchdringung von Kegel und Zylinder, 90°

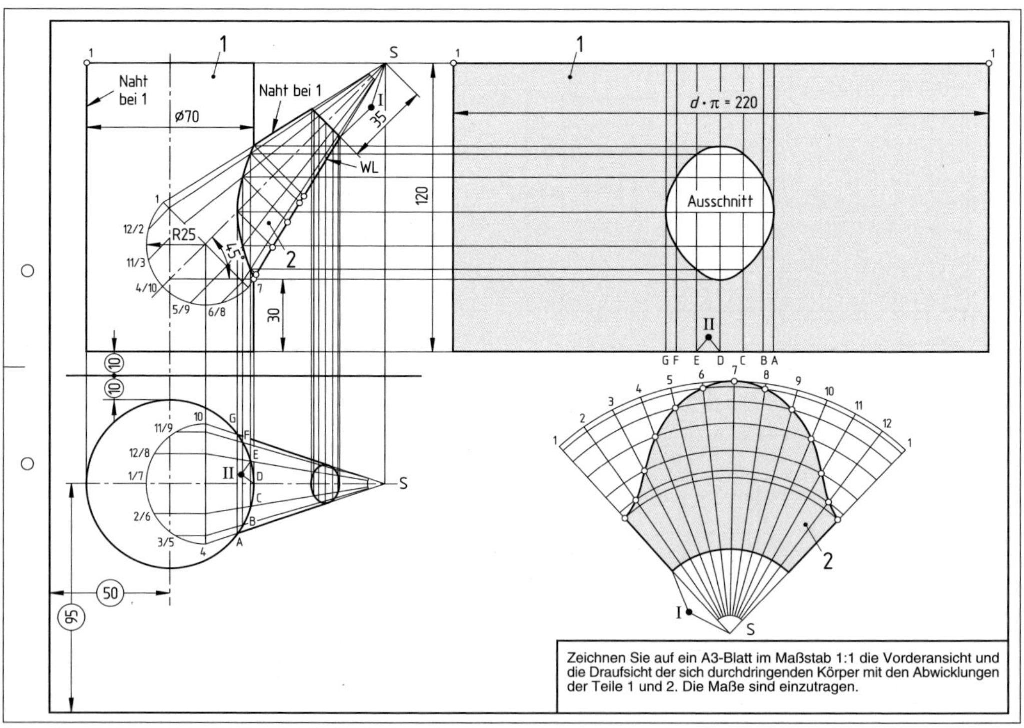

84.2 Schräge Durchdringung von Kegel und Zylinder

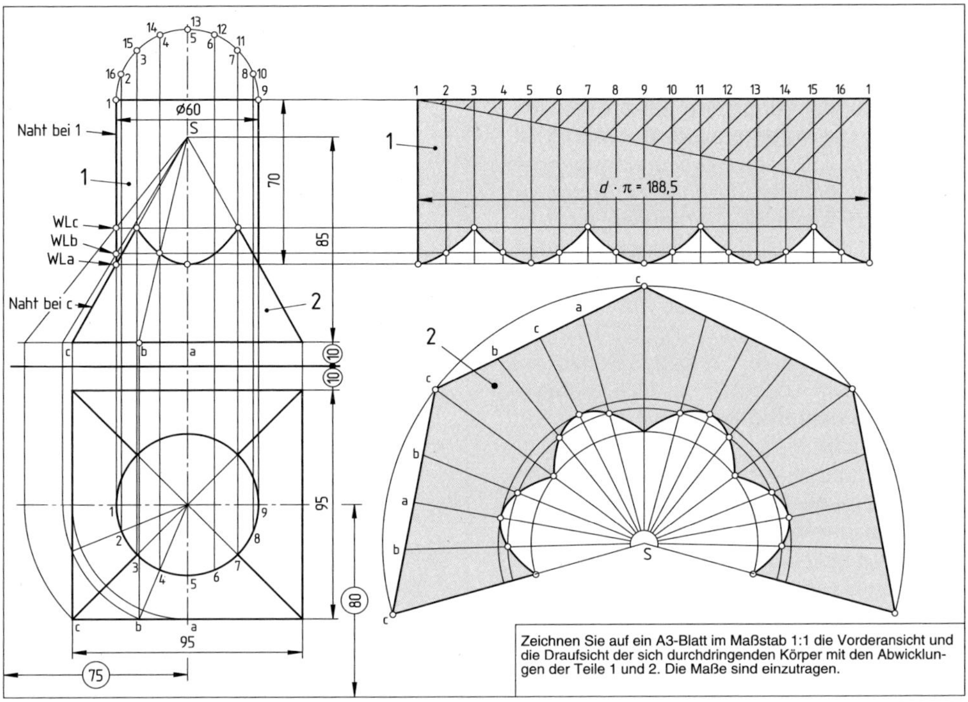

Zeichnen Sie auf ein A3-Blatt im Maßstab 1:1 die Vorderansicht und die Draufsicht der sich durchdringenden Körper mit den Abwicklungen der Teile 1 und 2. Die Maße sind einzutragen.

85.1 Durchdringung von Pyramide und Zylinder

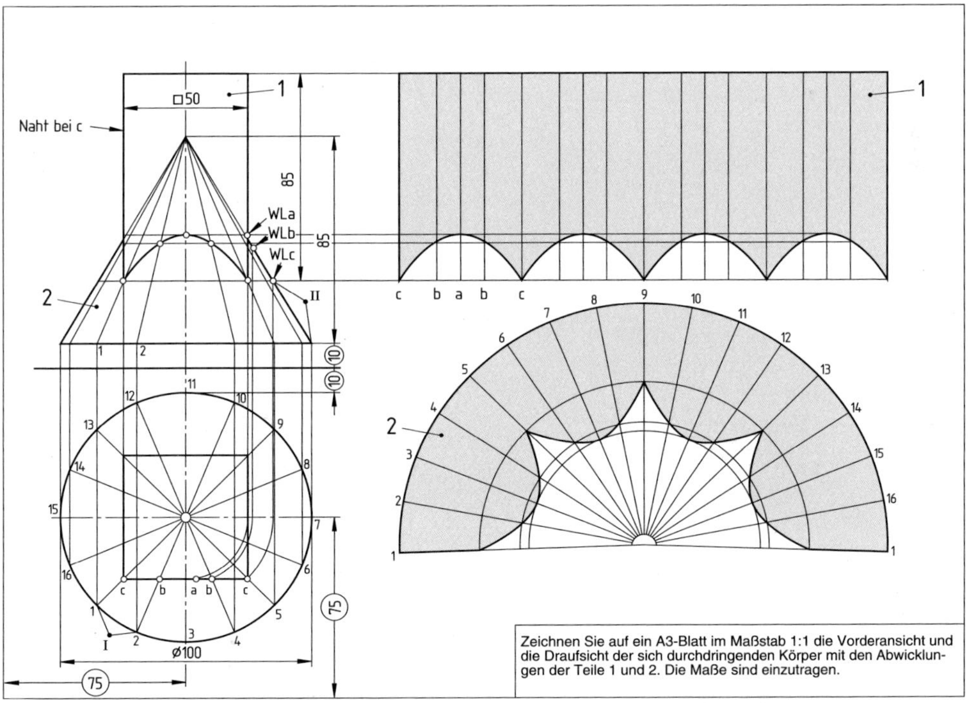

Zeichnen Sie auf ein A3-Blatt im Maßstab 1:1 die Vorderansicht und die Draufsicht der sich durchdringenden Körper mit den Abwicklungen der Teile 1 und 2. Die Maße sind einzutragen.

85.2 Durchdringung von Kegel und Prisma

3.11 Durchdringungskurven nach dem Kugelschnittverfahren

Das Kugelschnittverfahren erleichtert die Bestimmung der Durchdringungslinie ganz erheblich, weil dabei nur die Vorderansicht notwendig ist. Dieses Verfahren läßt sich bei Durchdringungen von Zylinder mit Zylinder, Zylinder mit Kegel und Kegel mit Kegel anwenden. Voraussetzung ist, dass es sich im axiale Durchdringungen handelt, d.h. dass sich die Achsen der Durchdringungskörper schneiden, und dass beide Achsen parallel zur Zeichenebene laufen.
Das Raumschema Bild 86.1 zeigt das Prinzip des Kugelschnittes. Die Konstruktion der Durchdringungslinie nach dem Kugelschnittverfahren wird mit Bild 86.2 erklärt:
Man zeichnet zunächst die Achsen der Körper mit dem Schnittpunkt S. Danach die Umrisse mit den Übergangspunkten A und B. Um S werden Kugelkreise mit beliebigem Radius gezogen (K_1, K_2, K_3). Durch diese werden die Zylindermäntel in den Punkten C, D und E beziehungsweise C', D' und E' geschnitten. Die Schnittpunkte der Projektionen von C und C', D und D' usw. liefern die gesuchten Punkte der Durchdringungslinie. Meistens genügen drei bis vier Kugelkreise, von denen man nur im Bereich der Durchdringung Kreisbögen zu zeichnen braucht. Der kleinste verwendbare Kugelkreis hat den Durchmesser des großen Zylinders (K_4).

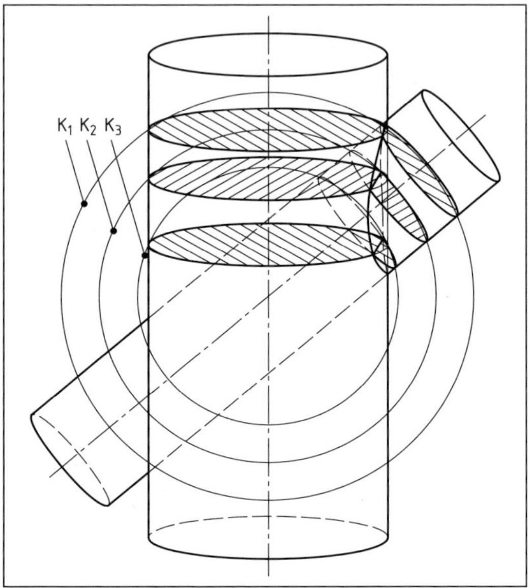

86.1 Kugelschnittverfahren, axonometrisch

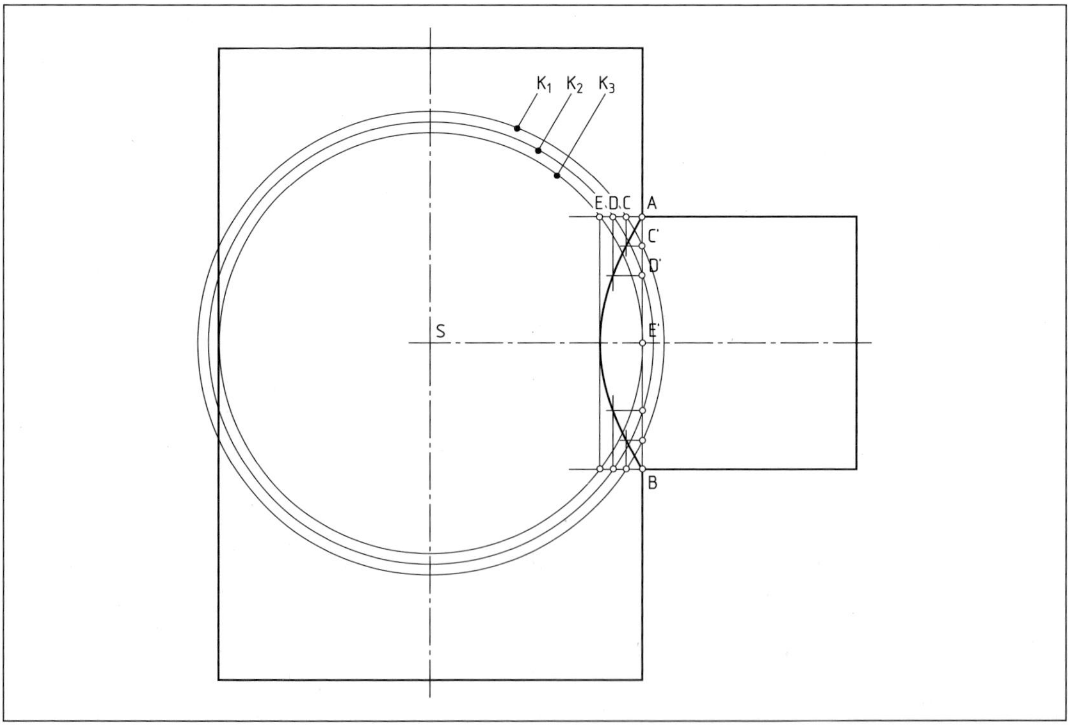

86.2 Kugelschnittverfahren

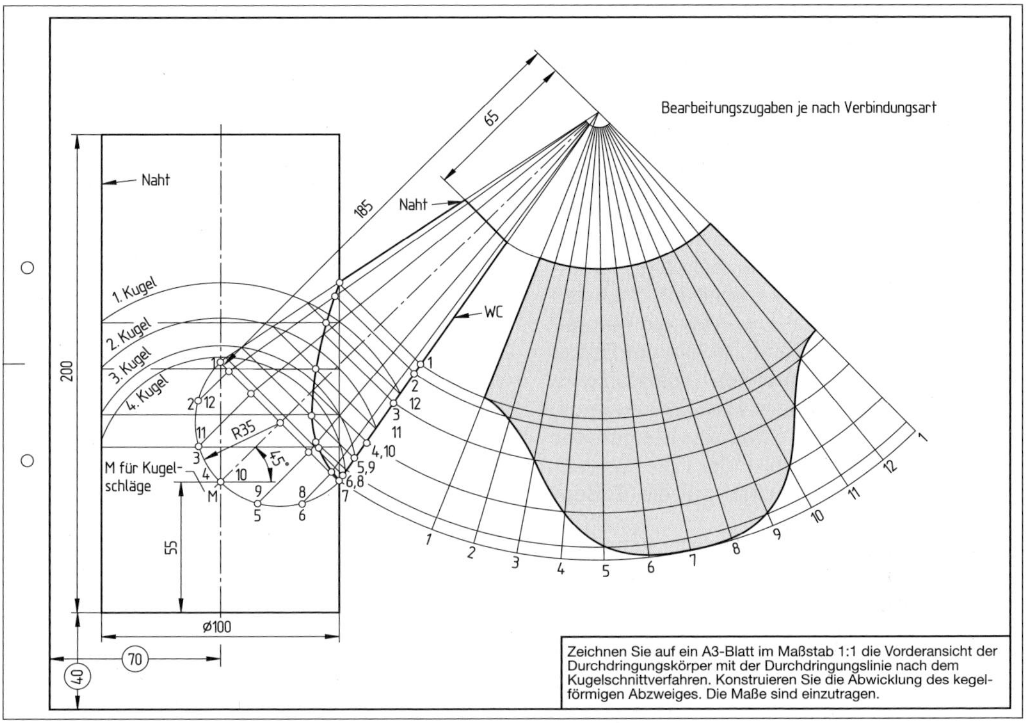

87.1 Durchdringung von Zylinder und Kegel I

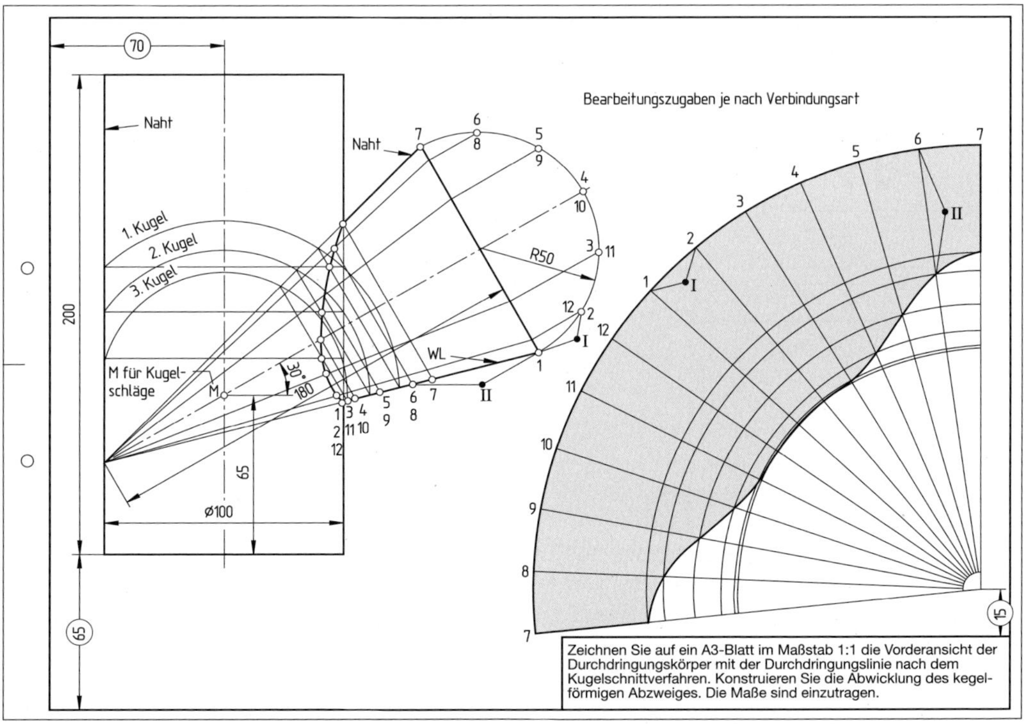

87.2 Durchdringung von Zylinder und Kegel II

Durchdringung kegelförmiger Körper

Bild 88.1 zeigt die Durchdringung zweier Kegelstümpfe. Man zeichnet in die Vorderansicht des großen Kegelstumpfes (1) die Achse des abzweigenden kleineren Kegels (2) unter dem gewünschten Neigungswinkel und trägt darauf dessen Länge und die Weite des oberen Durchmessers an. Die Durchdringungskurve wird nach dem Kugelschnittverfahren konstruiert. Mithilfe des ausgeklappten Halbkreises an Teil 2 und seiner beliebig gewählten gleichmäßigen Teilung, die rechtwinklig auf den Durchmesser projiziert wird, werden die Mantellinien gezeichnet. Diese treffen sich in der Spitze S_2 und laufen auf dem Mantel des Kegelstumpfes bis zur Durchdringungskurve. Hier bilden sie die Schnittpunkte 1' bis 5'. Die wahren Längen der Mantellinien bekommt man, indem die Schnittpunkte lotrecht zur Kegelachse auf die äußere Mantellinie projiziert werden. Danach kann die Mantelabwicklung von Teil 2 gezeichnet werden. Für die Abwicklung des Mantels von Kegelstumpf 1 mit dem Lochausschnitt ist die vollständige Draufsicht nicht erforderlich. Es genügt, von der Spitze S_1 durch die Punkte 2' bis 4' Mantellinien bis zur Grundlinie zu ziehen und diese in die Draufsicht des Kegels 1 zu übertragen. Hier ergeben sie auf dem Grundkreis die Fußpunkte 1" bis 5" und deren Abstände auf dem Kreisumfang. Das ist für die Konstruktion des Lochausschnittes in der Mantelabwicklung erforderlich. Die wahren Längen dieser Mantellinien bis zur Durchdringungslinie ergeben sich aus ihrer Projektion auf die äußere Mantellinie zu den Punkten WL 1" bis WL 5". Der Umfang des oberen Kegelkreises von Teil 1 ist die innere Bogenlänge der **Mantelgeife** um die Spitze S1 mit den Punkten A, B, C usw.

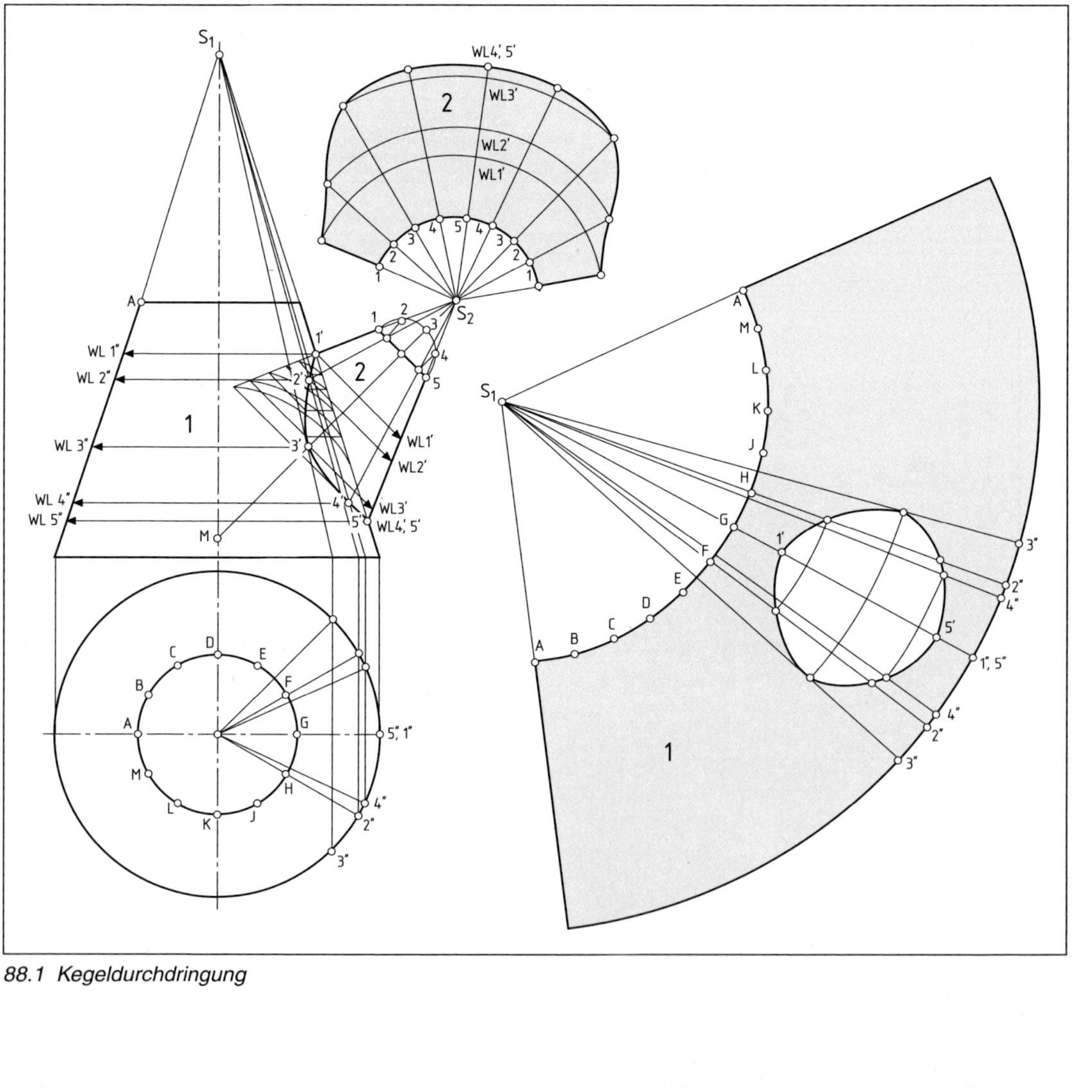

88.1 Kegeldurchdringung

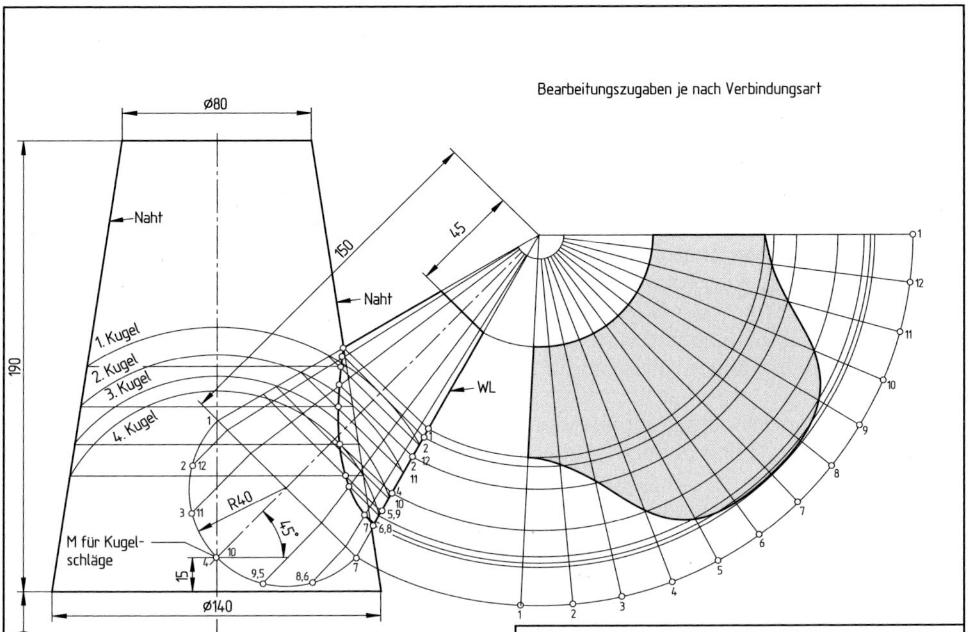

Zeichnen Sie auf ein A3-Blatt im Maßstab 1:1 die Vorderansicht der Durchdringungskörper mit der Durchdringungslinie nach dem Kugelschnittverfahren. Konstruieren Sie die Abwicklung des Kegelansatzes. Die Maße sind einzutragen.

89.1 Durchdringung zweier Kegel I

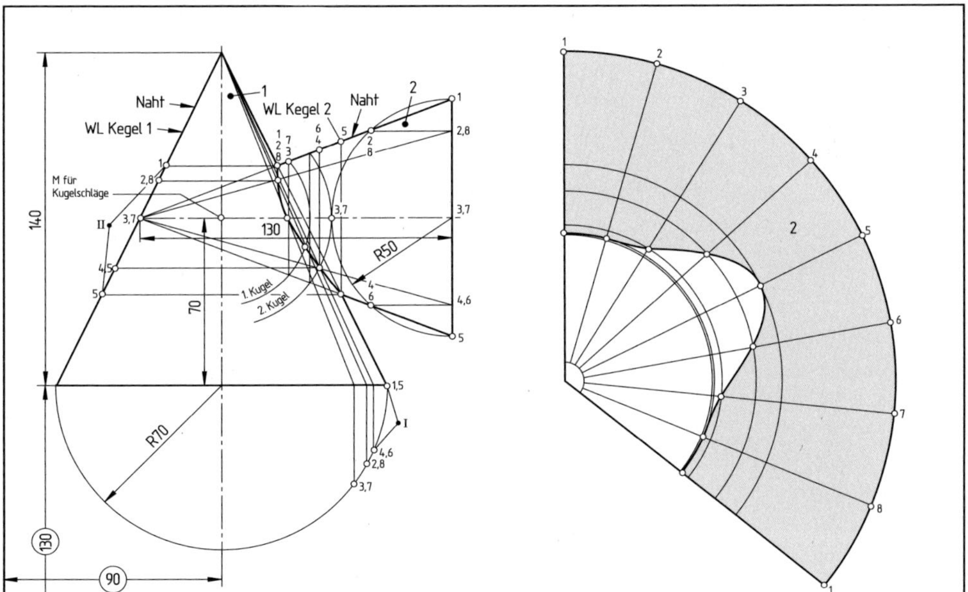

Zeichnen Sie auf ein A3-Blatt im Maßstab 1:1 die Vorderansicht der Durchdringungskörper mit der Durchdringungslinie nach dem Kugelschnittverfahren. Konstruieren Sie die Abwicklung von Teil 2. Die Maße sind einzutragen.

89.2 Durchdringung zweier Kegel II

3.12 Kugelförmige Körper

Die Oberflächen von Prismen, Zylindern, Pyramiden und Kegeln lassen sich genau abwickeln, weil sie sich in ebene Flächen zerlegen lassen. Im Gegensatz dazu ist die Kugel ein Drehkörper mit doppelt gekrümmter Oberfläche. Die Kugeloberfläche kann nur näherungsweise durch Zerlegung in einfach gekrümmte Flächen abgewickelt werden. Hierfür gibt es zwei Verfahren. Erstens: Man legt durch die Längsachse (von Pol zu Pol) Schnittebenen (Bild 90.1), wodurch die Oberfläche der Kugel in keilförmige Streifen zerlegt wird, die als schräge Schnitte durch einen Zylindermantel verstanden werden.

Zweitens: Man legt die Schnittebenen senkrecht zur Drehachse (Bild 91.1) und betrachtet die dazwischen liegenden Teile der Kugeloberfläche als Mantelflächen von Kegelstümpfen. In beiden Fällen entsteht keine glattflächige Kugel, sondern nur ein von der Zahl der Schnittebenen abhängiger vielkantiger kugelähnlicher Körper.

Wählt man die Konstruktion nach dem ersten Verfahren, so teilt man den Kugelumfang in der Draufsicht in beliebig viele gleiche Teile. In Bild 90.1 sind es 16 Teile mit den zugehörigen horizontalen Schnittebenen. Nachdem in der Vorderansicht der Umfang von Pol zu Pol ebenfalls eingeteilt und mit den horizontalen Schnittlinien 2 bis 10 versehen ist, können die elliptischen Kugelschnittlinien konstruiert werden. Für die Abwicklung eines Kugelstreifens trägt man auf einer vertikalen Mittellinie die zehn Schnittlinien in ihren wahren Abständen (Zirkelsymbol a) ab. Auf sie werden ihre Breiten aus der Draufsicht übertragen (Zirkelsymbole b, e als Auswahl). Die Verbindungen der Endpunkte liefern die Kurven des Kugelstreifens, der ein Sechzehntel der Kugeloberfläche ergibt. Dieses Verfahren gleicht dem bei der Abwicklung der Kuppeln auf Seite 73 gezeigten.

Wenn das zweite Verfahren benutzt werden soll, genügt in der Draufsicht die Zwölferteilung des Kugelumfangs mit den zugehörigen Mantellinien. In der Vorderansicht werden durch die untere Kugelhälfte horizontale Schnittebenen gelegt, deren Sehnen auf dem Kugelkreis gleiche Längen haben. Die Schnittebenen bilden drei Kegelstümpfe A, B und C und einen flachen Kegel D. Die Verlängerungen der Sehnen führen zu den Kegelspitzen S_1 bis S_4 auf der Achse. Die Abwicklungen können jetzt nach dem Prinzip der Kegelabwicklung erfolgen, wobei die Bogenlängen der Teile A bis D von den aus der Vorderansicht in die Draufsicht projizierten Kreisen der Schnittebenen übernommen werden.

Die Verbindung der Mantelteile kann als Gehrungsnaht oder mit hinterlegten Nahtstreifen erfolgen.

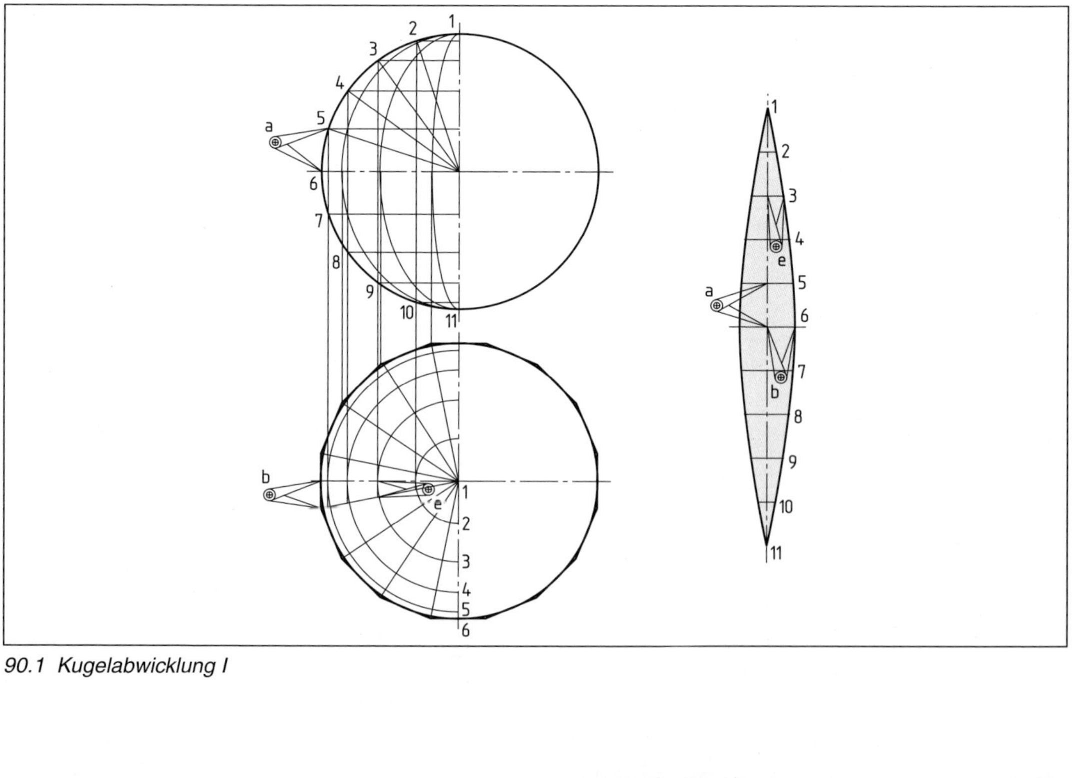

90.1 Kugelabwicklung I

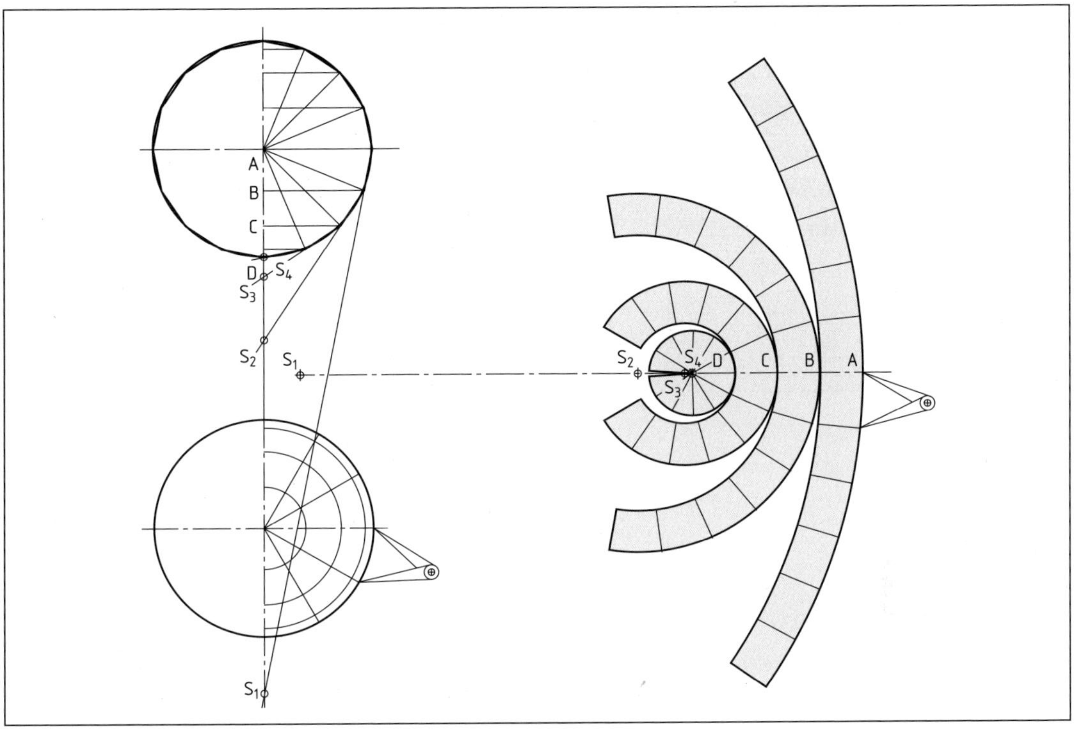

91.1 Kugelabwicklung II

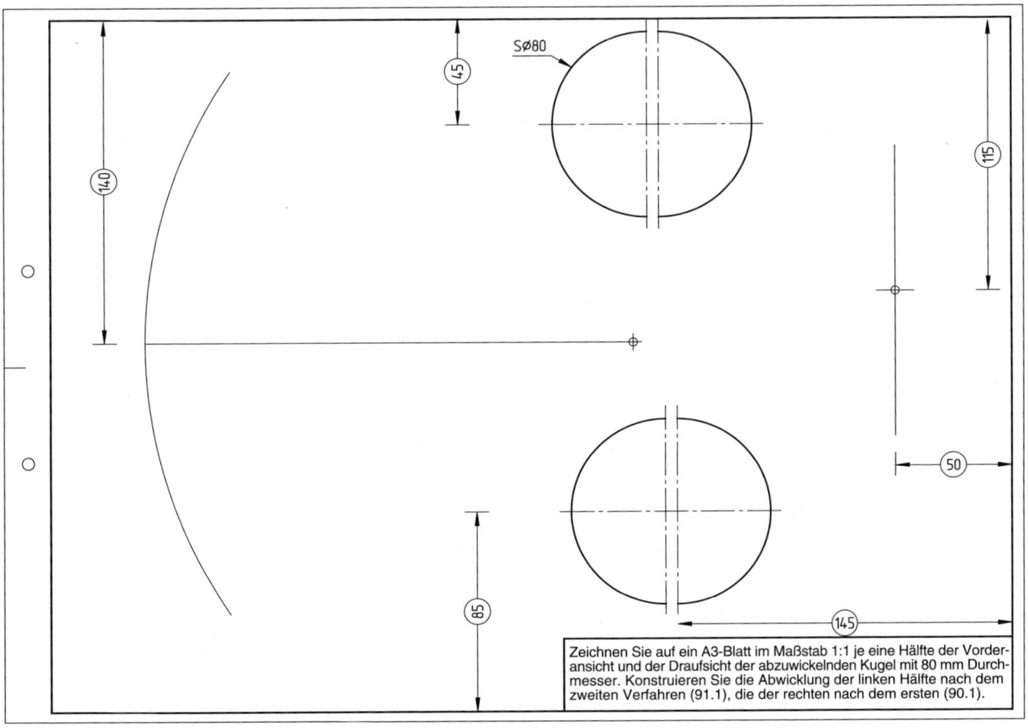

91.2 Aufgabe zur Kugelabwicklung

4 Aufgaben ohne Konstruktionsanleitung

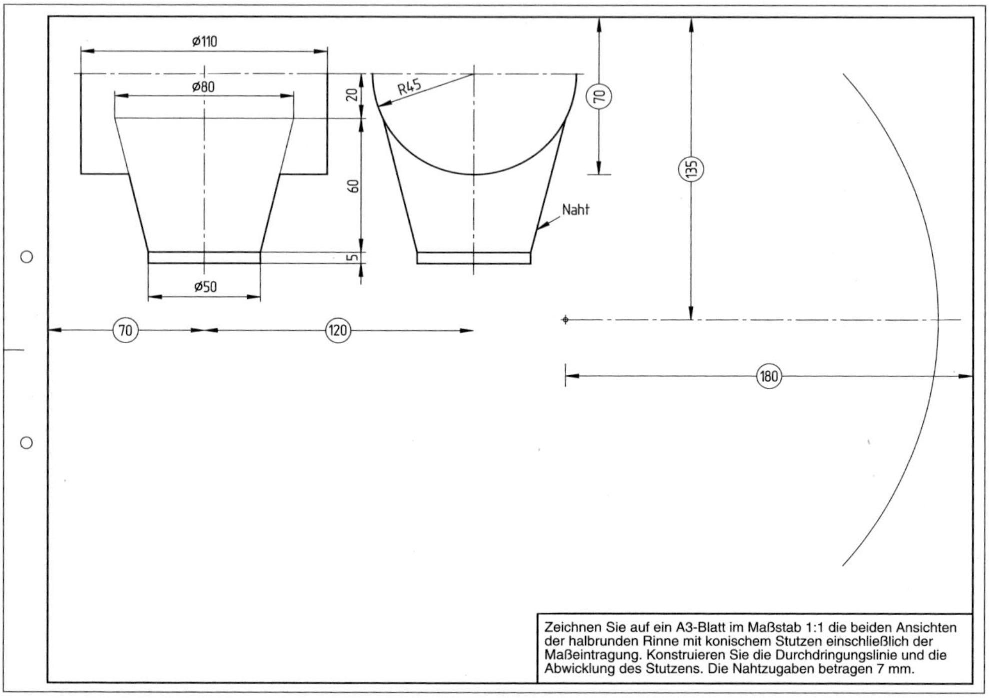

92.1 Halbrunde Rinne mit konischem Stutzen

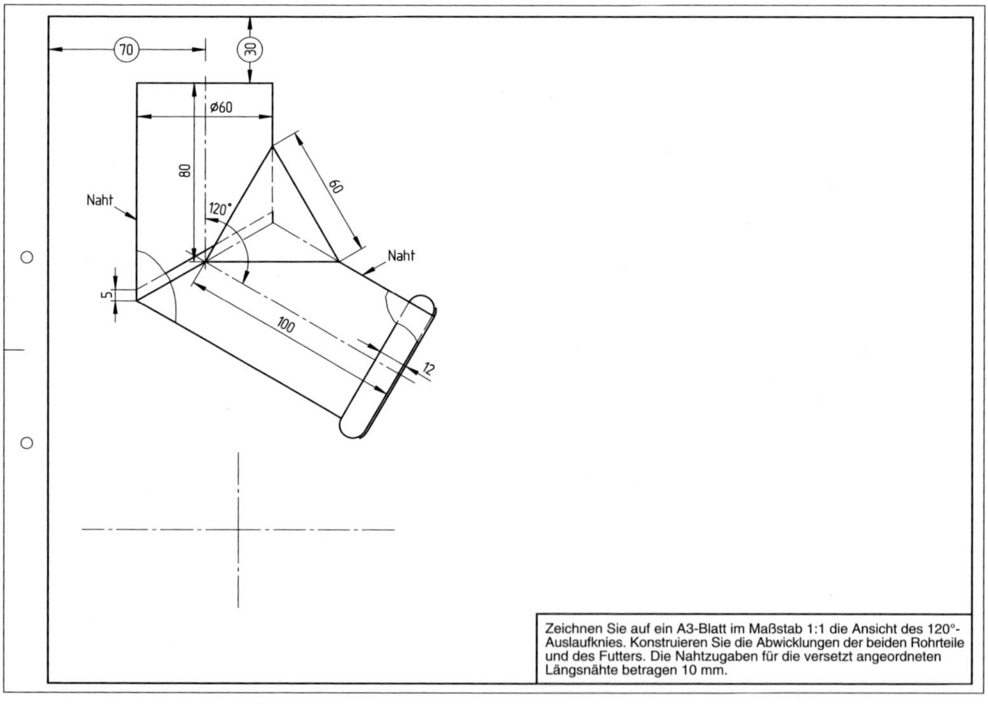

92.2 Auslaufrohrknie 120°

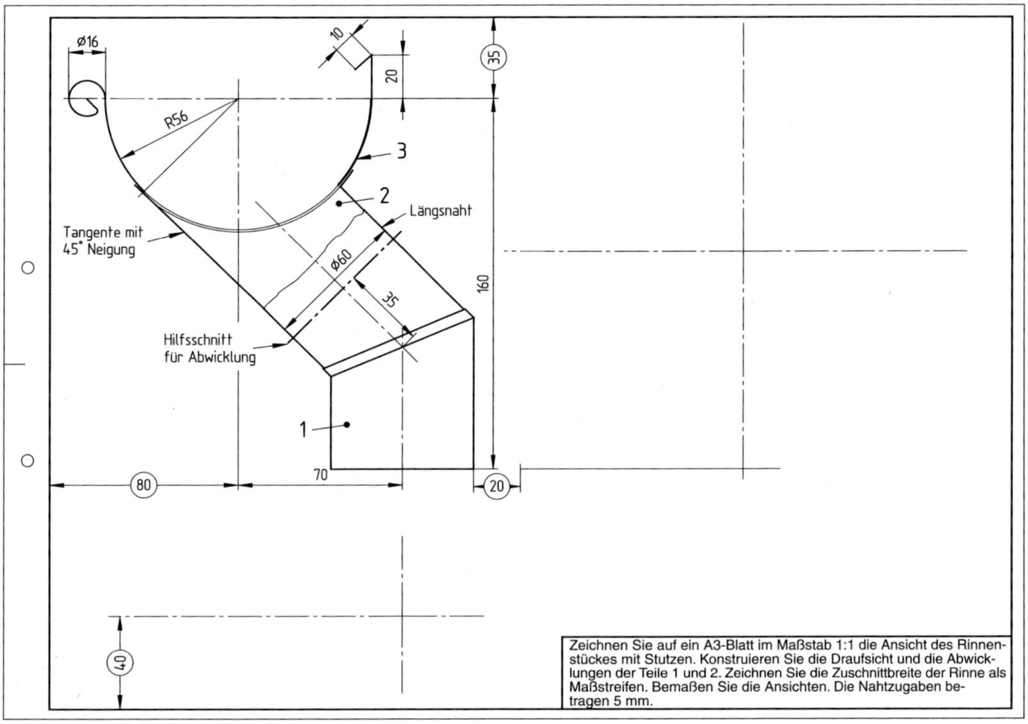

Zeichnen Sie auf ein A3-Blatt im Maßstab 1:1 die Ansicht des Rinnenstückes mit Stutzen. Konstruieren Sie die Draufsicht und die Abwicklungen der Teile 1 und 2. Zeichnen Sie die Zuschnittbreite der Rinne als Maßstreifen. Bemaßen Sie die Ansichten. Die Nahtzugaben betragen 5 mm.

93.1 Rinnenstück mit Stutzen

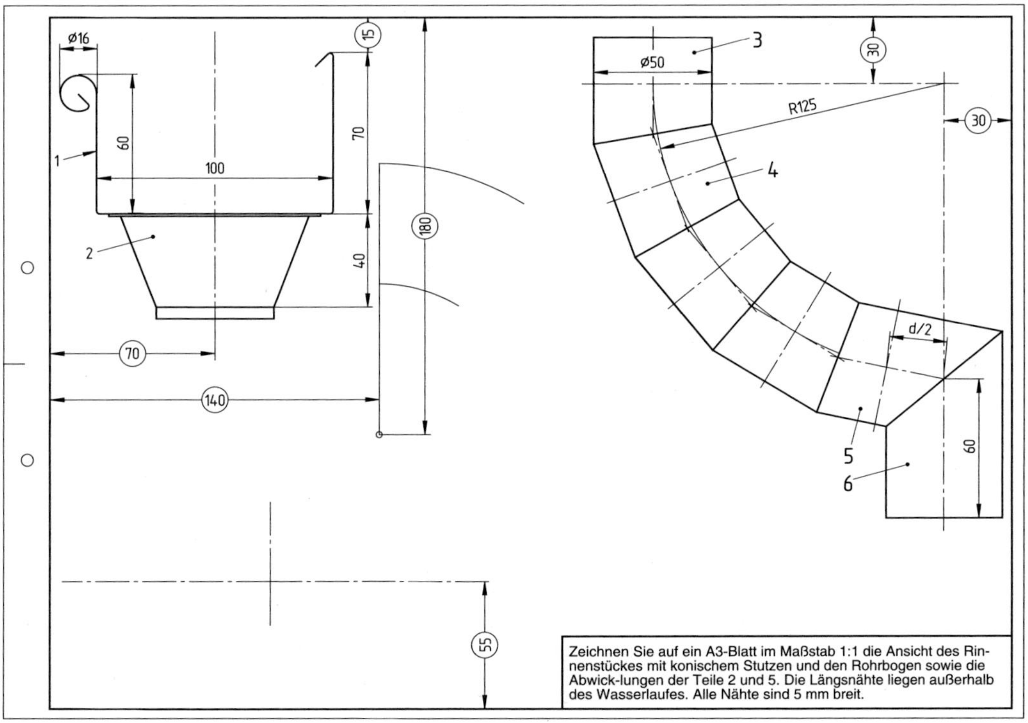

Zeichnen Sie auf ein A3-Blatt im Maßstab 1:1 die Ansicht des Rinnenstückes mit konischem Stutzen und den Rohrbogen sowie die Abwick-lungen der Teile 2 und 5. Die Längsnähte liegen außerhalb des Wasserlaufes. Alle Nähte sind 5 mm breit.

93.2 Rinnenstück mit Stutzen und Gliederbogen

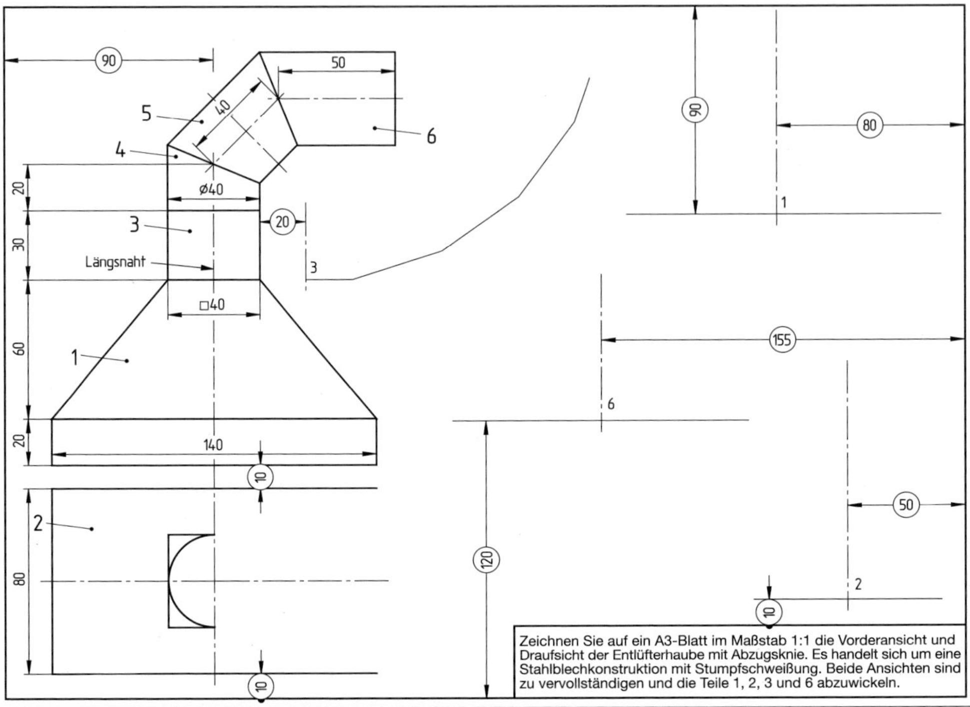

Zeichnen Sie auf ein A3-Blatt im Maßstab 1:1 die Vorderansicht und Draufsicht der Entlüfterhaube mit Abzugsknie. Es handelt sich um eine Stahlblechkonstruktion mit Stumpfschweißung. Beide Ansichten sind zu vervollständigen und die Teile 1, 2, 3 und 6 abzuwickeln.

94.1 Entlüfterhaube mit Abzugsknie

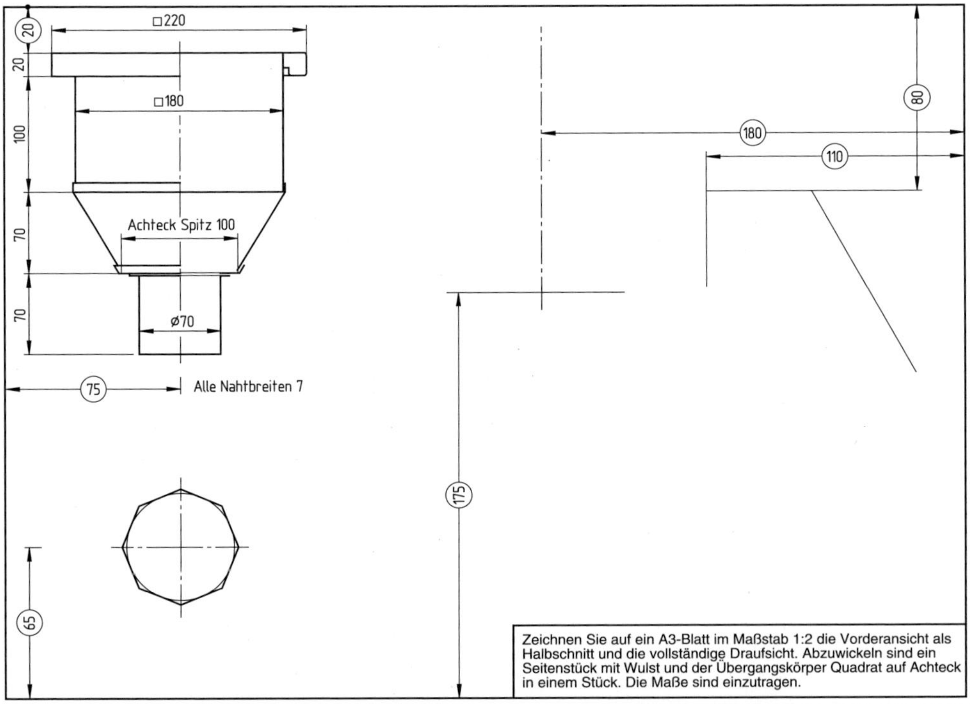

Zeichnen Sie auf ein A3-Blatt im Maßstab 1:2 die Vorderansicht als Halbschnitt und die vollständige Draufsicht. Abzuwickeln sind ein Seitenstück mit Wulst und der Übergangskörper Quadrat auf Achteck in einem Stück. Die Maße sind einzutragen.

94.2 Wasserfangkasten

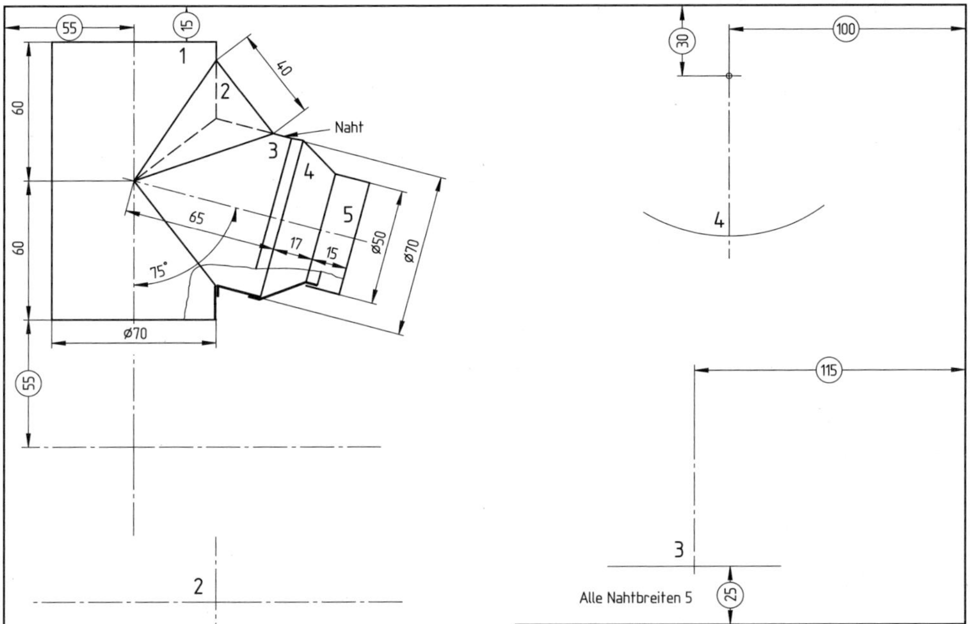

Zeichnen Sie auf ein A3-Blatt im Maßstab 1:1 die Vorderansicht und die Draufsicht des Rohrabzweiges mit Verstärkungsfutter und konischem Übergang. Wickeln Sie die Teile 2, 3 und 4 ab.

95.1 Rohrabzweig mit Verstärkungsfutter und konischem Übergang

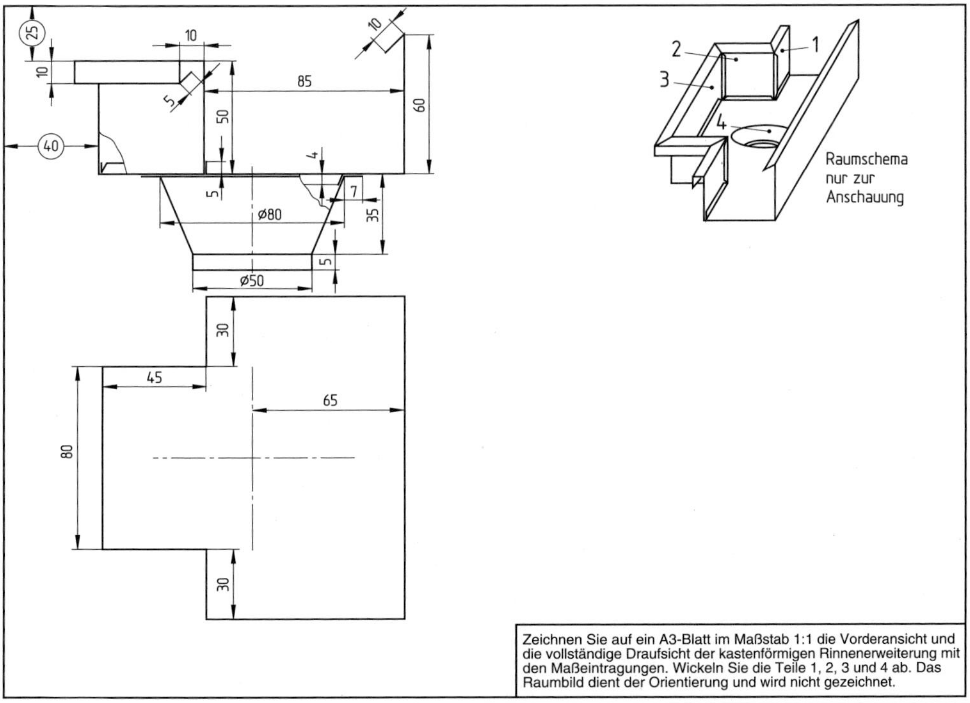

Zeichnen Sie auf ein A3-Blatt im Maßstab 1:1 die Vorderansicht und die vollständige Draufsicht der kastenförmigen Rinnenerweiterung mit den Maßeintragungen. Wickeln Sie die Teile 1, 2, 3 und 4 ab. Das Raumbild dient der Orientierung und wird nicht gezeichnet.

95.2 Kastenförmige Rinnenerweiterung

5 Vorlagen für Prüfungsstücke

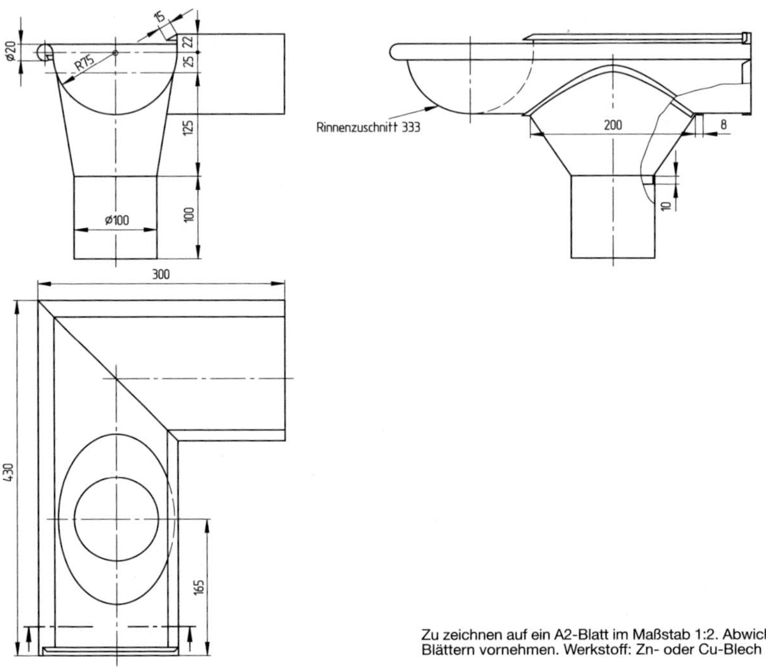

Zu zeichnen auf ein A2-Blatt im Maßstab 1:2. Abwicklungen auf separaten Blättern vornehmen. Werkstoff: Zn- oder Cu-Blech

96.1 Rinnenwinkel mit konisch-elliptischem Stutzen

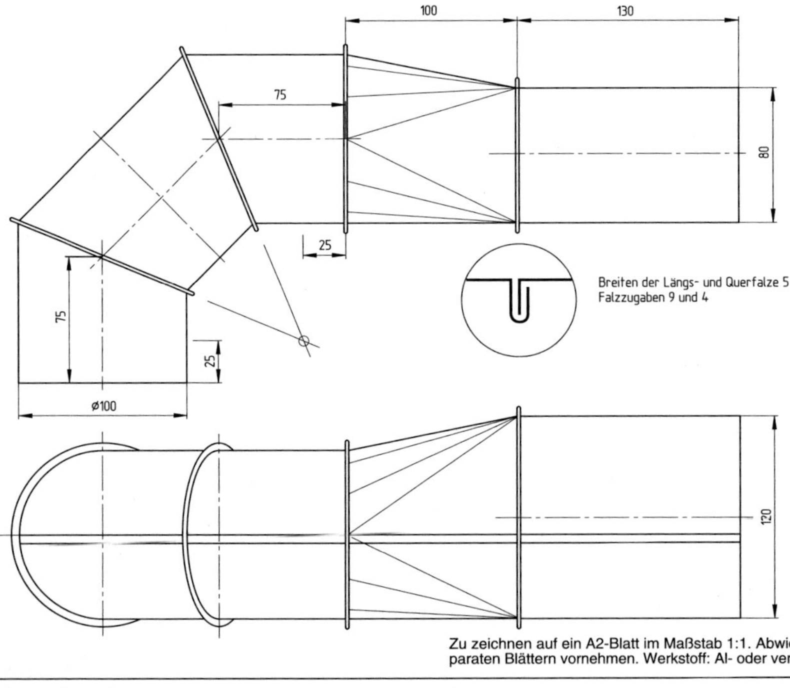

Zu zeichnen auf ein A2-Blatt im Maßstab 1:1. Abwicklungen auf separaten Blättern vornehmen. Werkstoff: Al- oder verzinktes Stahlblech

96.2 Lüftungskanal

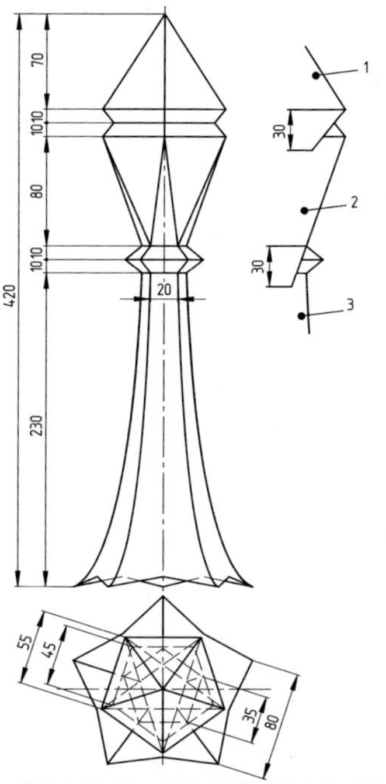

Zu zeichnen auf ein A2-Blatt (Hochformat) im Maßstab 1:1. Abwicklungen auf separatem Blatt vornehmen. Werkstoff: Zinkblech

97.1 Turmspitze

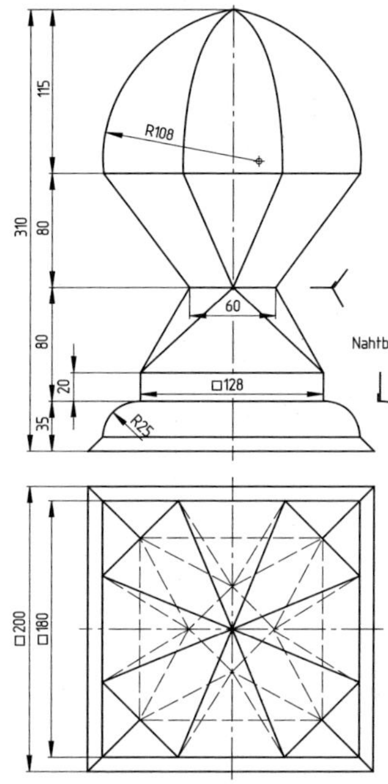

Zu zeichnen auf ein A2-Blatt (Hochformat) im Maßstab 1:1. Abwicklungen auf separatem Blatt vornehmen. Werkstoff: Zinkblech

97.2 Pfeilerkopf

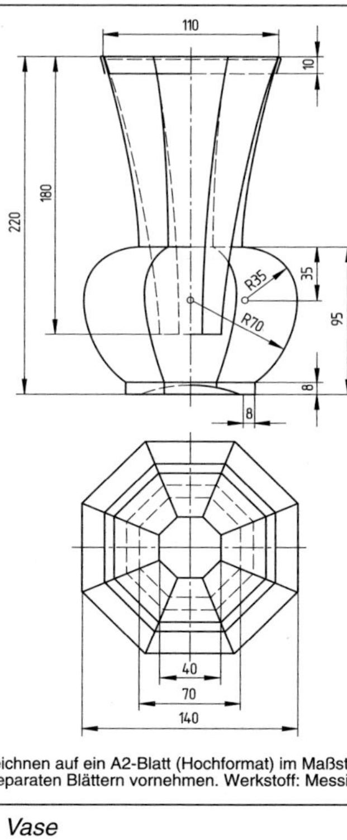

Zu zeichnen auf ein A2-Blatt (Hochformat) im Maßstab 1:1. Abwicklungen auf separaten Blättern vornehmen. Werkstoff: Messingblech

97.3 Vase

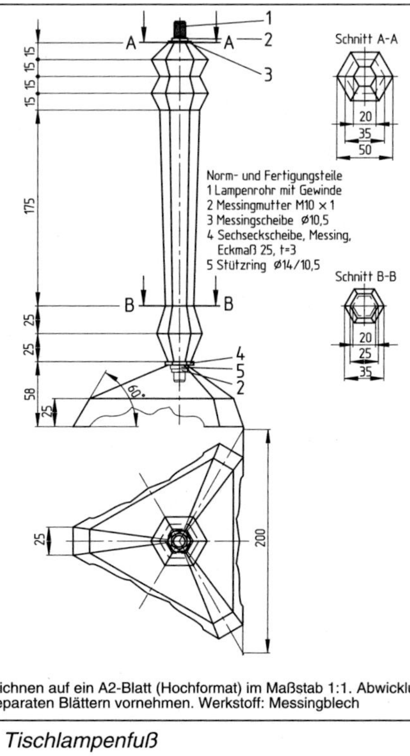

Zu zeichnen auf ein A2-Blatt (Hochformat) im Maßstab 1:1. Abwicklungen auf separaten Blättern vornehmen. Werkstoff: Messingblech

97.4 Tischlampenfuß

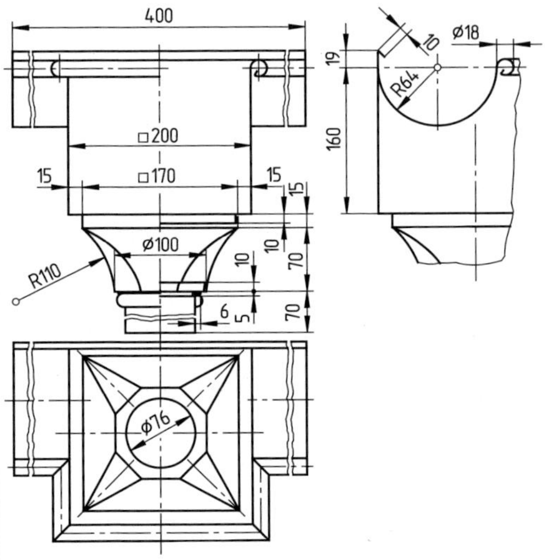

Zu zeichnen auf ein A2-Blatt (Hochformat) im Maßstab 1:1 ohne Seitenansicht. Sie dient hier der Verdeutlichung. Abwicklungen auf separaten Blättern vornehmen. Werkstoff: Zinkblech.

98.1 Wasserfangkasten I

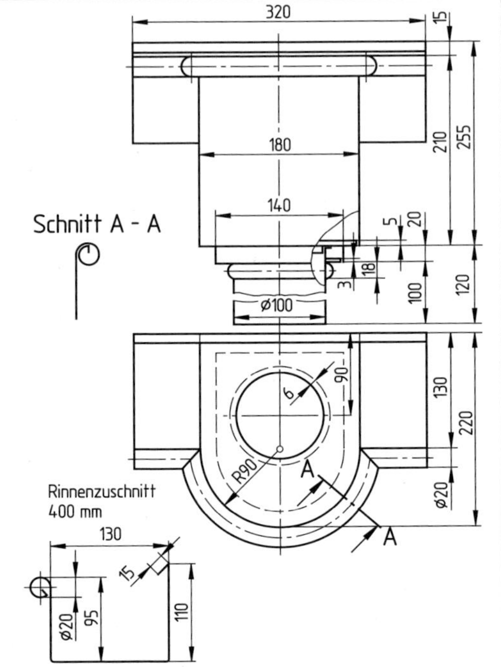

Zu zeichnen auf ein A2-Blatt (Hochformat) im Maßstab 1:1 ohne Profil. Abwicklungen auf separaten Blättern vornehmen. Werkstoff: Zinkblech

98.2 Wasserfangkasten II

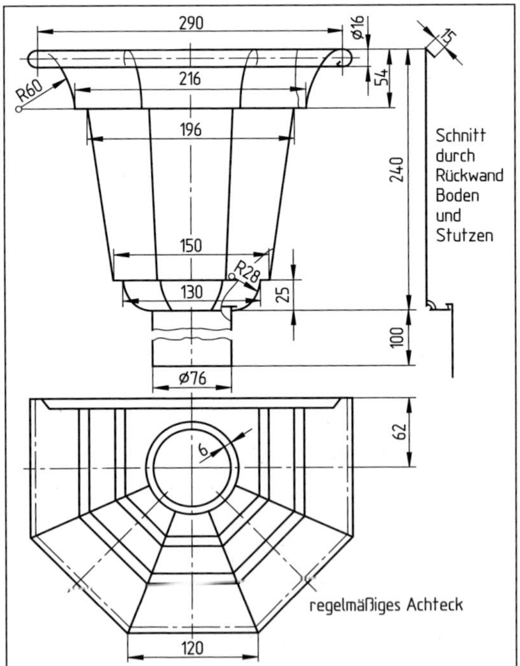

Zu zeichnen auf ein A2-Blatt (Hochformat) im Maßstab 1:1.
Abwicklungen auf separaten Blättern vornehmen.
Werkstoff: Zinkblech

98.3 Wasserfangkasten III

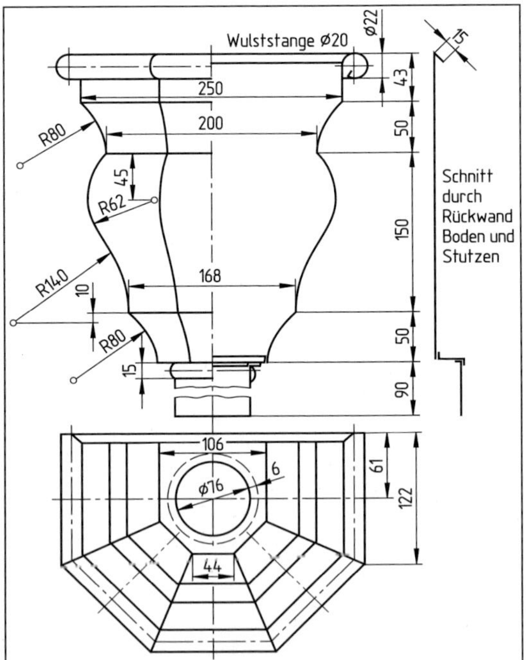

Zu zeichnen auf ein A2-Blatt (Hochformat) im Maßstab 1:1.
Abwicklungen auf separaten Blättern vornehmen.
Werkstoff: Zinkblech

98.4 Wasserfangkasten IV

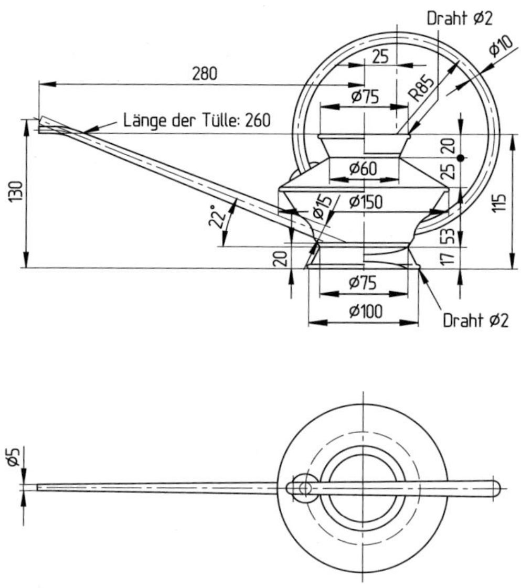

Zu zeichnen auf ein A2-Blatt im Maßstab 1:1.
Werkstoff: Messingblech

99.1 Blumengießkanne

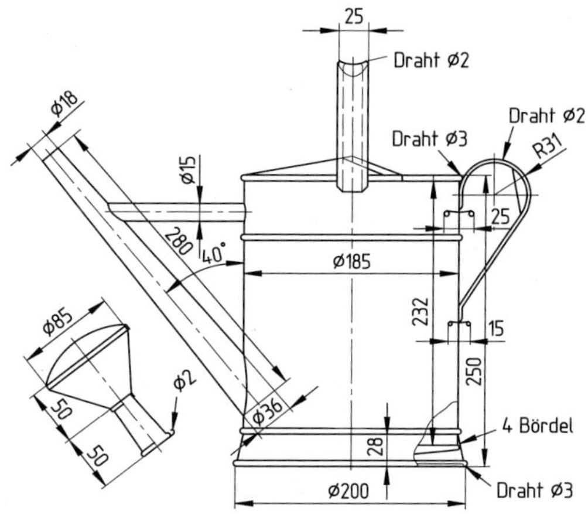

Zu zeichnen auf ein A2-Blatt (Hochformat) im Maßstab 1:1.
Abwicklungen auf separaten Blättern vornehmen.
Werkstoff: Weißblech oder verzinktes Stahlblech

99.2 Gießkanne

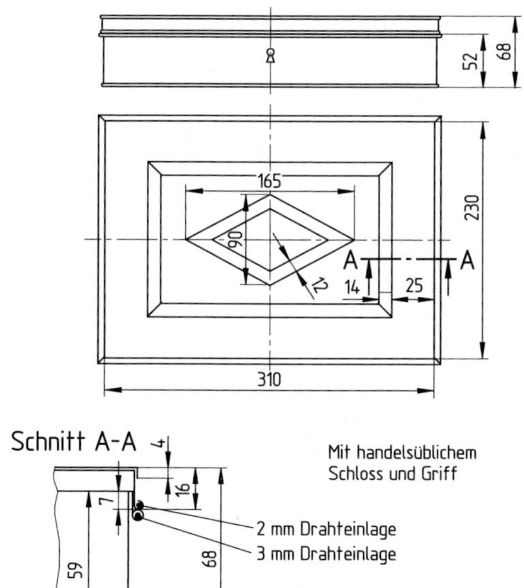

Zu zeichnen auf ein A2-Blatt im Maßstab 1:1.
Werkstoff: Weißblech

99.3 Dokumentenkasten

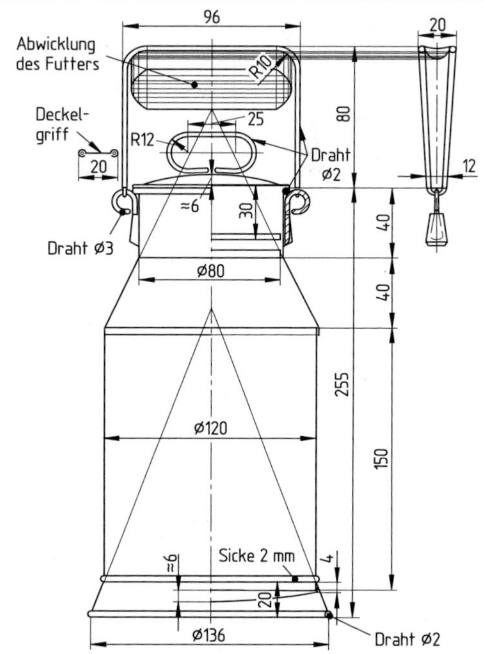

Zu zeichnen auf ein A3-Blatt (Hochformat) im Maßstab 1:1.
Abwicklungen auf separaten Blättern vornehmen.
Werkstoff: Weißblech

99.4 Milchkanne

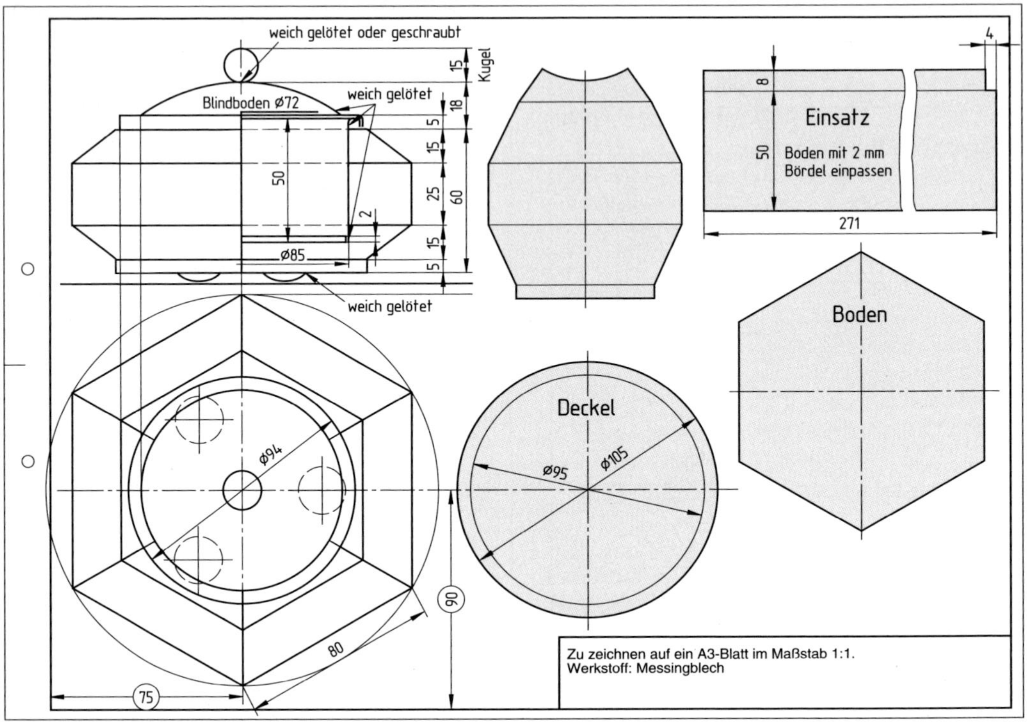

100.1 Schmuckdose I

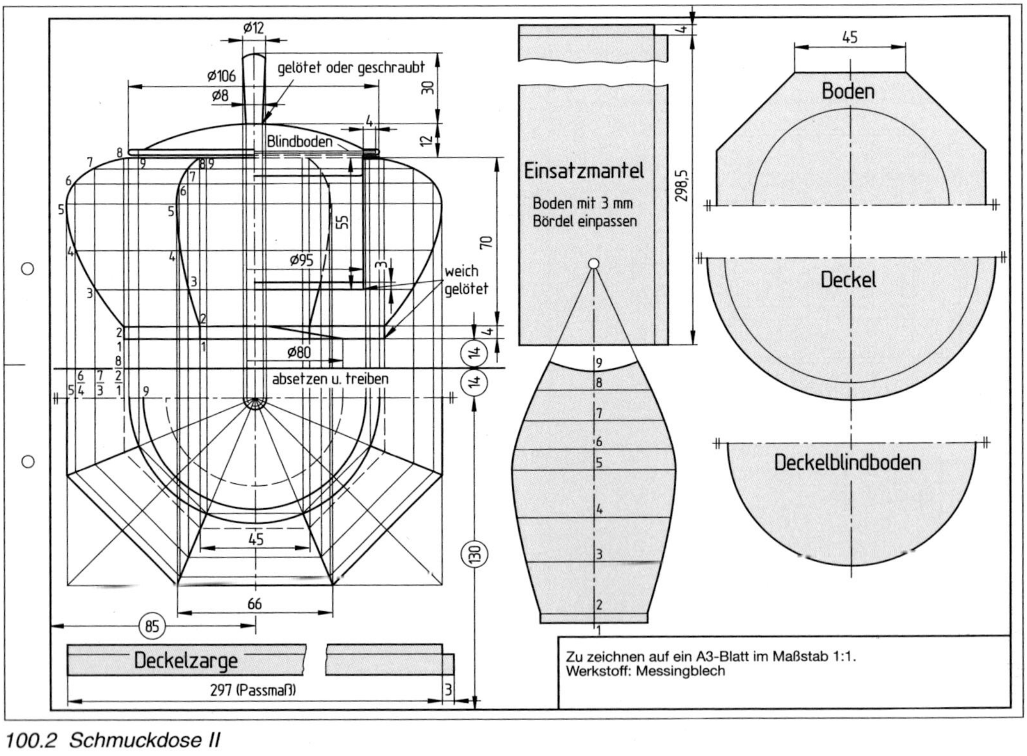

100.2 Schmuckdose II

6 Eckenausschnitte bei Falzverbindungen

6.1 Liegender Falz und Drahteinlage

Drahteinlagen an gekanteten oder gerundeten Gefäßen dienen der Randverstärkung. Zur Aufnahme des Drahtes erhält der Blechrand des Gefäßes eine Zugabe, die sich nach der Drahtdicke *d* richtet und von der Form des Gefäßes abhängt. In Bild 101.1 sind die üblichen Breiten angegeben. Wenn das Gefäß eine gefalzte Längsnaht besitzt, müssen die Falzzugaben im Bereich der Drahteinlage an beiden Kanten ausgeschnitten werden, weil sich der Falz nicht um den Draht rollen lässt. Außerdem muss der Falz unterhalb der Drahteinlage enden und wird deshalb entsprechend der Dicke der Drahteinlage tiefer ausgeschnitten. Man rechnet hierfür bei Blechdicken unter einem Millimeter das 1,2- bis 1,5fache der Drahtdicke. Bild 101.2 zeigt ein Beispiel für eine Drahteinlage mit 2 mm dickem Draht und 7 mm Falzbreite.

6.2 Falznähte an Rohren

Ein Beispiel für Falzzugaben und deren **Eckenausschnitte** wurde schon in der Zeichnung 53.1 für einen von Hand bzw. mit der Maschine hergestellten 5 mm breiten Falz gezeigt. Ein entsprechendes Muster für einen Rund- und Längsfalz mit 6 mm Breite ist in Bild 101.2 dargestellt. Als Richtwert für die **Falzbreite** gilt maximal die 10fache Blechdicke.

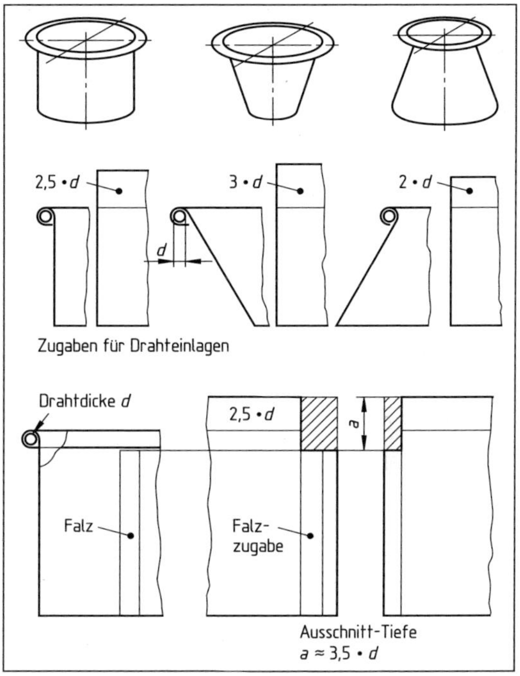

101.1 Falz und Drahteinlage

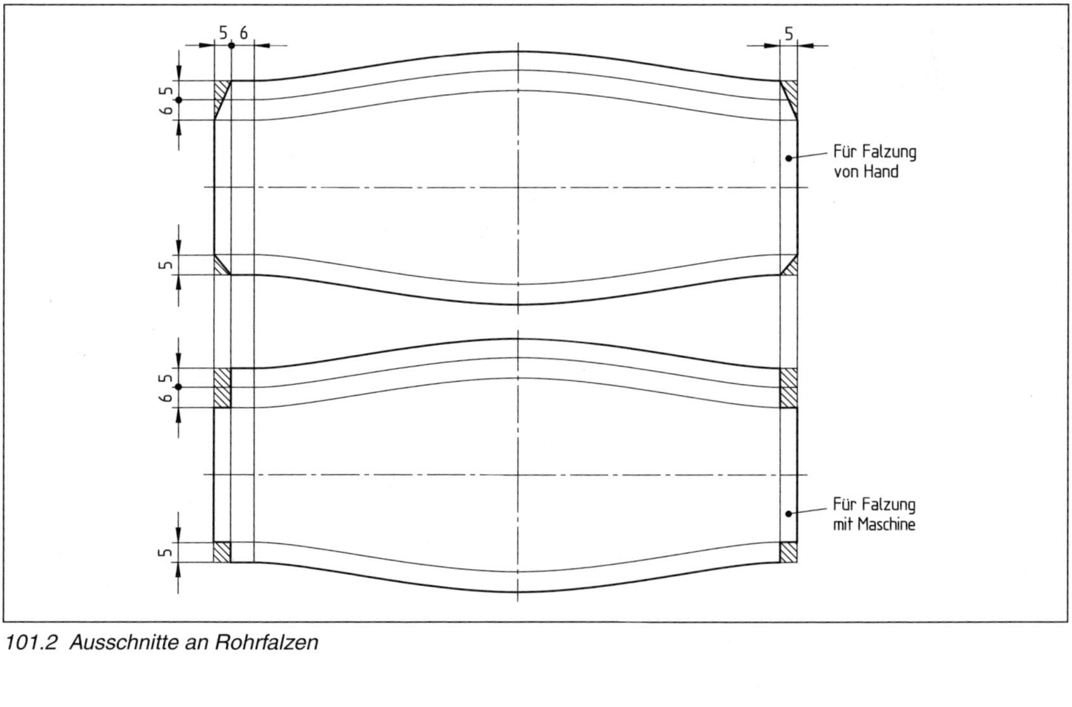

101.2 Ausschnitte an Rohrfalzen

6.3 Eckenausschnitte an Deckblechen

Werden auf einem Metalldach die Deckbleche durch Falzung verbunden, dann müssen die Falzborde an allen Stellen, an denen Falze ineinander übergehen, ausgeschnitten werden. Anderenfalls käme es zu so vielen Blechlagen, dass ein Verfalzen weder von Hand noch mit der Maschine möglich wäre. Es muss aber so viel Blech stehen bleiben, dass die Verbindungsstelle regendicht ist. Bild 102.1 zeigt das Schema eines Walmdaches in Tafeldeckung mit Kennzeichnung der vorkommenden Falzübergänge.

Für das Gelingen der Falzarbeit ist ein ausreichendes Ausschneiden der Ecken Voraussetzung. Für die Form und Größe der Eckenausschnitte gibt es Muster, die sich abhängig vom Werkstoff und der gewählten Falztechnik praktisch bewährt haben. Diese können von Fall zu Fall variieren. Die Kantlinien der liegenden und stehenden Falze werden an den Rändern der Deckbleche entweder mit einer Maß-Schablone angerissen oder mit einem Faserstift angezeichnet.

Für den Anfänger empfiehlt es sich, den jeweiligen Falzknotenpunkt mit seinen Eckenausschnitten an einem Papiermodell zu üben. Hierzu geben die nachfolgenden Zeichnungen Mustervorlagen. Diese beziehen sich auf doppelte Steh- und Liegefalze, wie sie im Bild 102.1 gekennzeichnet sind.

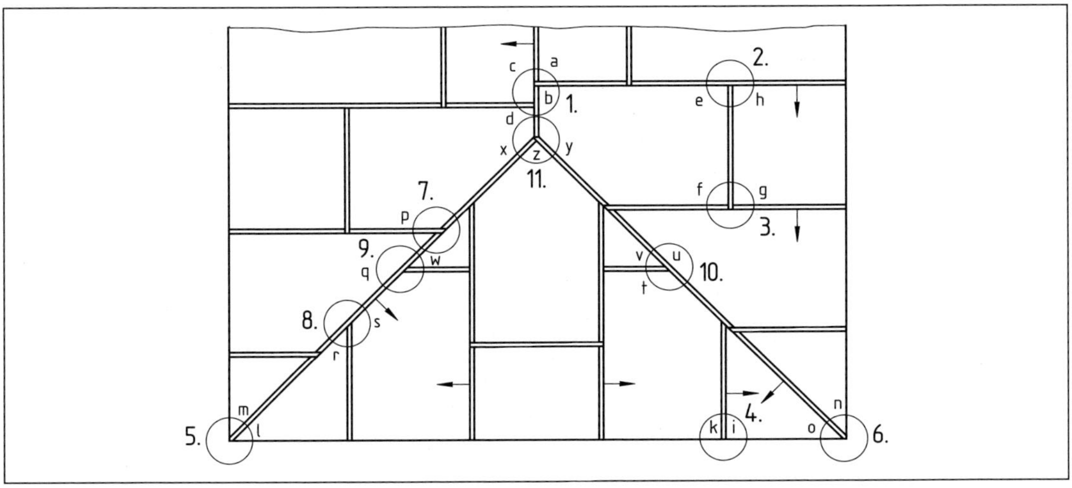

102.1 Falzknotenpunkte am Walmdach

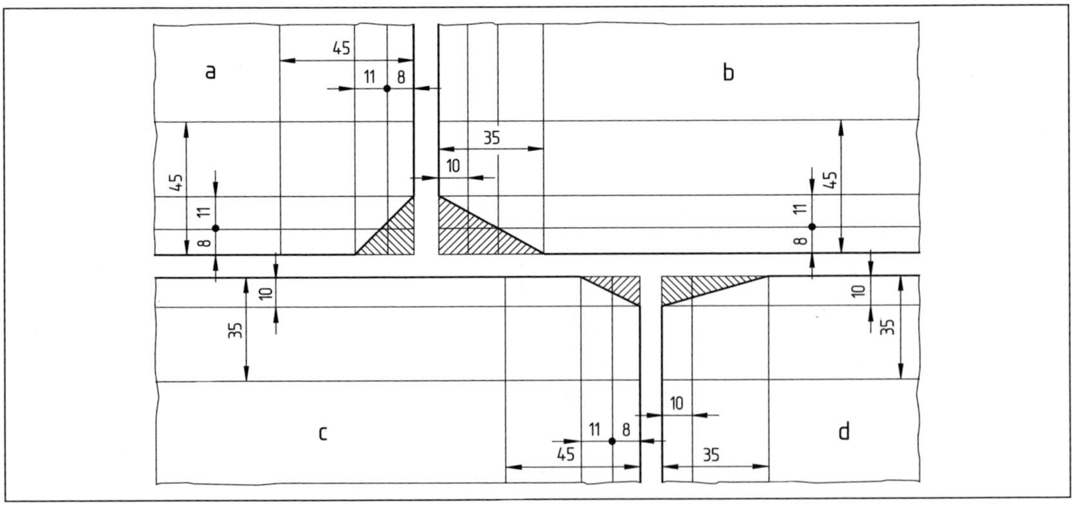

102.2 Übergang der Längsfalze in den Firstfalz: Eckenausschnitte Punkt 1

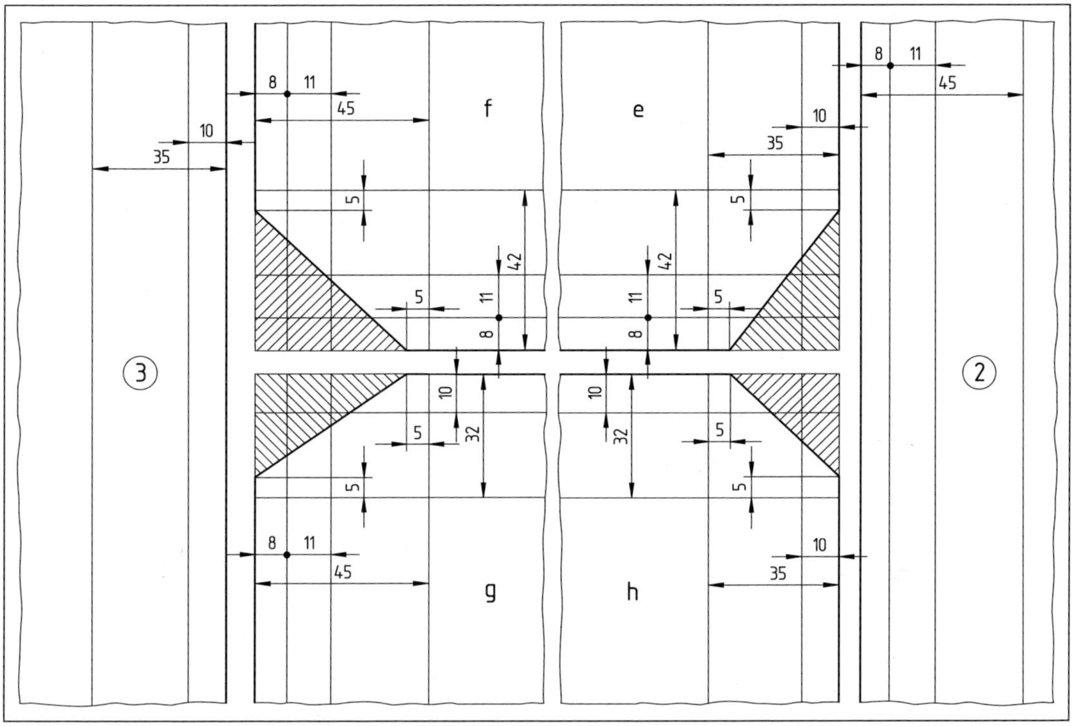

103.1 Übergang des Querfalzes in die Längsfalze: Eckenausschnitte Punkt 2 und 3

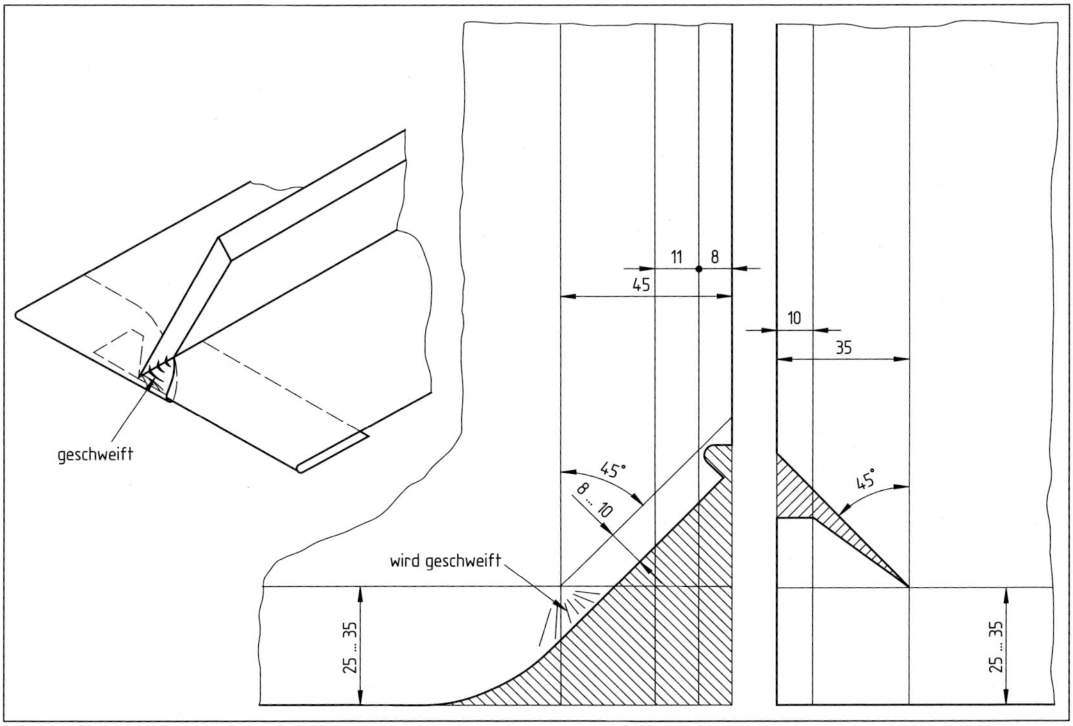

103.2 Traufabschluss des Stehfalzes: Eckenausschnitte Punkt 4

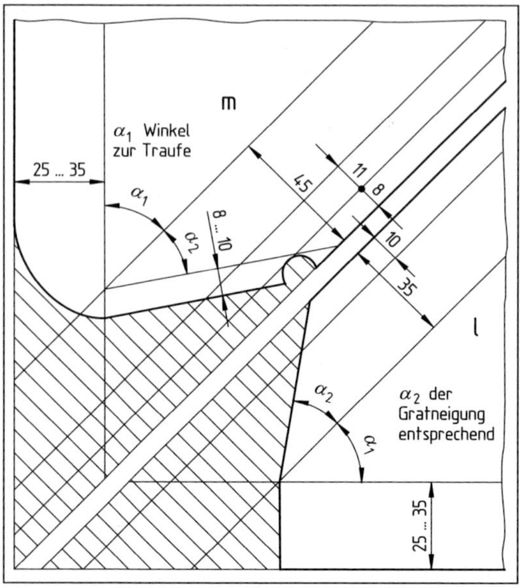

104.1 *Traufecke des linken Grates: Eckenausschnitte Punkt 5*

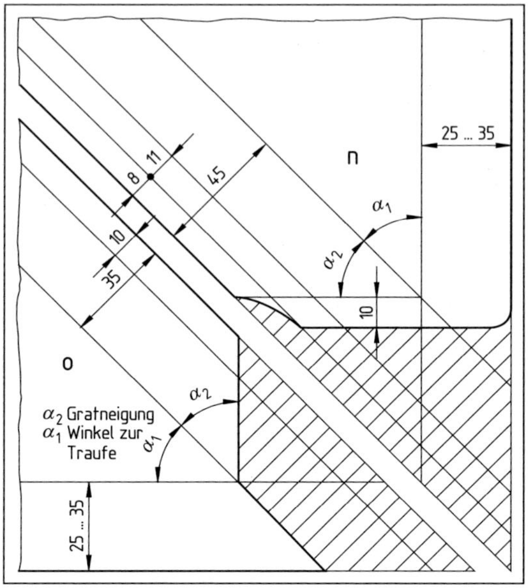

104.2 *Traufecke des rechten Grates: Eckenausschnitte Punkt 6*

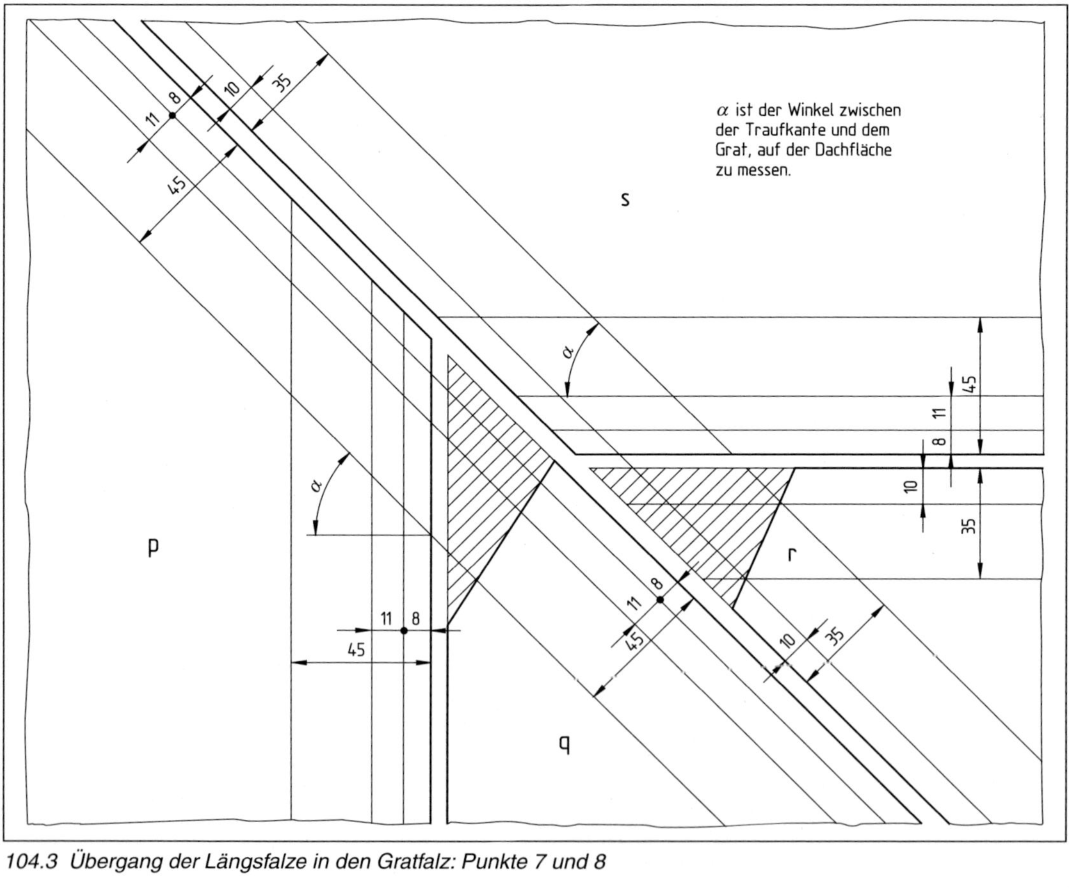

104.3 *Übergang der Längsfalze in den Gratfalz: Punkte 7 und 8*

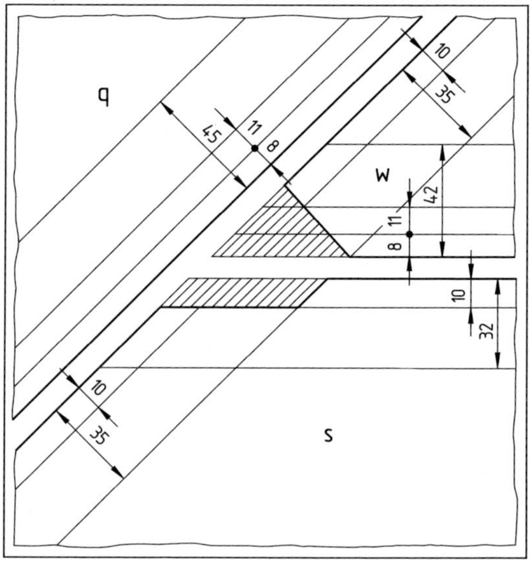

105.1 Übergang des Querfalzes in den Grat: Punkt 9

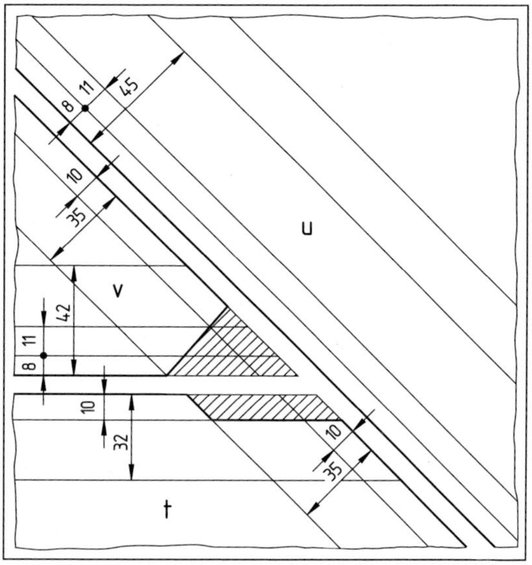

105.2 Übergang des Querfalzes in den Grat: Punkt 10

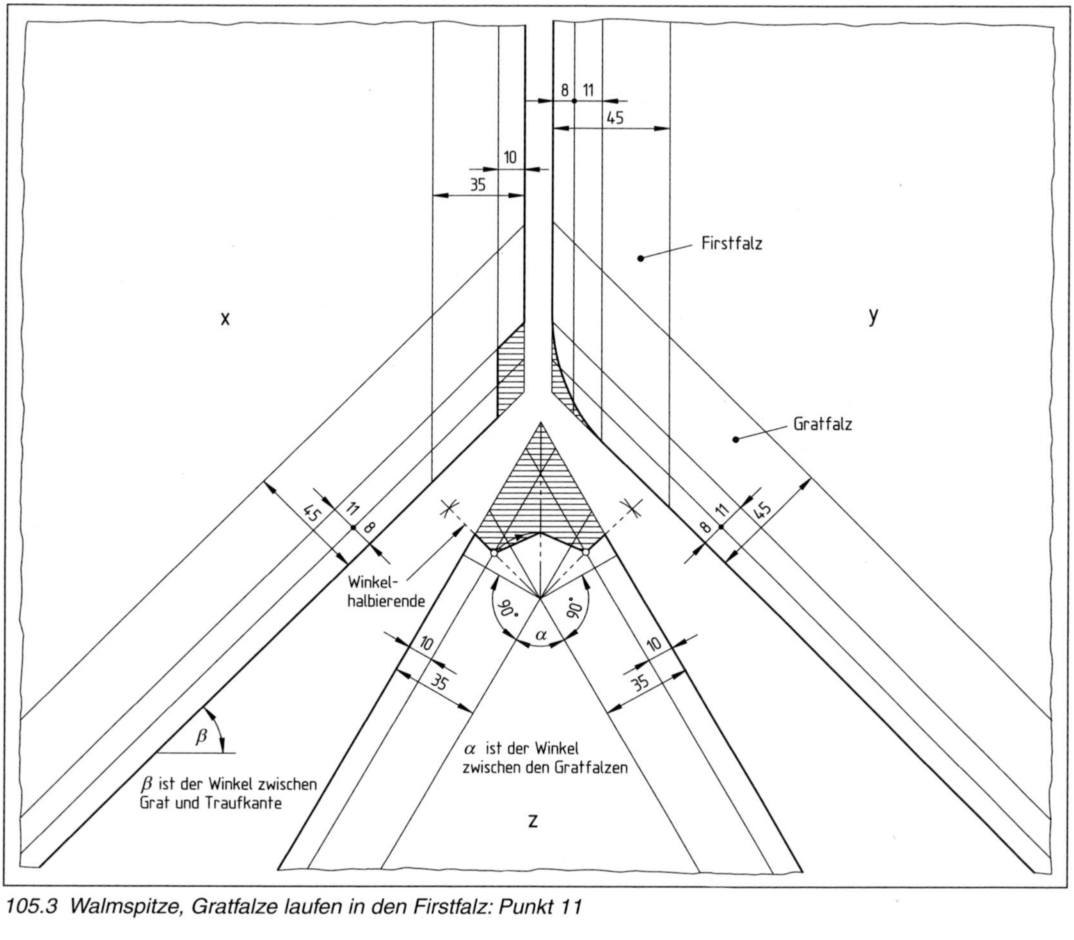

105.3 Walmspitze, Gratfalze laufen in den Firstfalz: Punkt 11

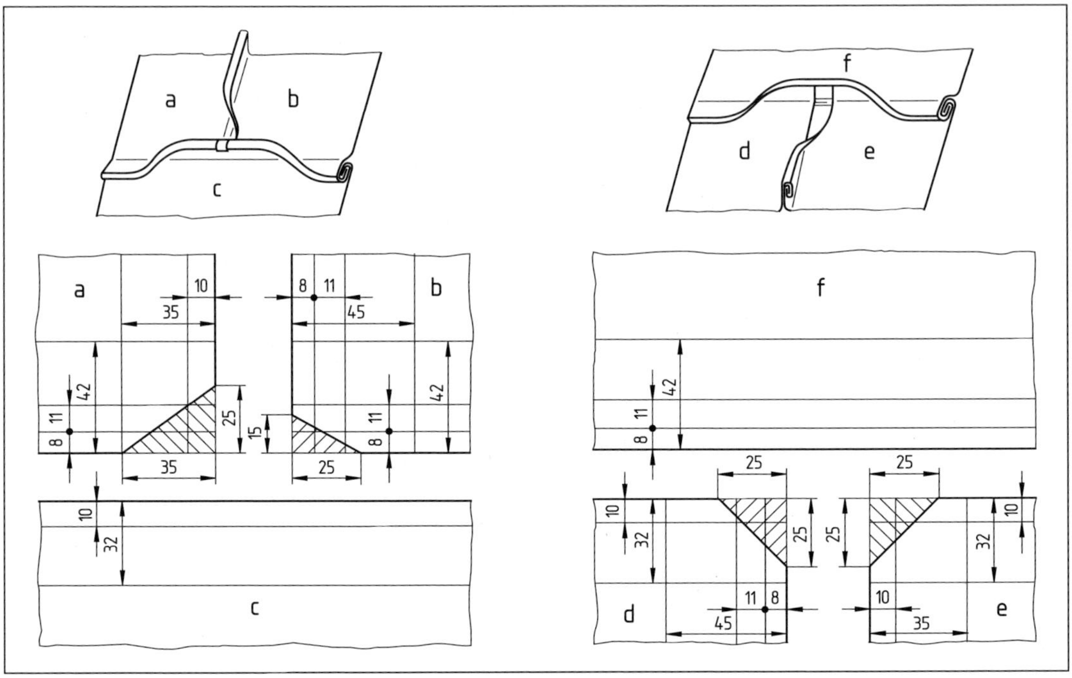

106.1 Stehfalze kreuzen von oben oder unten einen Querfalz

6.4 Quetschfalten

Bei Wandanschlüssen geringer Höhe kann der Stehfalz umgeschlagen und das Deckblech dann für den Wandanschluss aufgekantet werden. Sollen die Stehfalze jedoch an der Wand hochgeführt werden, so versieht man die Falzborde an den Knickpunkten mit **Quetschfalten.** Für den erforderlichen Neigungswinkel (Anschluss-Schmiege) muss die so genannte **Faltlinie** konstruiert werden (Bild 106.2). Es empfiehlt sich wieder die Übung am Papiermodell. Man zeichnet die Aufkantungslinie AB und die seitlichen Falzborde. Der Winkel der **Anschluss-Schmiege** wird auf die Bordlinie CD übertragen. Er ist um 90 Grad größer als die Dachneigung. Seine Winkelhalbierende CE ist die gesuchte Faltlinie der Quetschfalte. Bei Wandanschlüssen mit Keil sind zwei Quetschfalten mit entsprechenden Schmiegenwinkeln zu konstruieren (Bild 107.1). Die Falzarbeit wird erleichtert, wenn die Falzborde nach dem Legen der Quetschfalte gerundet ausgeschnitten werden. Dazu wird der Falzbord zunächst breiter (z. B. 60 mm) angerissen. Erst nach dem Kanten und Falten zeichnet man die **Ausrundung** mit ausreichendem Radius an und schneidet den Falzbord auf seine reguläre Höhe zurück (Bild 107.2).

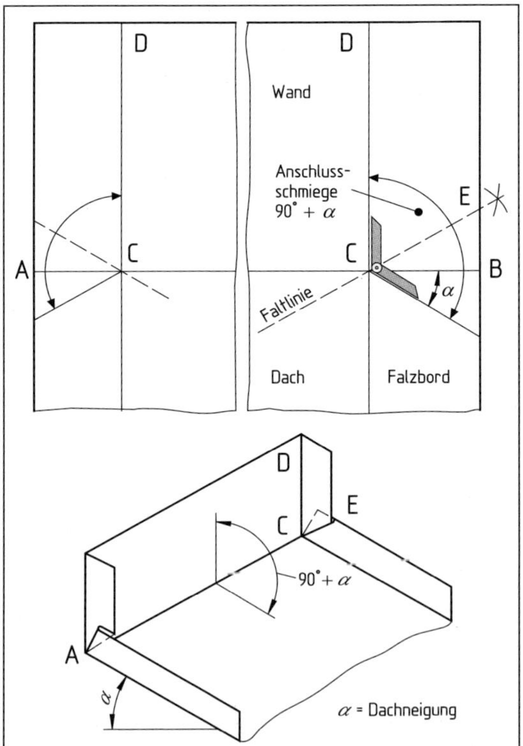

106.2 Konstruktion der Quetschfalte

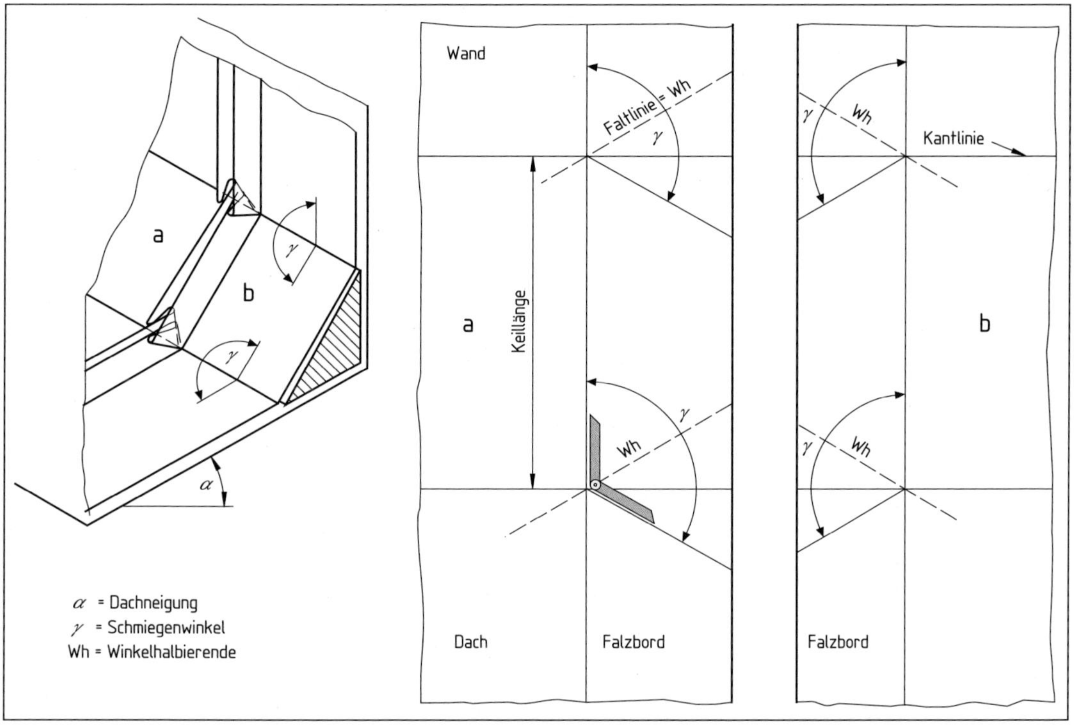

107.1 *Wandanschluss mit Keil und zwei Quetschfalten*

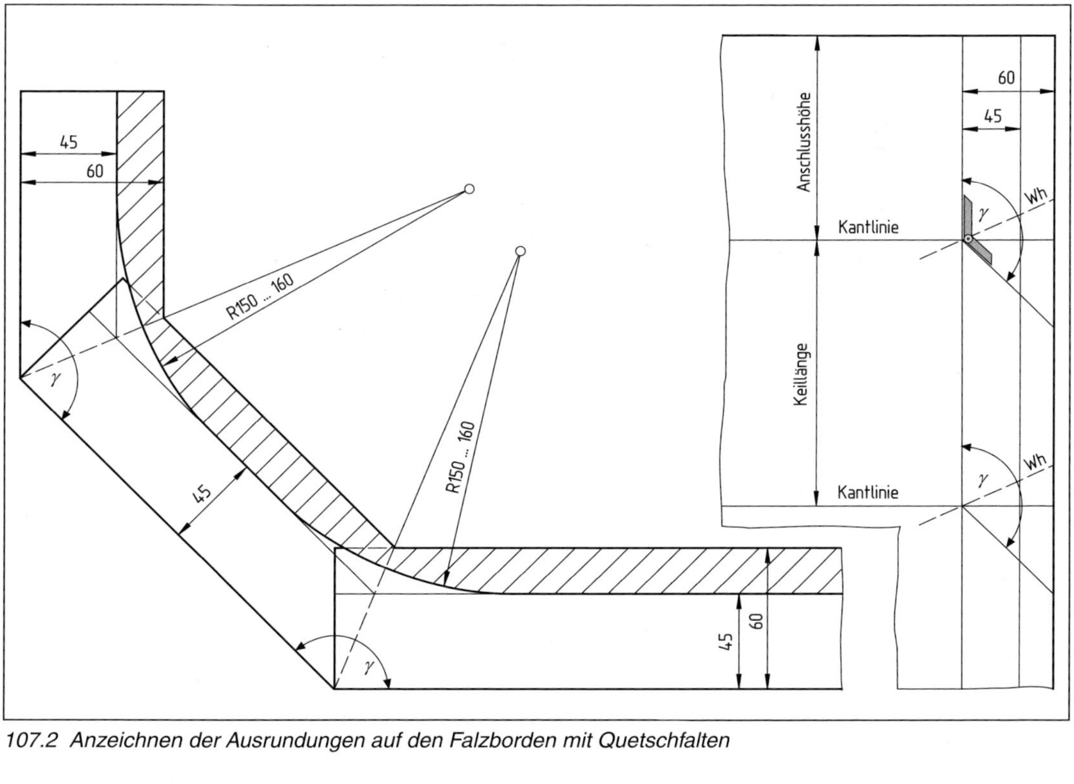

107.2 *Anzeichnen der Ausrundungen auf den Falzborden mit Quetschfalten*

7 Projektionszeichnen für Dachdecker

Außer den allgemeinen Kenntnissen vom technischen Zeichnen und der Fähigkeit, nach Bauzeichnungen arbeiten zu können, ist es für den Dachdecker wichtig, Dächer so darstellen zu können, dass er mit zeichnerischen Mitteln die wahren Größen der Dachflächen und die wahren Längen der Dachlinien bestimmen kann. Hierzu kann er die **Parallelprojektion** des Daches in drei Ansichten benutzen, oder er wendet das Verfahren der **Dachausmittlung** an, das allein vom Dachgrundriss ausgeht. Im Rahmen dieses Buches sollen nicht alle Dachformen behandelt werden, sondern nur solche, die sich aus der Grundform des Satteldaches ableiten lassen. Hinzu kommen ihre Dachaufbauten.

7.1 Benennung der Dachteile

Im Bild 108.1 ist am Beispiel eines zusammengesetzten Daches zu sehen, welche Bezeichnungen für die verschiedenen Kanten, Linien, Punkte und Flächen eines Daches gebräuchlich sind. Sie werden im Folgenden erläutert.
Der **First,** auch Firstlinie genannt, ist die oberste, meistens waagerechte Begrenzung der Dachfläche.

Die **Traufe** ist die unterste waagerechte Kante einer Dachfläche.

Der **Ort** (Ortgang, Giebelkante) bildet die seitliche Begrenzung der Dachfläche. Man nennt ihn rechter Ort, wenn er in Blickrichtung zum Dach auf der rechten Seite liegt, linker Ort, wenn er an der linken Dachkante liegt.

Der **Grat** verläuft schräg vom First zur Traufe einer ausspringenden Gebäudeecke.

Die **Kehle** verläuft schräg vom First zur Traufe einer einspringenden Gebäudeecke.

Der **Anfallspunkt** ist ein Punkt der Firstlinie und entsteht beim Zusammentreffen von drei oder mehr Dachflächen.

Die **Verfallung** ist eine Gratlinie, welche die Anfallspunkte von zwei verschieden hoch liegenden Firsten verbindet.

Die **Mansardlinie** (Dachbruch, Dachknick) ist eine waagerecht und parallel zur Traufe verlaufende Trennungslinie zwischen zwei verschieden geneigten Dachflächen.

Der **Walm** ist eine dreieckige Dachfläche zwischen zwei Graten und der Traufe.

Der **Krüppelwalm** ist ein kleiner Walm, dessen Traufe höher liegt als die Haupttraufe.

Der Giebel ist eine senkrechte Gebäudewand und zählt nicht zum Dach.

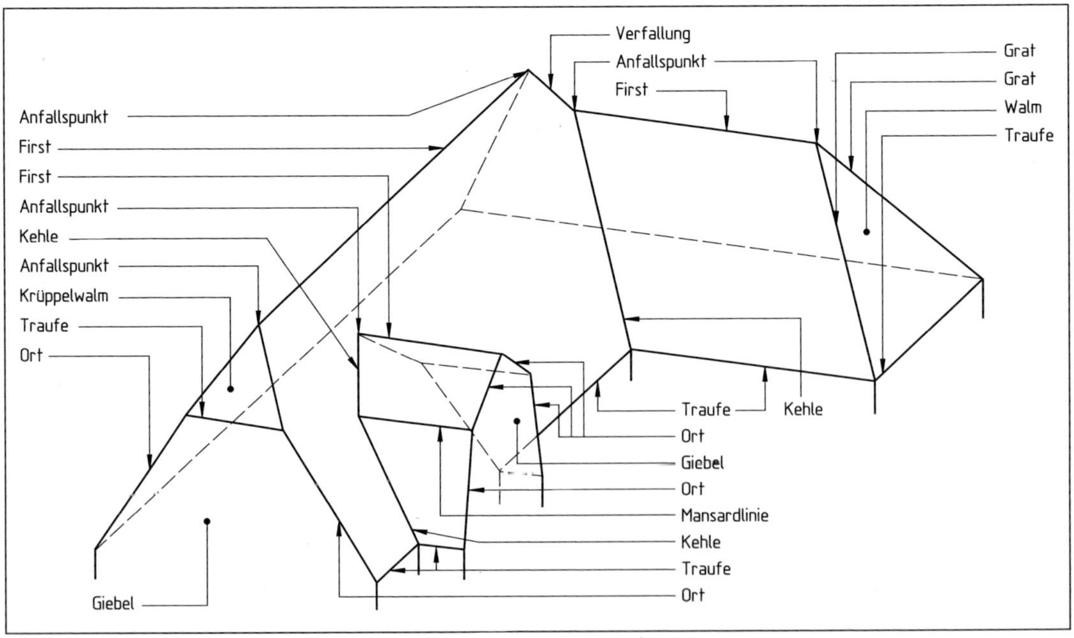

108.1 Bezeichnung der Dachteile

7.2 Dachneigung

Dachneigung nennt man die Neigung einer Dachfläche gegen die Waagerechte. Sie wird bestimmt durch das Verhältnis der senkrechten Dachhöhe *h* zur Gebäudetiefe *l*, bezogen auf ein **Pultdach** (Bild 109.1). Bei Satteldächern rechnet die Gebäudetiefe nur bis zur vom First gefällten Lotlinie (Bild 109.2). Die so genannte **Dachdeckerhöhe** hat damit nichts zu tun. Sie ist auf der Dachfläche die Entfernung zwischen Traufe und First.

Angegeben wird die Dachneigung entweder als Prozentausdruck (%) – das entspricht der Höhendifferenz in cm pro 1 m der Gebäudetiefe – oder in Winkelgraden. Will man den **Dachneigungswinkel** α ermitteln, so benötigt man entweder eine Neigungswasserwaage mit Winkelgrad-Skala, oder man legt einen verstellbaren **Schmiegenwinkel** an, dessen Winkelöffnung anschließend an einem Winkelmesser abgelesen wird. Man kann die Dachneigung *I* (Inklination) aber auch in Prozent oder Winkelgrad berechnen, indem man in einem beliebigen „Neigungsdreieck" (Bild 109.3) die Neigungshöhe und Neigungstiefe misst und mit folgender Formel im Prozentausdruck berechnet:

$$I_{\%} = \frac{h}{l} \cdot 100\,\%$$

Zur Berechnung des Winkels α benötigt man einen Taschenrechner mit Winkelfunktionen. Es gilt die Formel:

$$\tan \alpha = \frac{h}{l}$$

Für das Beispiel im Bild 109.3 ergeben sich folgende Rechnungen:

$$I_{\%} = \frac{60\text{ cm}}{71\text{ cm}} \cdot 100\,\% \qquad \tan \alpha = \frac{60\text{ cm}}{71\text{ cm}}$$

$$\underline{\underline{I_{\%} = 84{,}5\,\%}} \qquad \tan \alpha = 0{,}845$$

$$\underline{\underline{\alpha = 40{,}2°}}$$

Abhängig von der Neigung unterscheidet man Flachdächer (bis 5°), flach geneigte Dächer (5° bis 20°) und Steildächer (über 20°). Für die verschiedenen Deckstoffe nennen die Fachregeln des Deutschen Dachdeckerhandwerks so genannte **Regeldachneigungen** als **Mindestdachneigungen.**

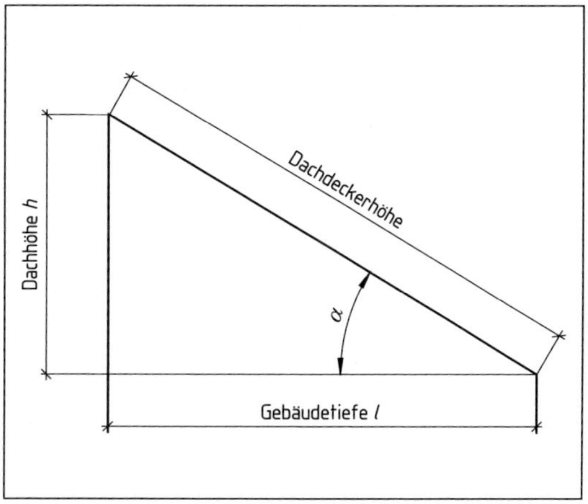

109.1 Dachneigung am Pultdach

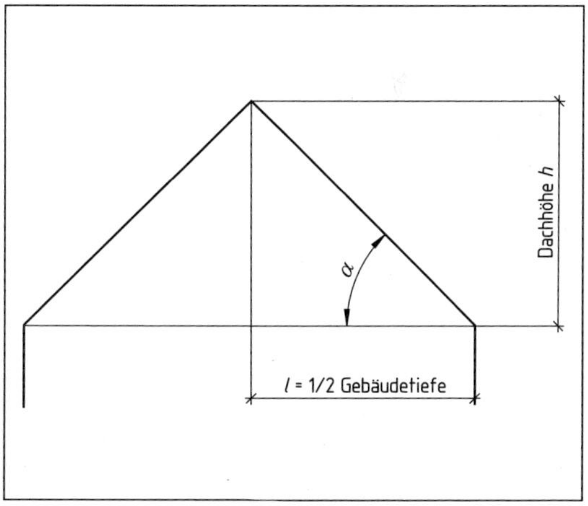

109.2 Dachneigung am Satteldach

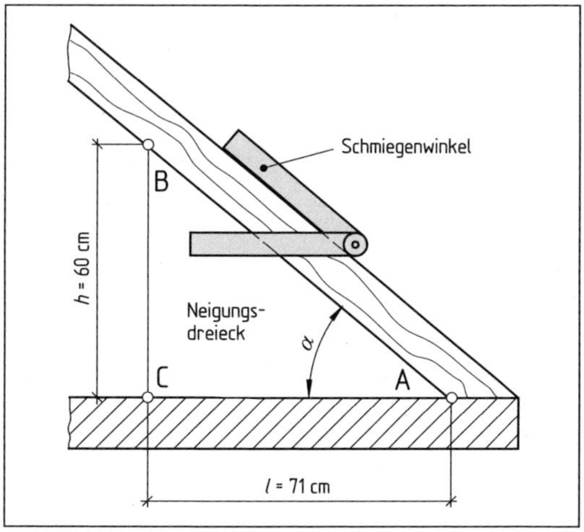

109.3 Neigungsbestimmung in einem beliebigen Neigungsdreieck

7.3 Dächer mit der Grundform Satteldach und Dachaufbauten

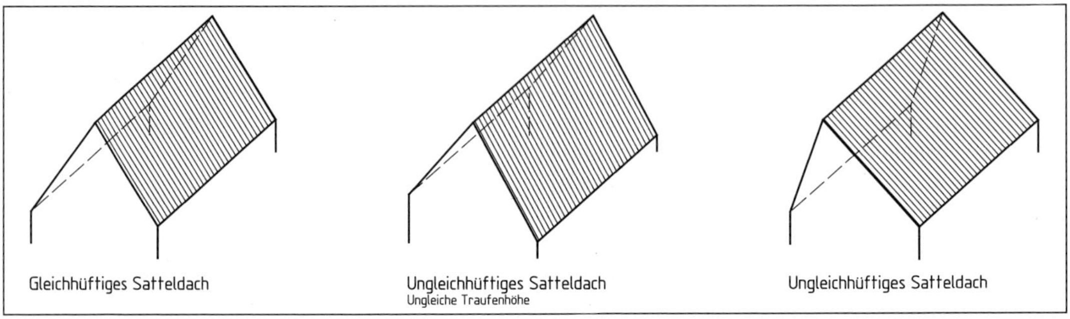

110.1 Satteldächer

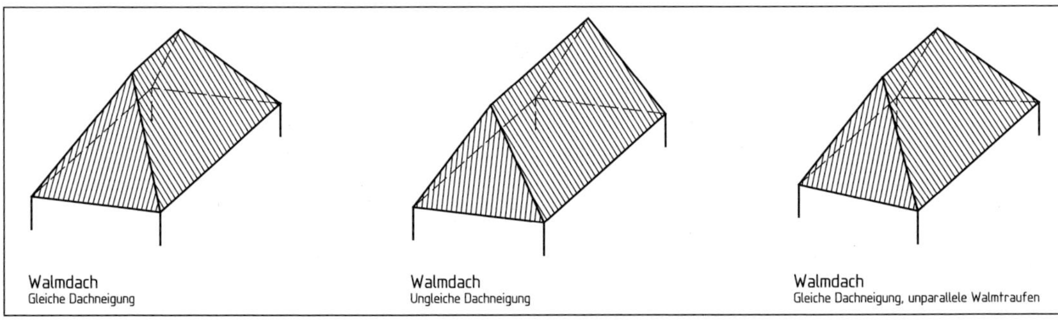

110.2 Walmdächer

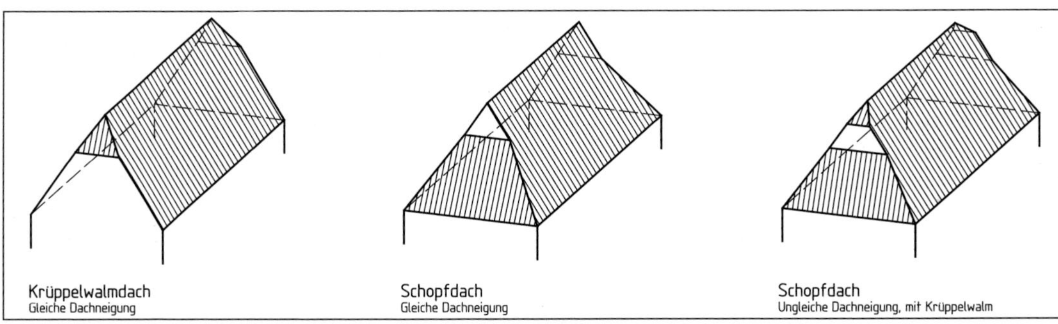

110.3 Krüppelwalm- und Schopfdächer

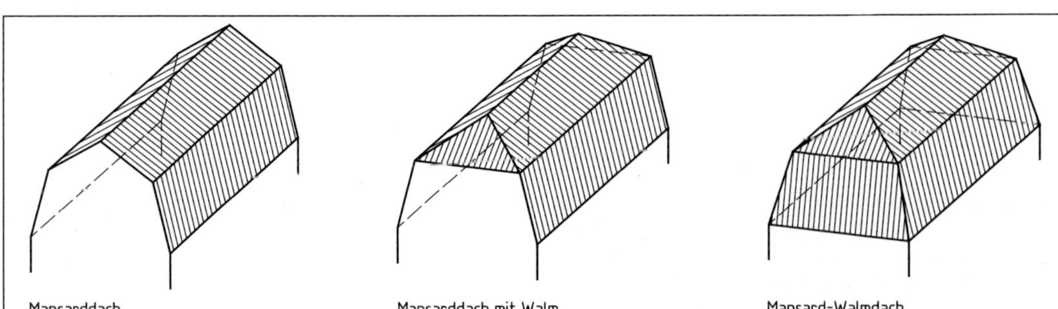

110.4 Mansarddächer

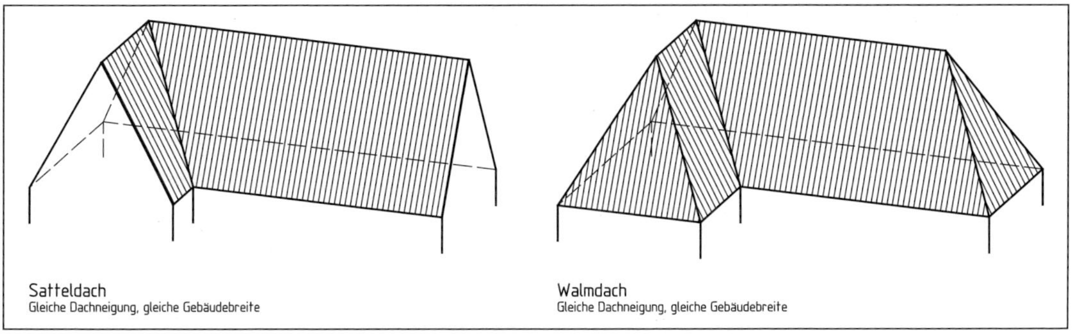

111.1 Dächer mit rechtwinkliger Wiederkehr

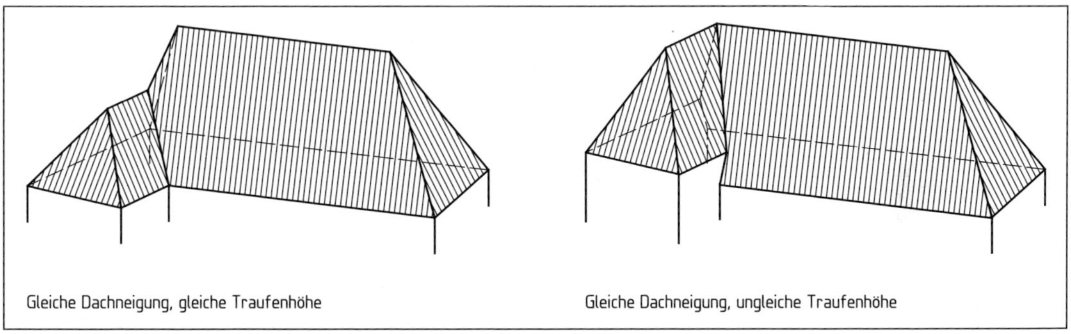

111.2 Walmdächer mit schräger Wiederkehr

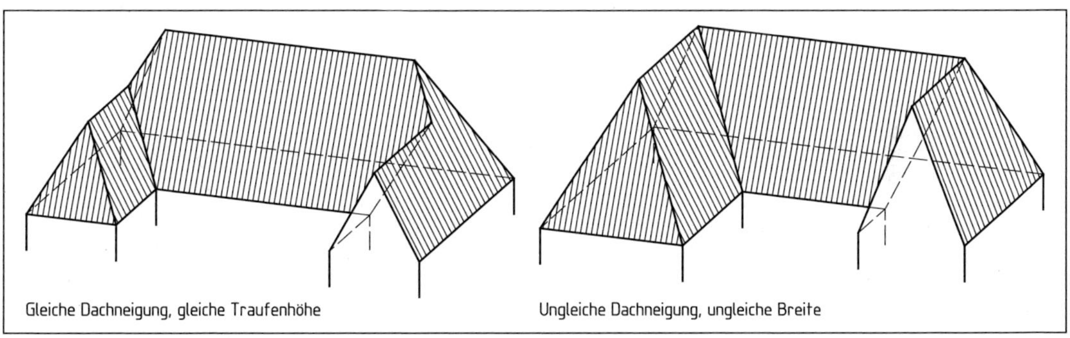

111.3 Dächer mit doppelter rechtwinkliger Wiederkehr

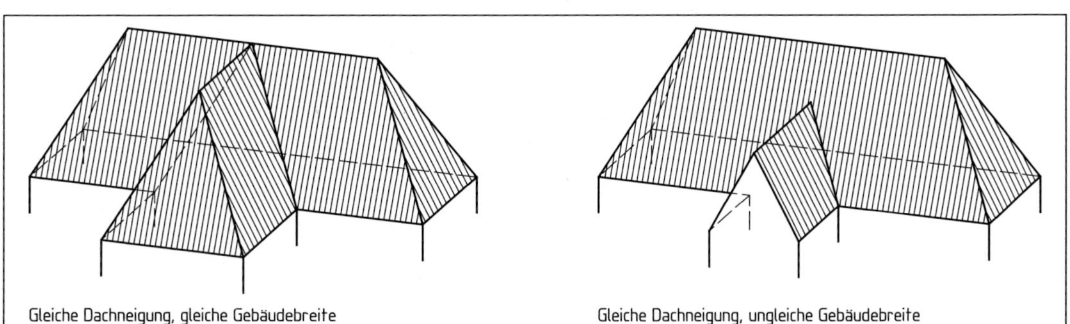

111.4 Walmdächer mit rechtwinkligen Frontanbauten

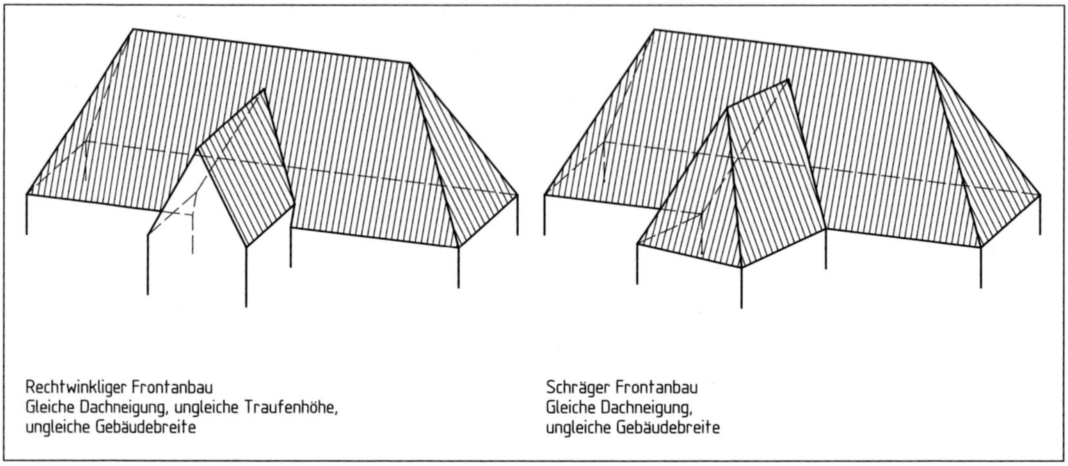

112.1 Walmdächer mit Frontanbau

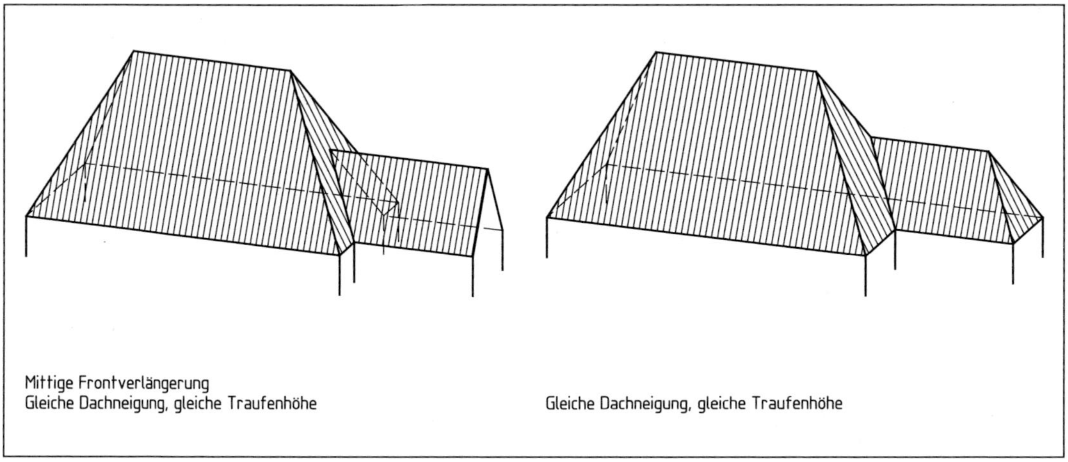

112.2 Walmdächer mit Anbau in Frontverlängerung

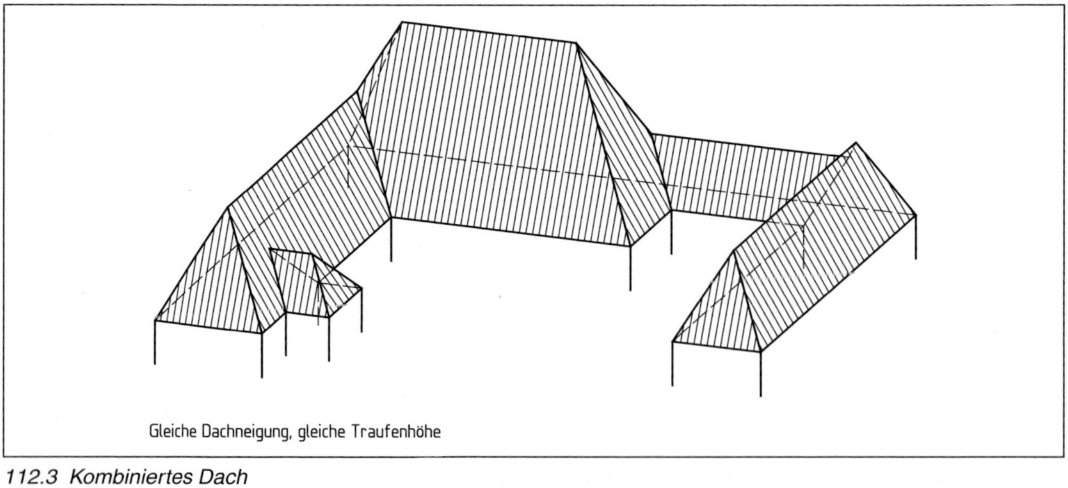

112.3 Kombiniertes Dach

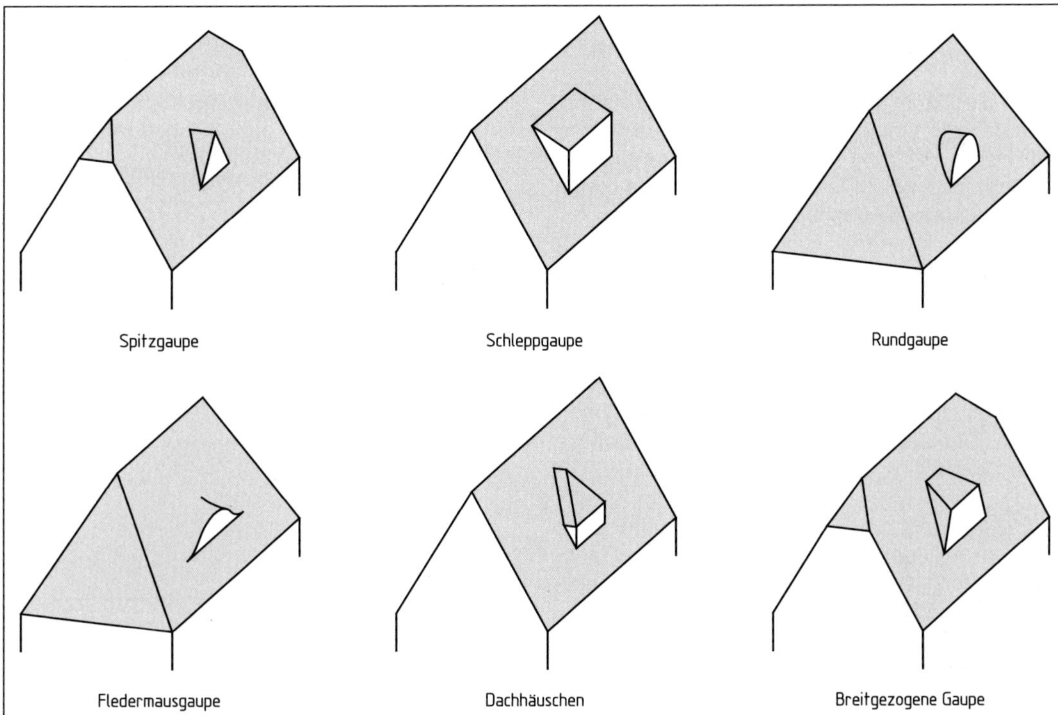

113.1 Dachaufbauten

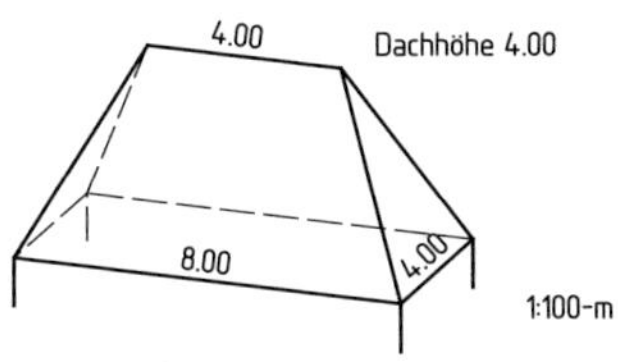

Walmdach mit gleicher Dachneigung

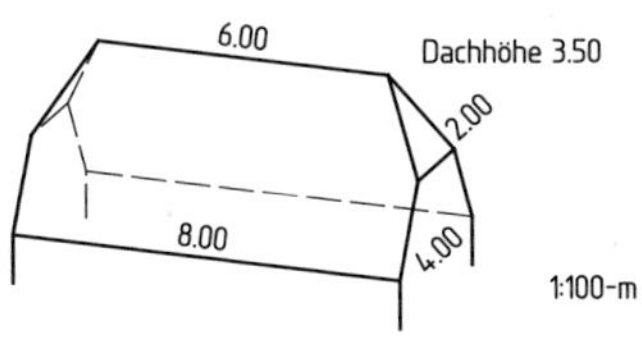

Krüppelwalmdach mit gleicher Dachneigung

Zeichnen Sie auf ein A4-Blatt (Querformat) im Maßstab 1:100 die dimetrisch dargestellten Dächer in isometrischer Projektion.

113.2 Walmdach und Krüppelwalmdach, Aufgaben

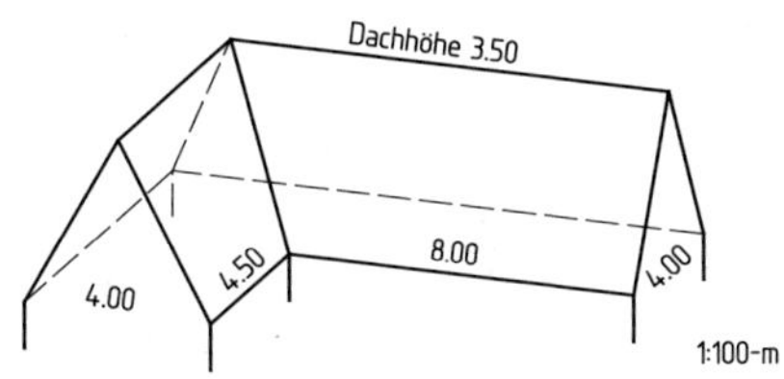

Satteldach mit rechtwinkliger Wiederkehr sowie gleicher Dachneigung und gleicher Gebäudebreite

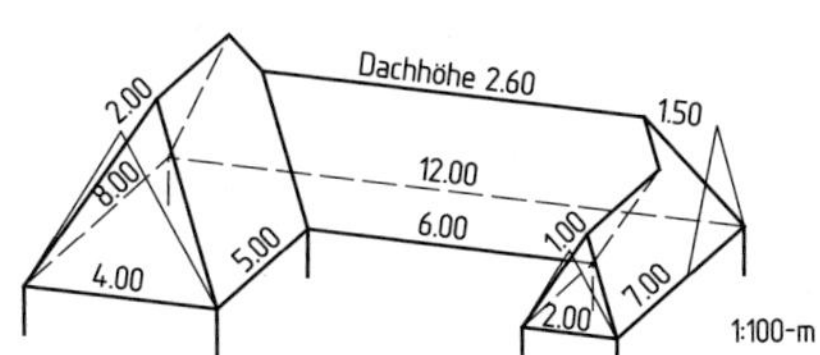

Walmdach mit doppelter rechtwinkliger Wiederkehr sowie gleicher Dachneigung (60°) und ungleicher Gebäudebreite. Die Dachhöhen der Wiederkehren betragen 3,46 und 1,73 m.

Zeichnen Sie auf ein A4-Blatt (Querformat) im Maßstab 1:100 die dimetrisch dargestellten Dächer in isometrischer Projektion.

113.3 Dächer mit Wiederkehr, Aufgaben

7.4 Konstruktion der Dachdraufsicht von Dächern gleicher Neigung

Wenn die Dachflächen gleiche Neigung haben, verlaufen die Linien der Grate, Kehlen und Verfallungen in Richtung der Winkelhalbierenden der Traufeckenwinkel. In ihren Schnittpunkten liegen die Anfallspunkte des Firstes (Bild 114.1). Auf diese Weise können alle Walm- und Hauptdachflächen in der Draufsicht konstruiert werden, ohne dass eine zweite Ansicht des Daches erforderlich ist.
Benötigt wird für die Zeichnung lediglich der Grundriss des Daches in seiner geometrischen Form mit den Längen der Traufen und Dachkanten. Die Dachhöhe ist nicht sichtbar und für diese Darstellung ohne Bedeutung.

Bild 114.2 zeigt am Beispiel eines Walmdaches mit rechtwinkliger Wiederkehr bei gleicher Dachneigung, First- und Traufhöhe, in welchen Arbeitsschritten die Draufsicht-Konstruktion erfolgt. Man halbiert zunächst die Winkel der Traufecken und markiert mit den Schnittpunkten ihrer Winkelhalbierenden die Anfallspunkte. Danach verbindet man die Anfallspunkte und erhält so die Firstlinie.

Zum Schluss werden alle Dachlinien nachgezogen und die Hilfslinien entfernt.

Nach diesem Muster sind die folgenden Zeichnungen 115.1 bis 115.3 konstruiert und die Aufgaben 116.1 bis 116.4 zu lösen.

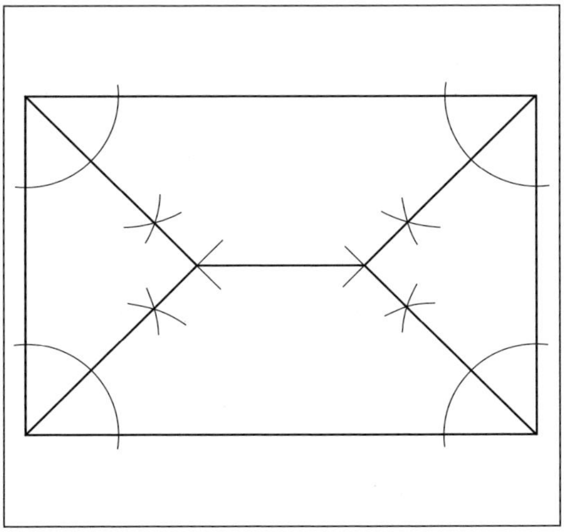

114.1 Draufsicht eines Walmdaches mit gleicher Dachneigung

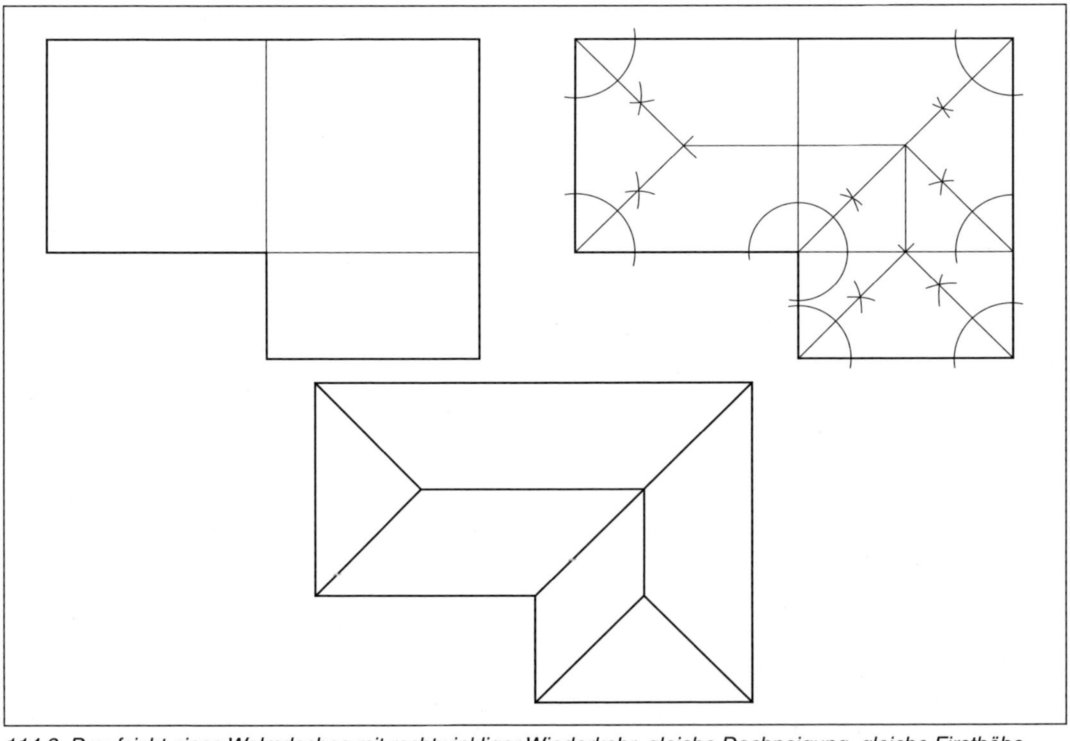

114.2 Draufsicht eines Walmdaches mit rechtwinkliger Wiederkehr, gleiche Dachneigung, gleiche Firsthöhe

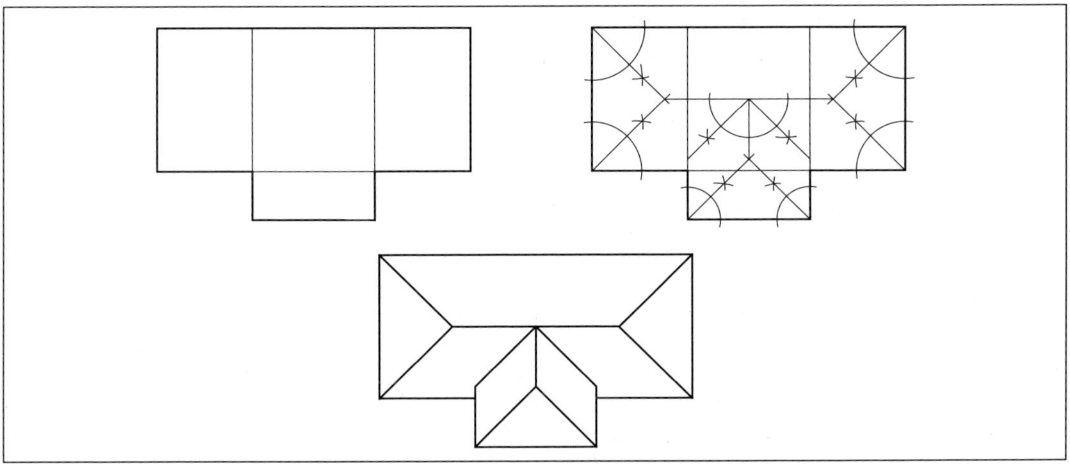

115.1 Walmdach mit rechtwinkligem Frontanbau sowie gleicher Dachneigung und Firsthöhe

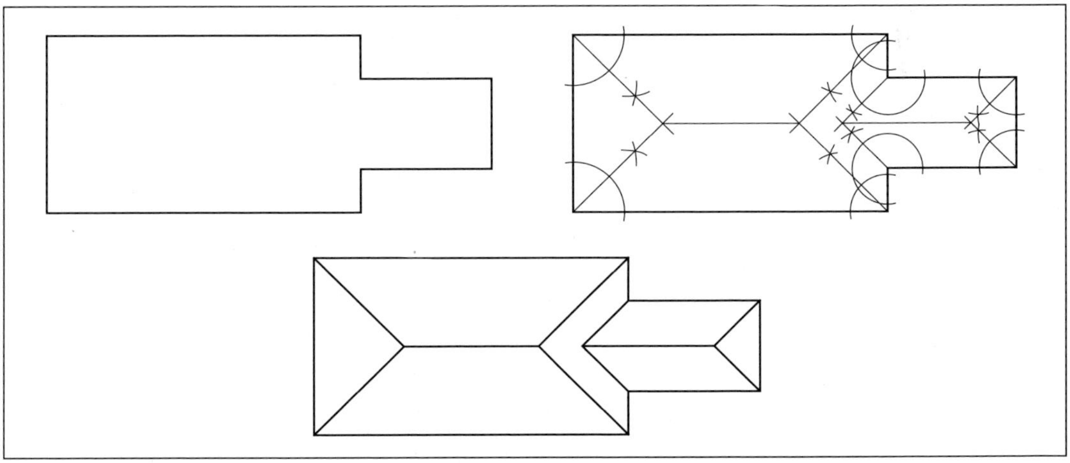

115.2 Walmdach mit Anbau in Frontverlängerung mit gleicher Dachneigung und Traufhöhe

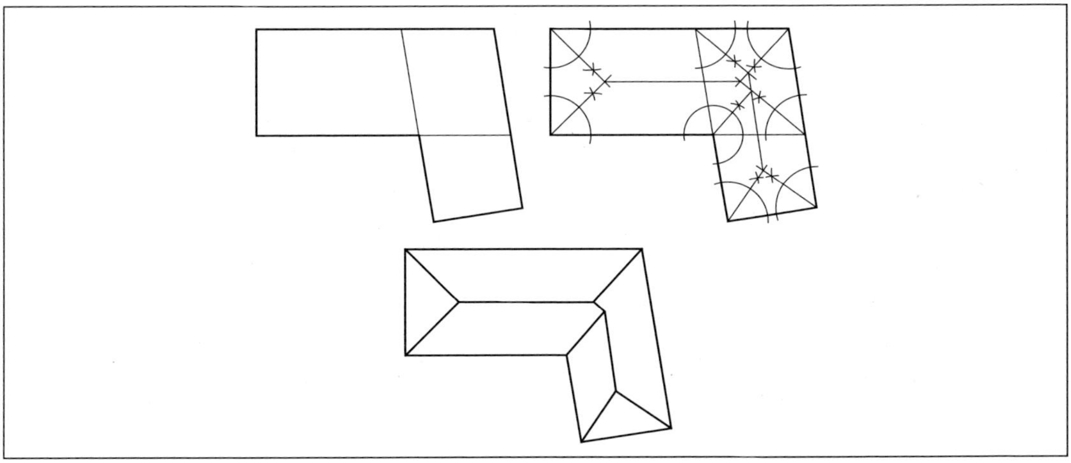

115.3 Walmdach mit schräger Wiederkehr sowie gleicher Dachneigung und Traufhöhe

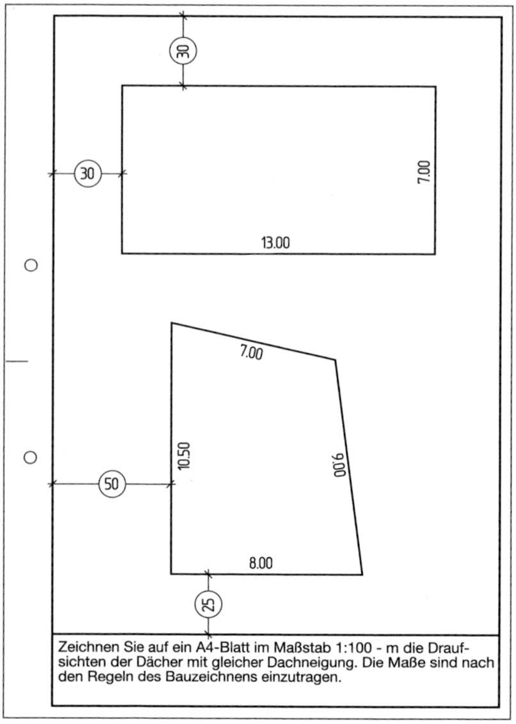

116.1 Walmdächer mit gleicher Dachneigung

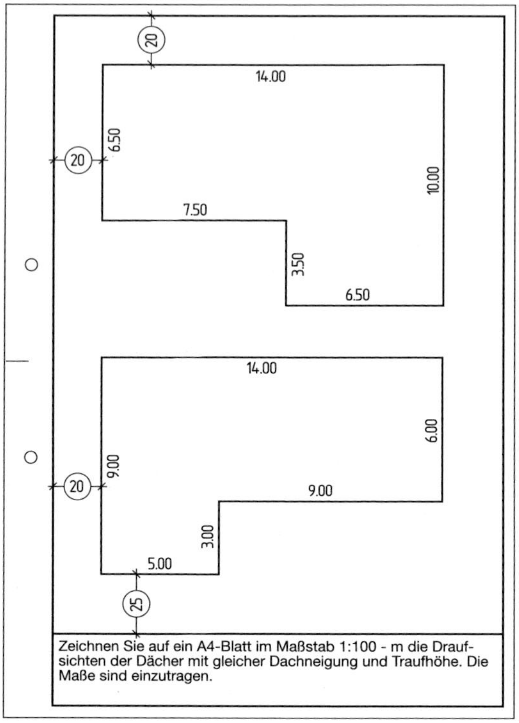

116.2 Walmdächer mit rechtwinkliger Wiederkehr

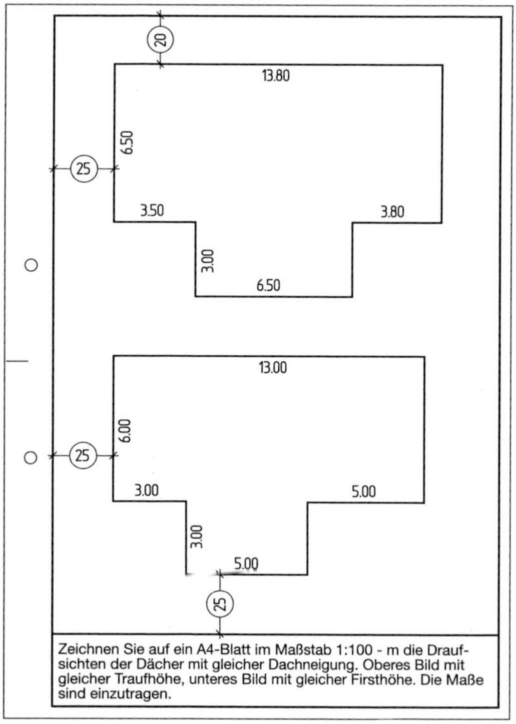

116.3 Walmdächer mit Frontanbau

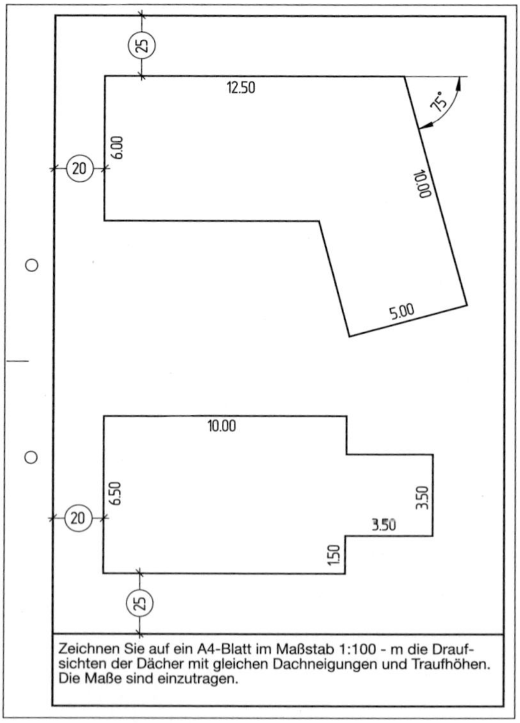

116.4 Walmdächer, schräge Wiederkehr bzw. Anbau

7.5 Rechtwinklige Parallelprojektion von Dächern der Grundform Satteldach und deren Dachaufbauten

Die Darstellung als Raumbild vermittelt zwar einen anschaulichen Gesamteindruck vom Dach, ist aber für die Bestimmung der wahren Längen aller Dachlinien nicht ausreichend. Selbst in einer genau gezeichneten Draufsicht erscheinen die Linien von Ortgängen, Graten, Kehlen und Verfallungen nur verkürzt und nicht in wahrer Länge. Auch wenn die Dachflächen unterschiedliche Neigung besitzen, müssen zwei oder drei Ansichten in rechtwinkliger Parallelprojektion gezeichnet werden. Grate, Kehlen und Verfallungen, die immer noch schräg zur Projektionsebene verlaufen, können dann in wahrer Länge konstruiert werden. Von den zwei möglichen Verfahren zur Ermittlung der wahren Länge wurde das erste schon im Kapitel 3.5 auf Seite 55 dargestellt. Dabei wird die zu bestimmende Kante so weit gedreht, bis sie zu einer Projektionsebene parallel verläuft. Der zeichnerische Weg ist aus Bild 117.1 zu ersehen. Sofern in den folgenden Aufgaben auf den Seiten 118 bis 137 wahre Längen zu ermitteln sind, wird dieses Verfahren angewandt.

Das zweite Verfahren ist die **Klappmethode,** die später im Kapitel 7.6 bei der Dachausmittlung benutzt und ausführlich beschrieben wird. Zeichnerisch geht sie vom Dachgrundriss aus.
Hinweis: In allen folgenden Zeichnungen ist die Bemaßung nach den Regeln für das Bauzeichnen ausgeführt und die Maßlinienbegrenzung als Schrägstrich gezeichnet. Damit die Zeichnungen auf dem Format A4 oder A3 Platz finden, werden die Objekte im Maßstab 1:100 oder auch 1:200 verkleinert abgebildet. Für Unterrichtszeichnungen ist ein Schriftfeld von 30 mm x 185 mm ausgespart worden. Es kann nach eigenem Ermessen gestaltet werden. In diesem Buch bietet es Raum für die Aufgabenstellung. Die eingekreisten Bemaßungen sind Abstandsmaße in mm für die Platzierung und werden nicht mitgezeichnet.

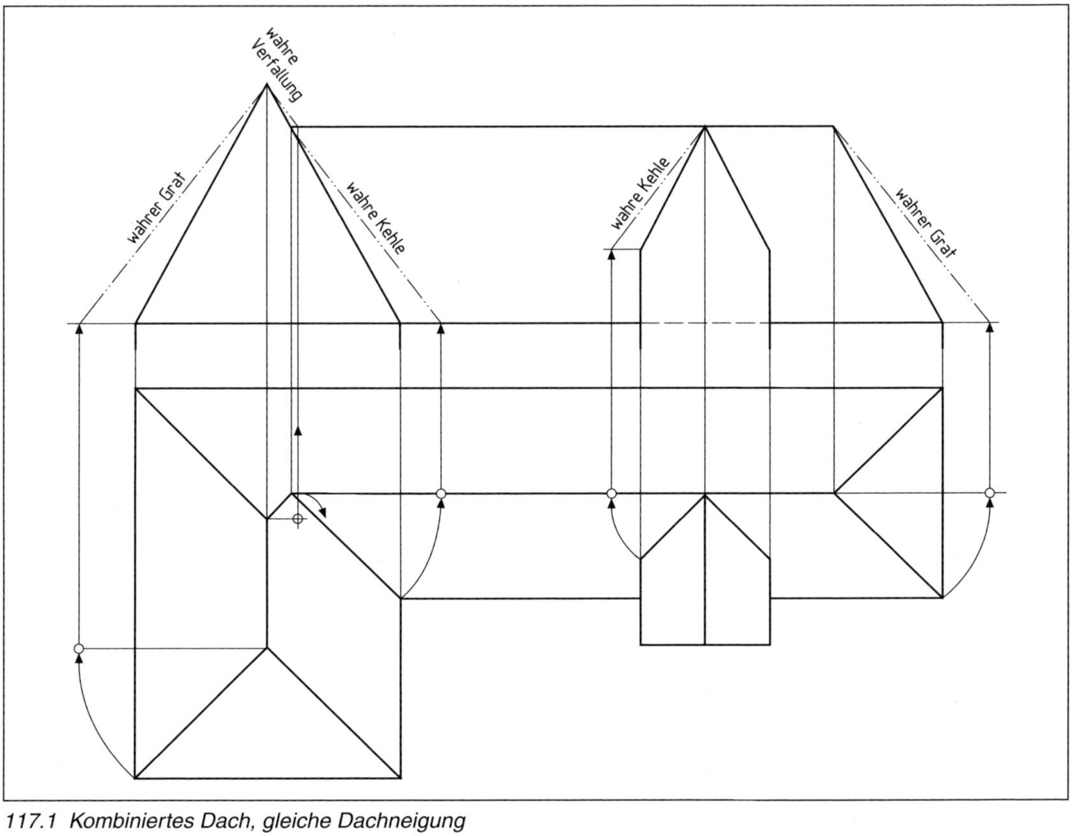

117.1 Kombiniertes Dach, gleiche Dachneigung

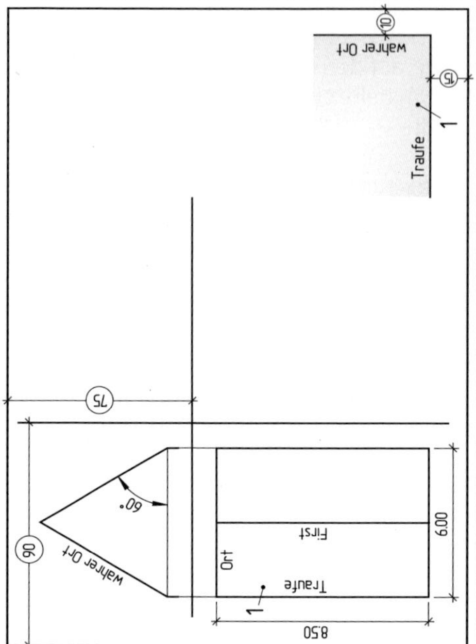

Zeichnen Sie auf ein A4-Blatt (Querformat) im Maßstab 1:100- m die drei Ansichten mit Maßeintragung und die Abwicklung der Dachfläche 1. Projektionsachsenabstand 10 mm.

118.1 *Satteldach, gleichhüftig*

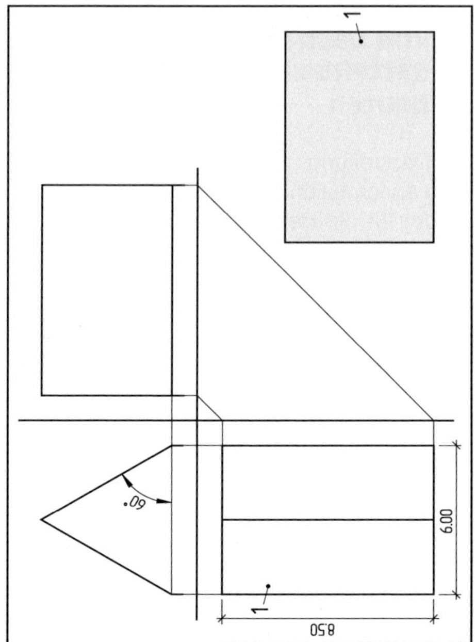

Kl.	Satteldach, gleichhüftig	Dat.
M. 1:100 - m		Name
Bl.		gepr.

118.2 *Lösung zu 118.1*

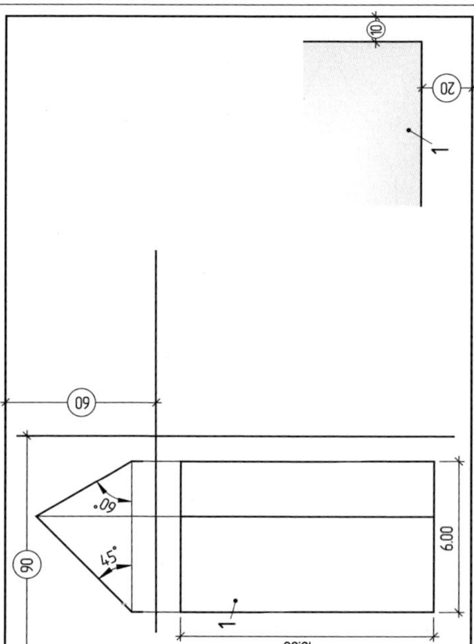

Zeichnen Sie auf ein A4-Blatt (Querformat) im Maßstab 1:100- m die drei Ansichten mit Maßeintragung und die Abwicklung der Dachfläche 1. Projektionsachsenabstand 10 mm.

118.3 *Satteldach, ungleichhüftig*

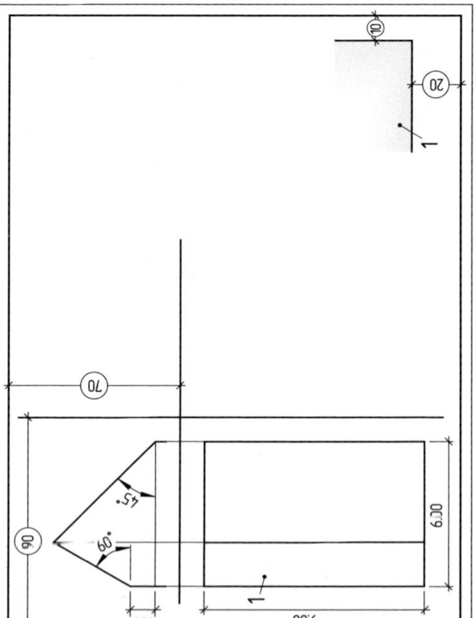

Zeichnen Sie auf ein A4-Blatt (Querformat) im Maßstab 1:100- m die drei Ansichten mit Maßeintragung und die Abwicklung der Dachfläche 1. Projektionsachsenabstand 10 mm.

118.4 *Satteldach, ungleichhüftig, ungleiche Traufenhöhe*

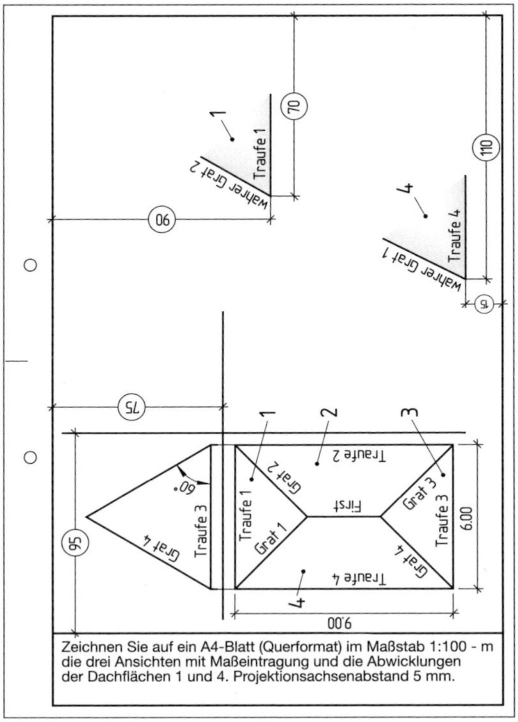

119.1 Walmdach, gleiche Neigung

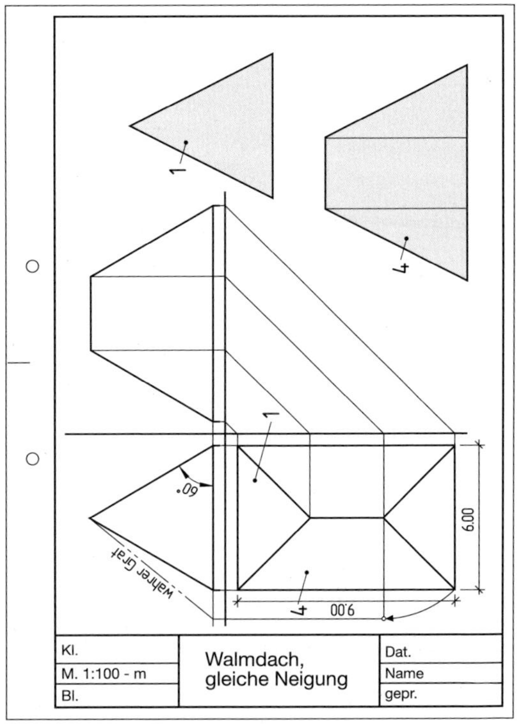

119.2 Lösung zu 119.1

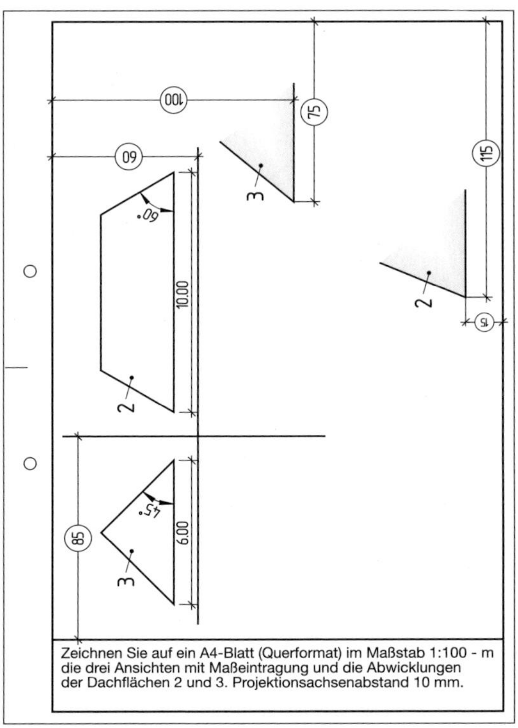

119.3 Walmdach, ungleiche Neigung

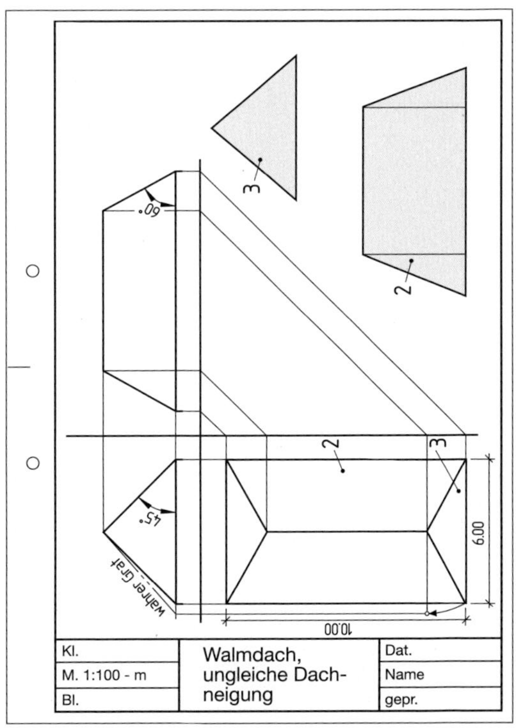

119.4 Lösung zu 119.3

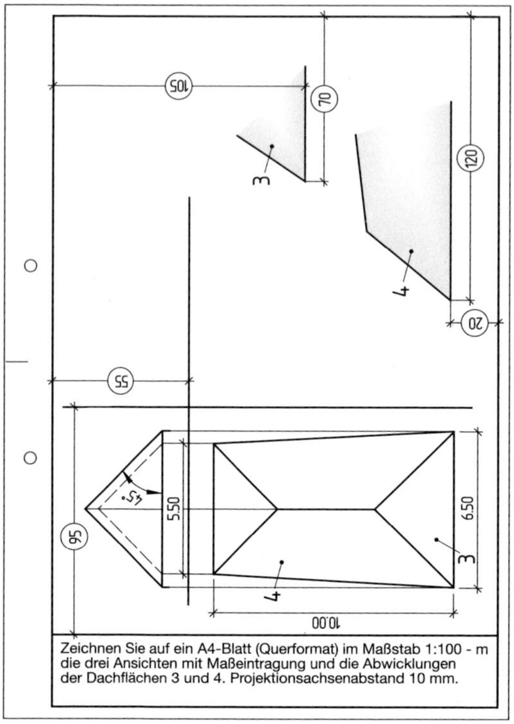

120.1 Walmdach, gleiche Neigung, steigender First

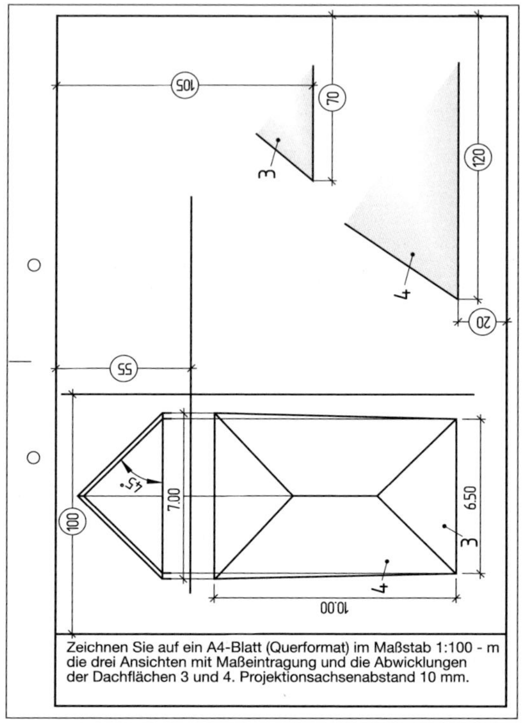

120.2 Walmdach, gleiche Neigung, steigender First

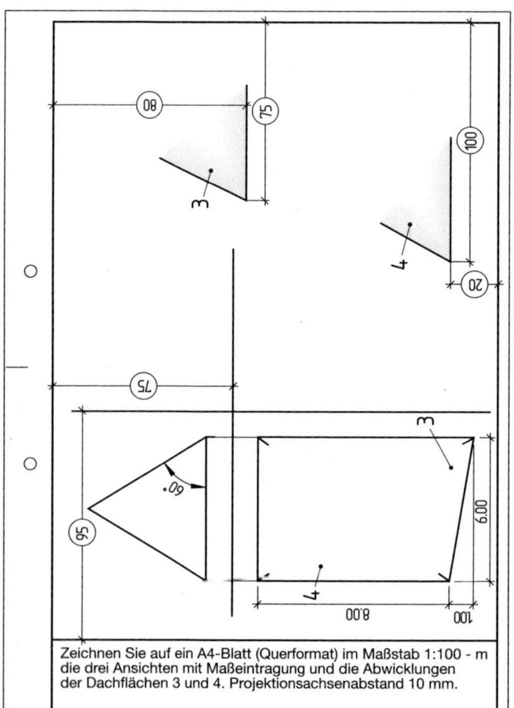

120.3 Walmdach, gleiche Neigung

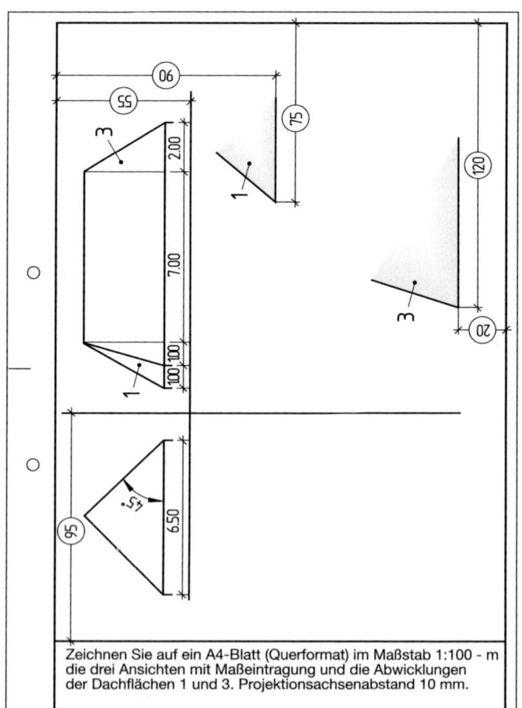

120.4 Walmdach, ungleiche Neigung

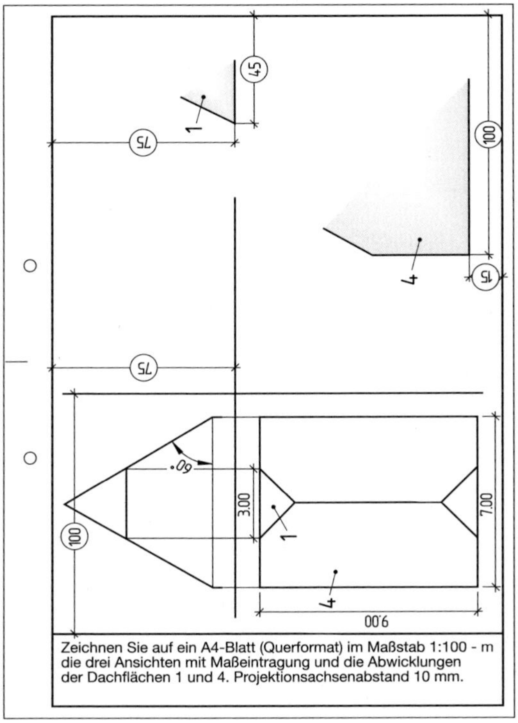

121.1 Krüppelwalmdach, gleiche Neigung

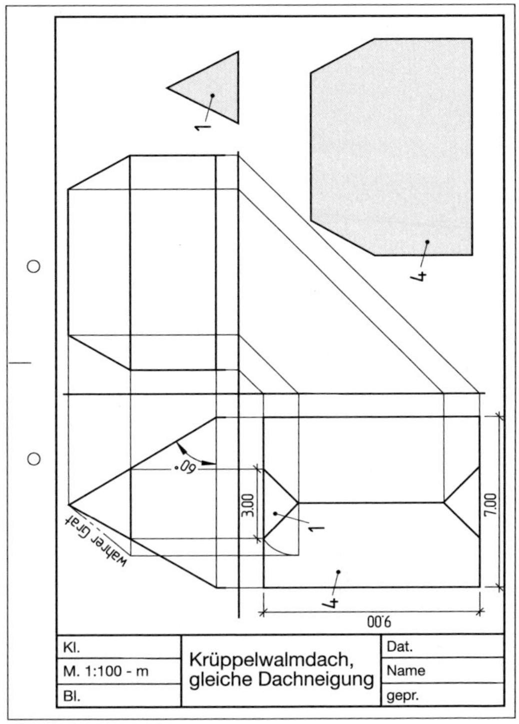

121.2 Lösung zu 121.1

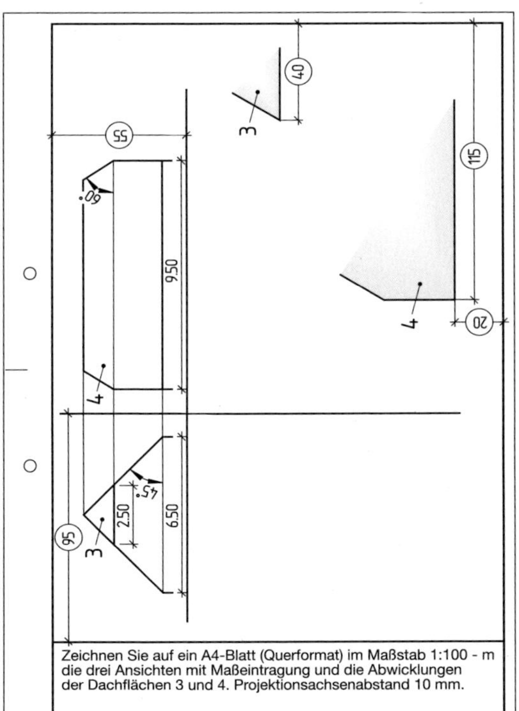

121.3 Krüppelwalmdach, ungleiche Neigung

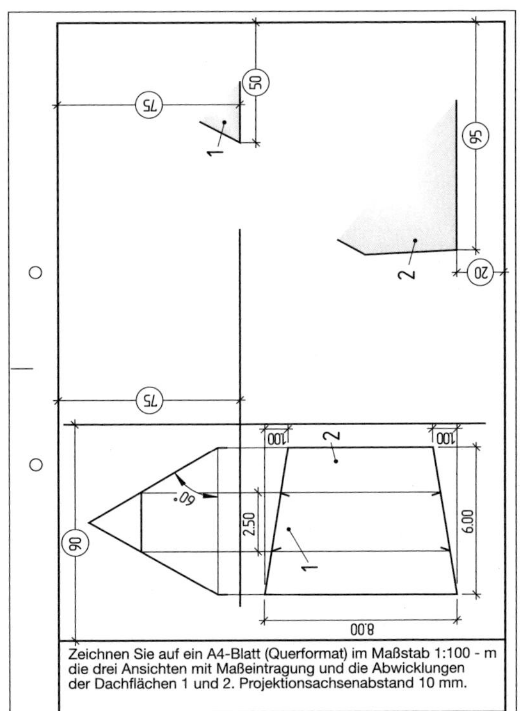

121.4 Krüppelwalmdach, gleiche Neigung

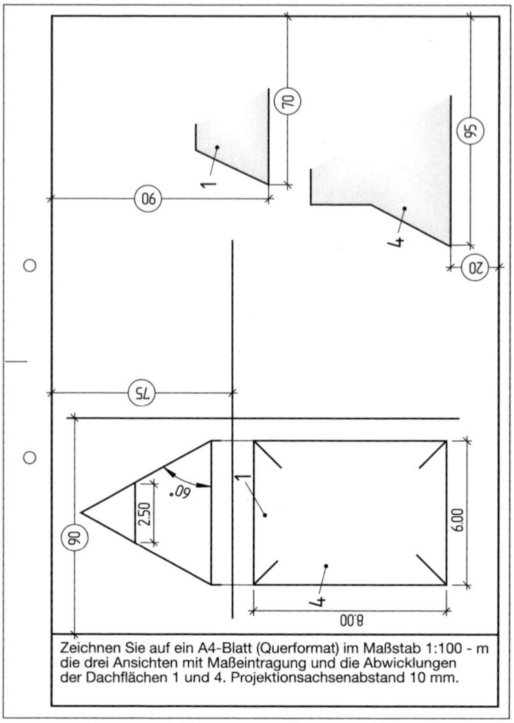

122.1 *Schopfdach, gleiche Dachneigung*

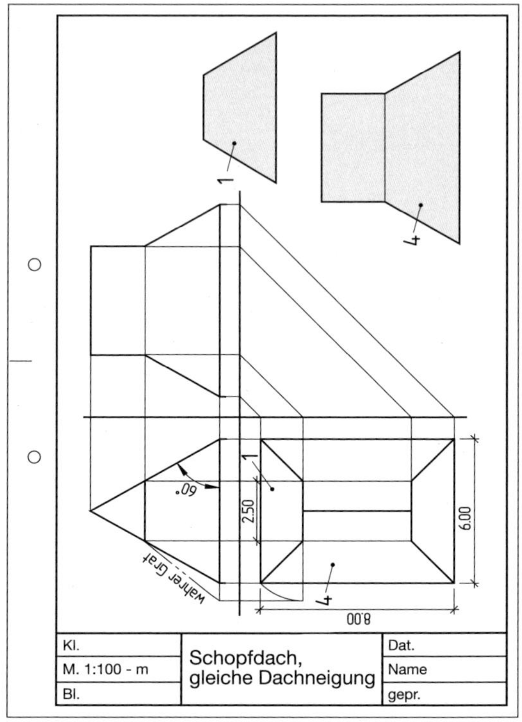

122.2 *Lösung zu 122.1*

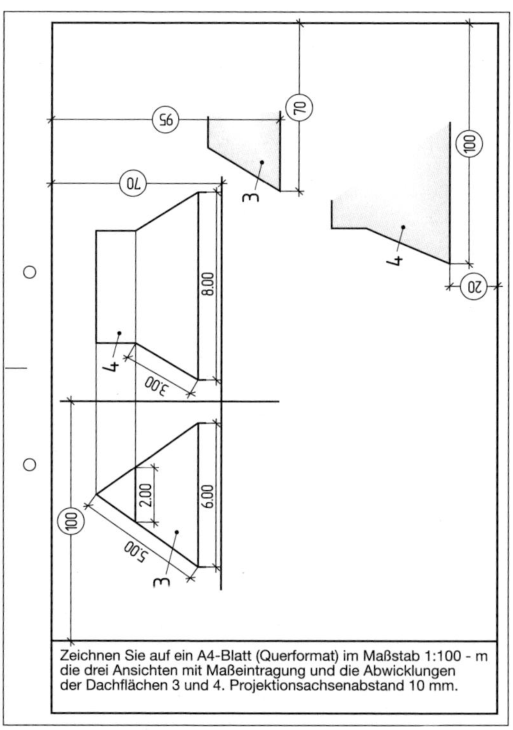

122.3 *Schopfdach, ungleiche Dachneigung*

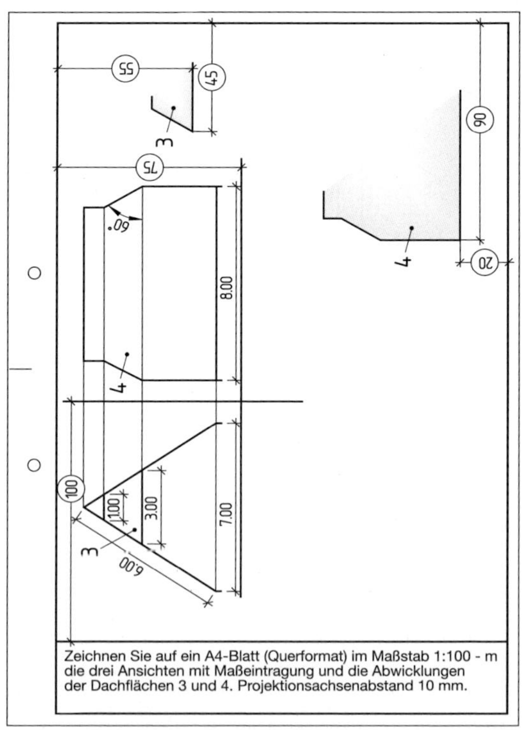

122.4 *Schopfdach, ungleiche Dachneigung u. Traufhöhe*

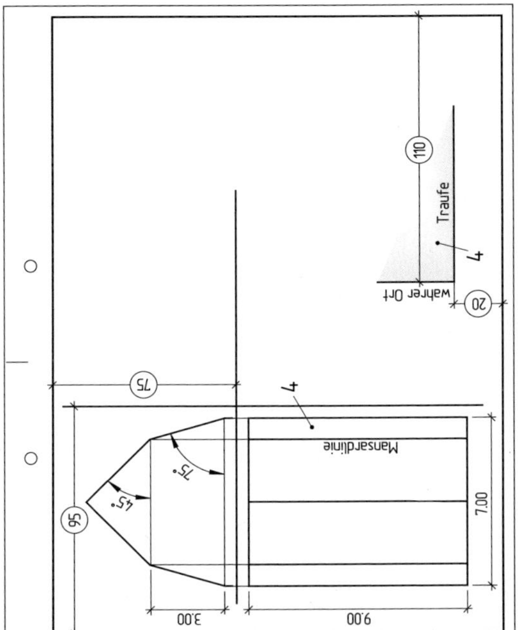

Zeichnen Sie auf ein A4-Blatt (Querformat) im Maßstab 1:100 - m die drei Ansichten mit Maßeintragung und die Abwicklung der Dachfläche 4. Projektionsachsenabstand 5 mm.

123.1 Mansarddach

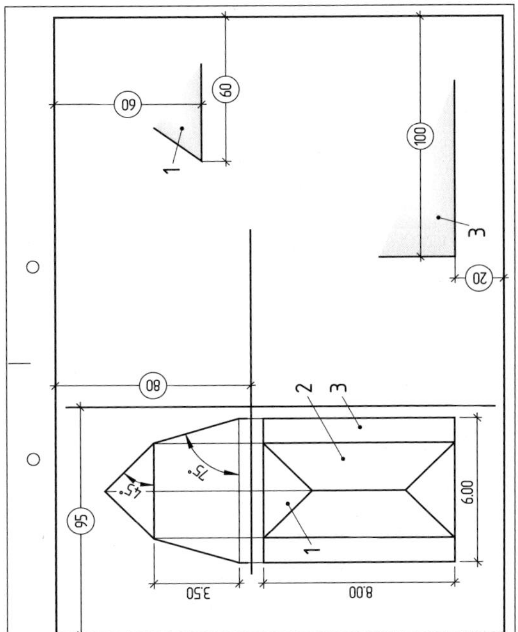

Zeichnen Sie auf ein A4-Blatt (Querformat) im Maßstab 1:100 - m die drei Ansichten mit Maßeintragung und die Abwicklungen der Dachflächen 1 und 3. Die Dachflächen 1 und 2 haben 45° Neigung. Projektionsachsenabstand 5 mm.

123.2 Mansarddach mit Walmdach

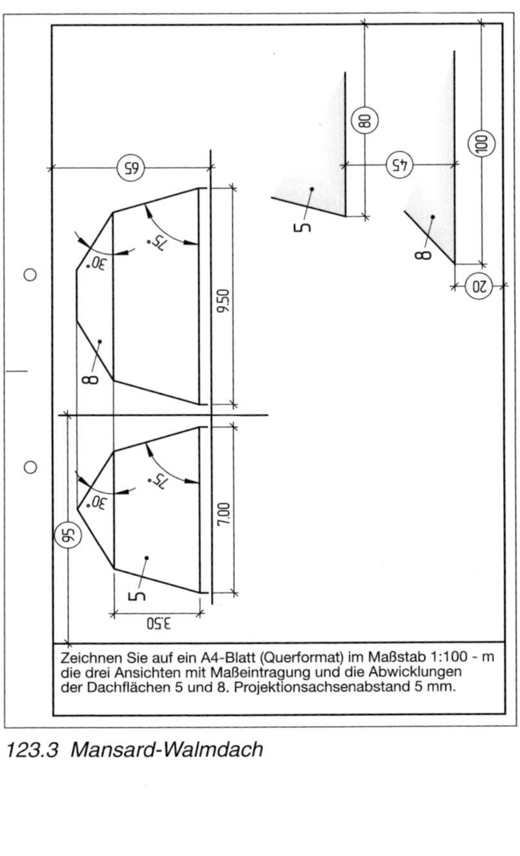

Zeichnen Sie auf ein A4-Blatt (Querformat) im Maßstab 1:100 - m die drei Ansichten mit Maßeintragung und die Abwicklungen der Dachflächen 5 und 8. Projektionsachsenabstand 5 mm.

123.3 Mansard-Walmdach

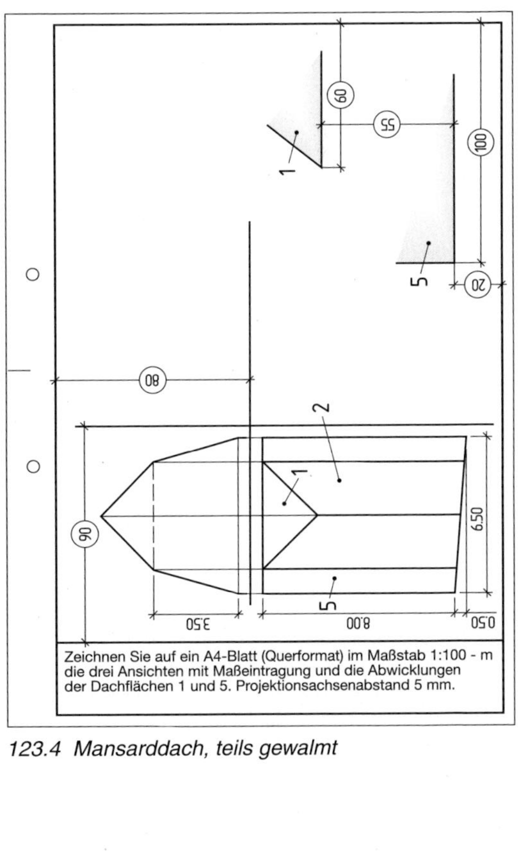

Zeichnen Sie auf ein A4-Blatt (Querformat) im Maßstab 1:100 - m die drei Ansichten mit Maßeintragung und die Abwicklungen der Dachflächen 1 und 5. Projektionsachsenabstand 5 mm.

123.4 Mansarddach, teils gewalmt

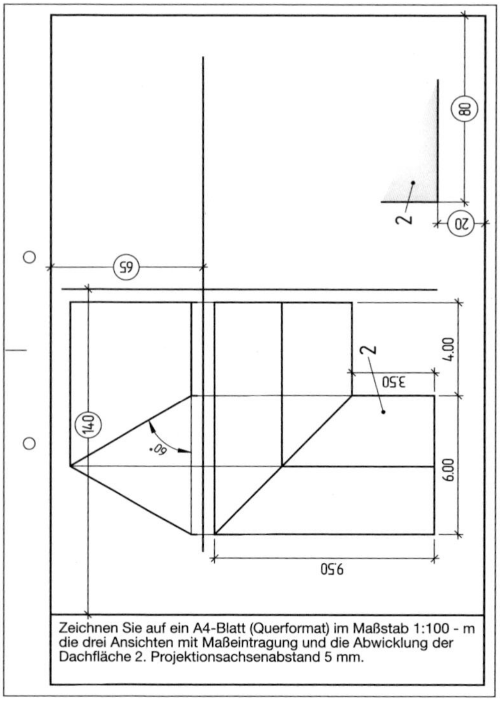

124.1 Satteldach, rechtwinklige Wiederkehr, gleiche Neigung

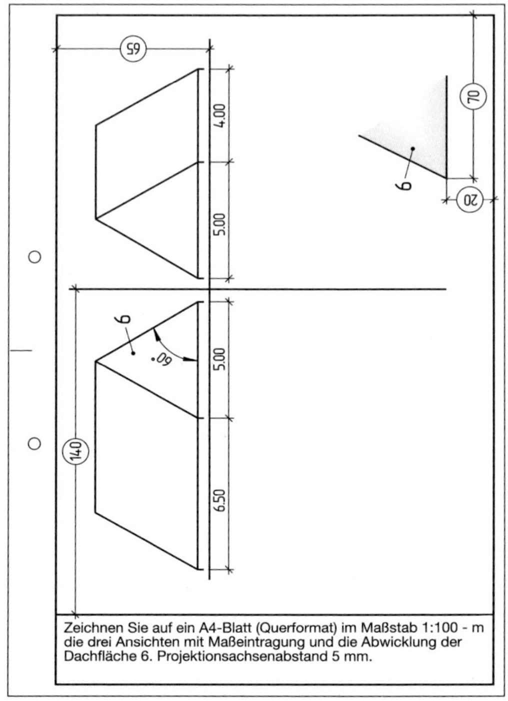

124.2 Walmdach, rechtwinklige Wiederkehr, gleiche Neigung

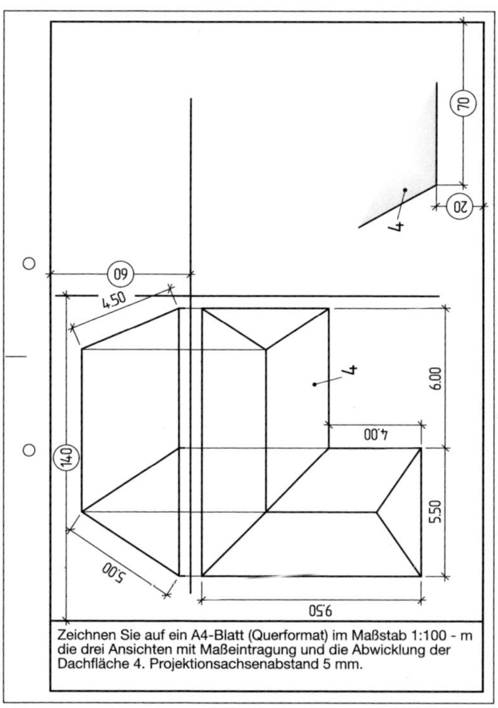

124.3 Walmdach, rechtwinklige Wiederkehr, ungleiche Neigung

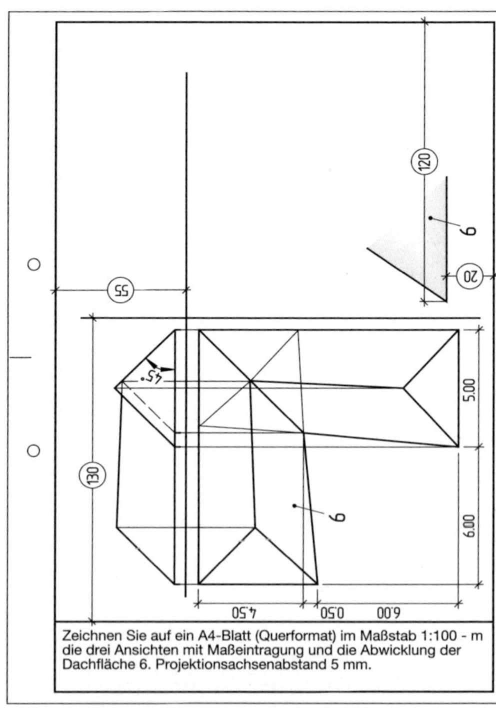

124.4 Walmdach, rechtwinklige Wiederkehr, gleiche Neigung

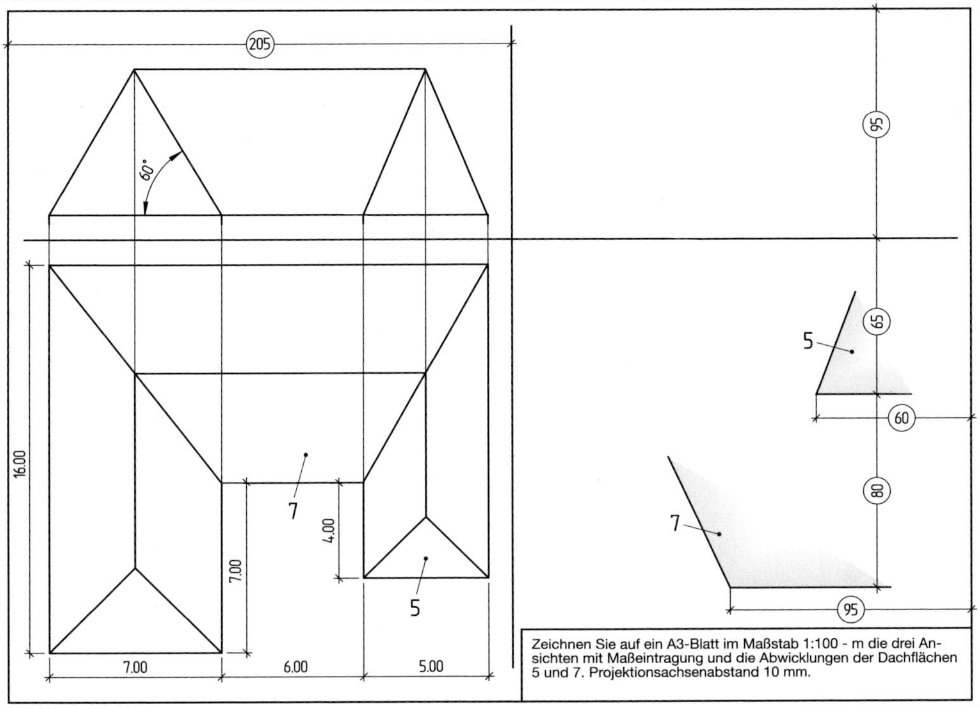

Zeichnen Sie auf ein A3-Blatt im Maßstab 1:100 - m die drei Ansichten mit Maßeintragung und die Abwicklungen der Dachflächen 5 und 7. Projektionsachsenabstand 10 mm.

125.1 Walmdach mit rechtwinkliger Wiederkehr, ungleiche Dachneigung

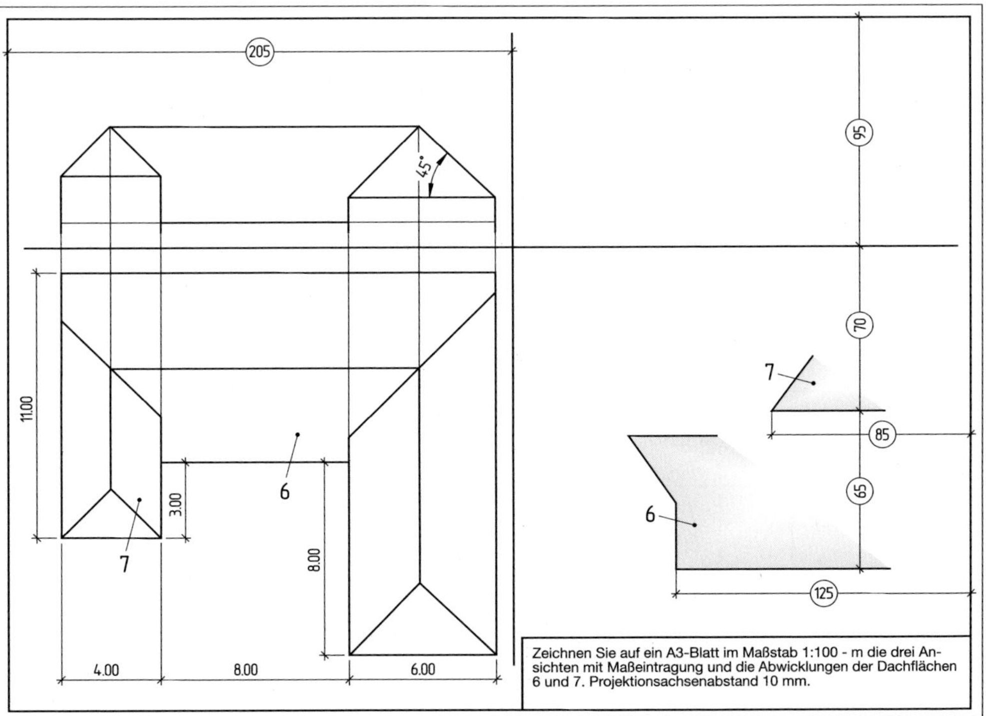

Zeichnen Sie auf ein A3-Blatt im Maßstab 1:100 - m die drei Ansichten mit Maßeintragung und die Abwicklungen der Dachflächen 6 und 7. Projektionsachsenabstand 10 mm.

125.2 Walmdach mit rechtwinkliger Wiederkehr, gleiche Dachneigung

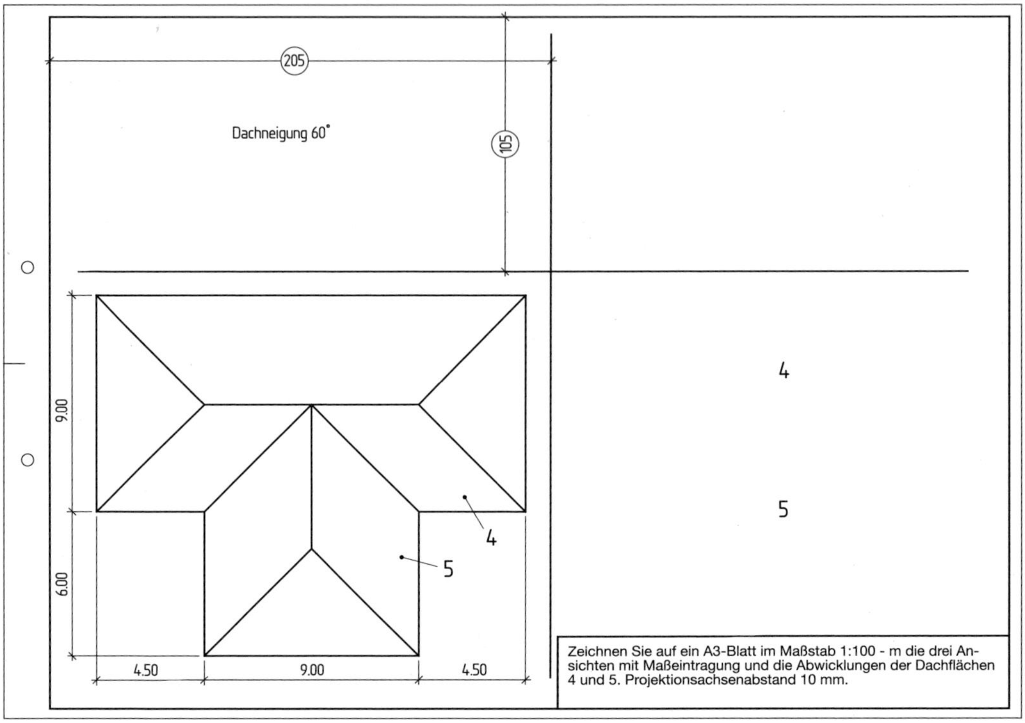

126.1 Walmdach mit rechtwinkligem Frontanbau, gleiche Dachneigung 60°

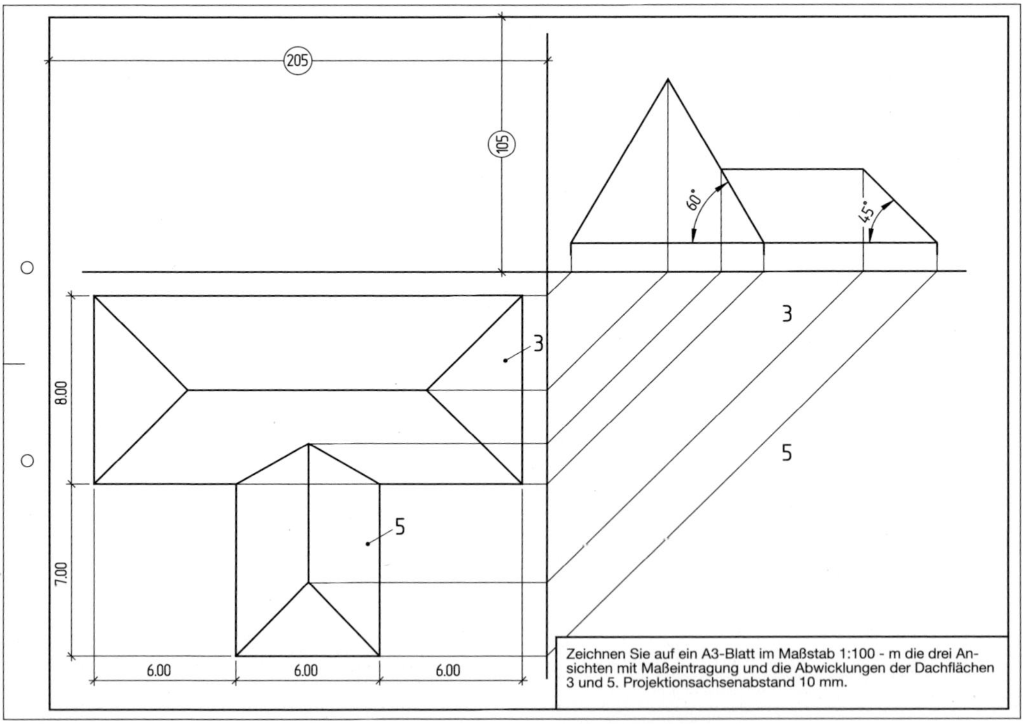

126.2 Walmdach mit rechtwinkligem Frontanbau, ungleiche Dachneigung

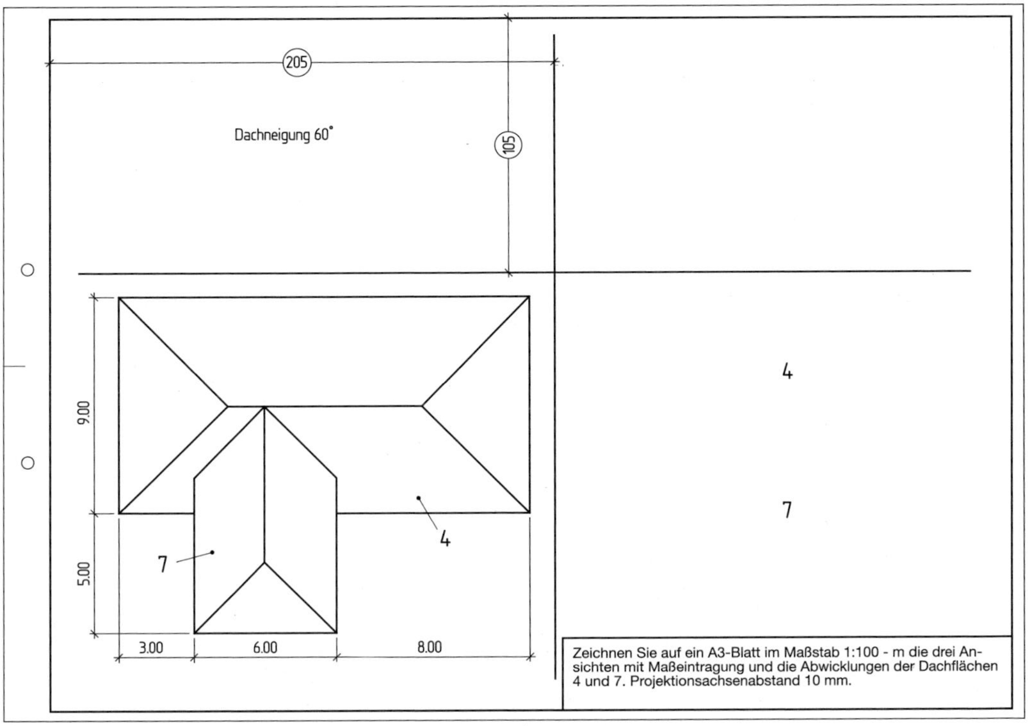

127.1 Walmdach mit rechtwinkligem Frontanbau, gleiche Dachneigung

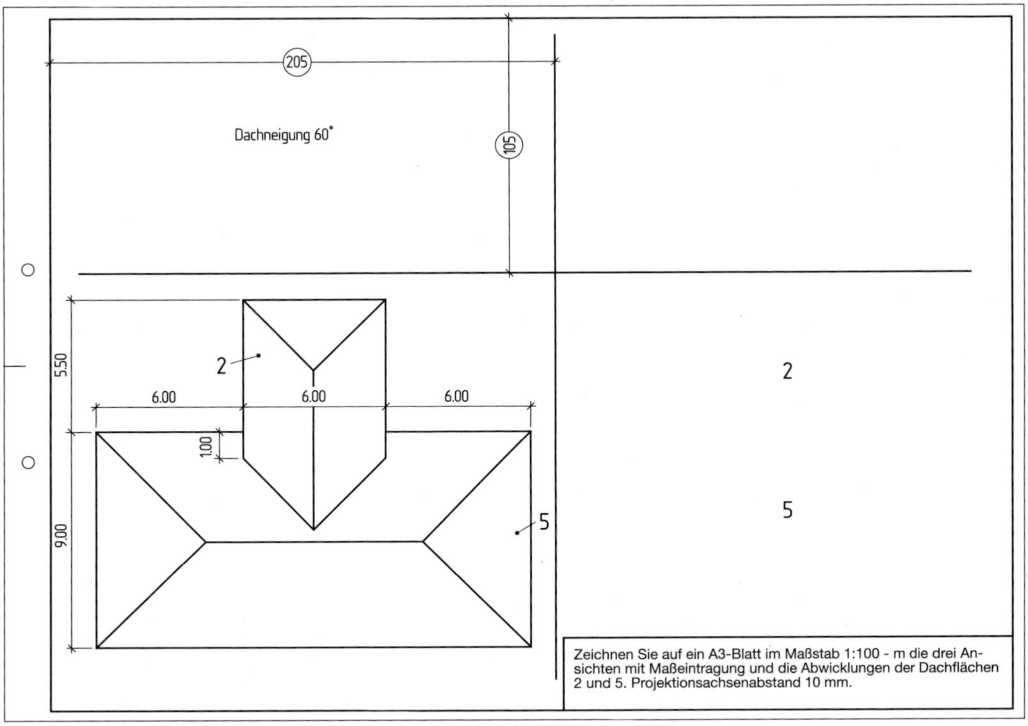

127.2 Walmdach mit rechtwinkligem Frontanbau, gleiche Dachneigung

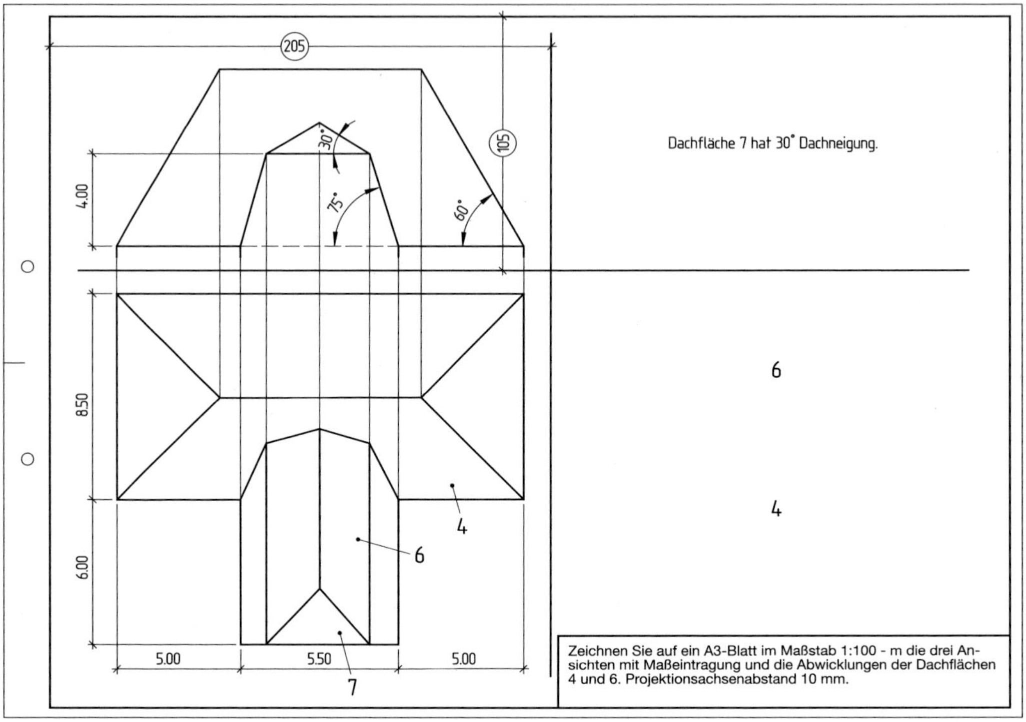

128.1 Walmdach mit Frontanbau und Mansarde, ungleiche Dachneigung

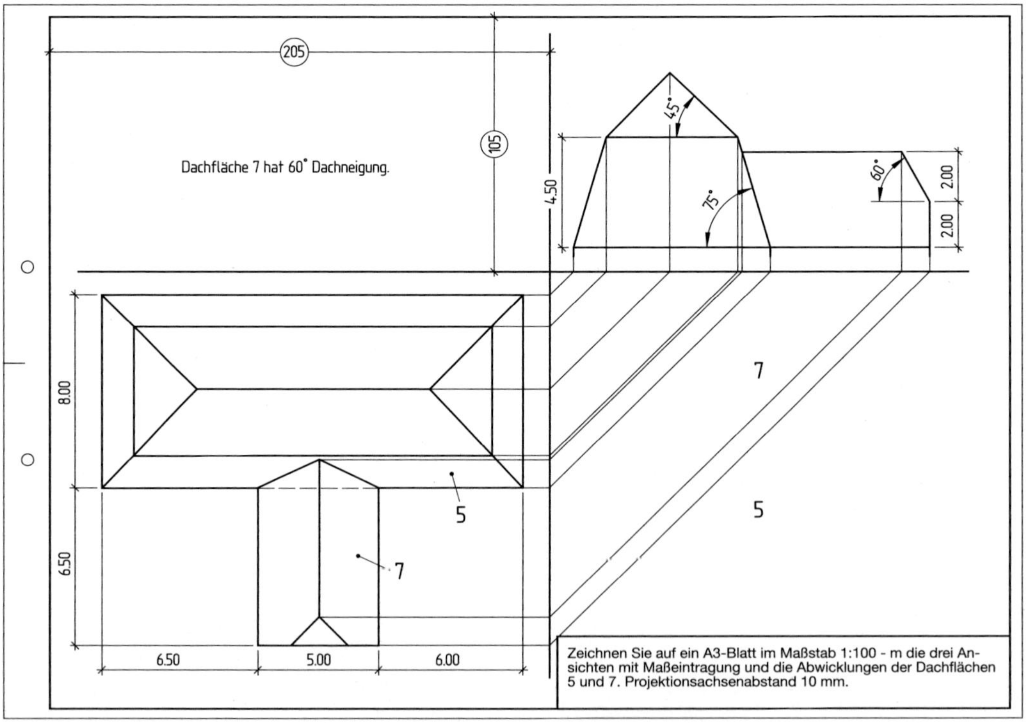

128.2 Mansard-Walmdach mit rechtwinkligem Frontanbau, gleiche Dachneigung

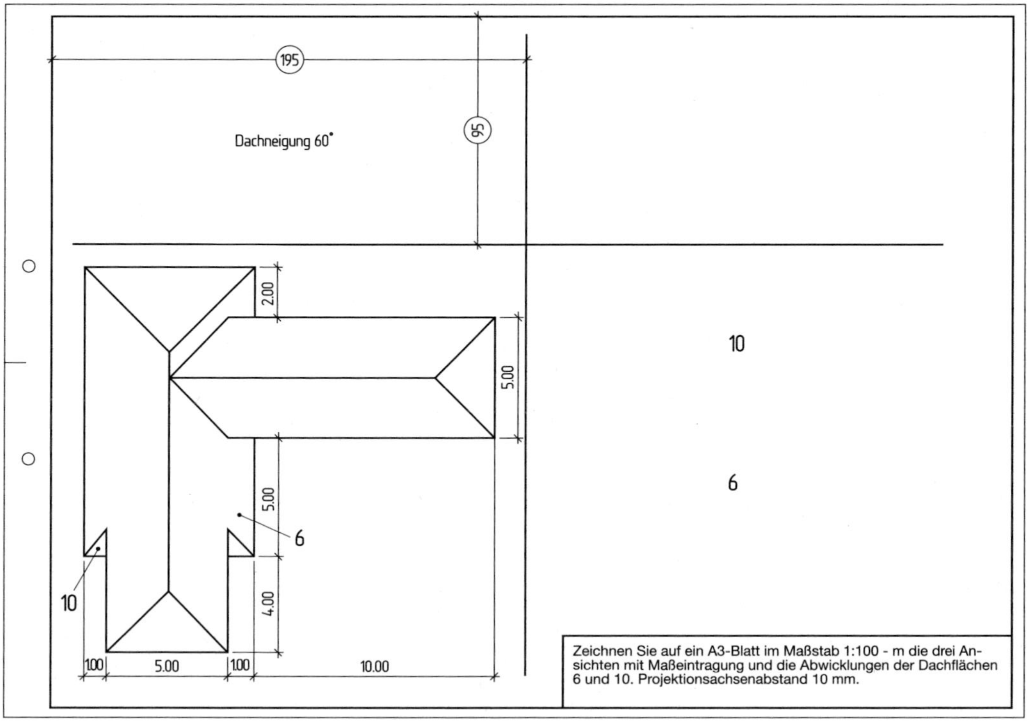

129.1 Walmdach mit Anbauten in Front und Frontverlängerung

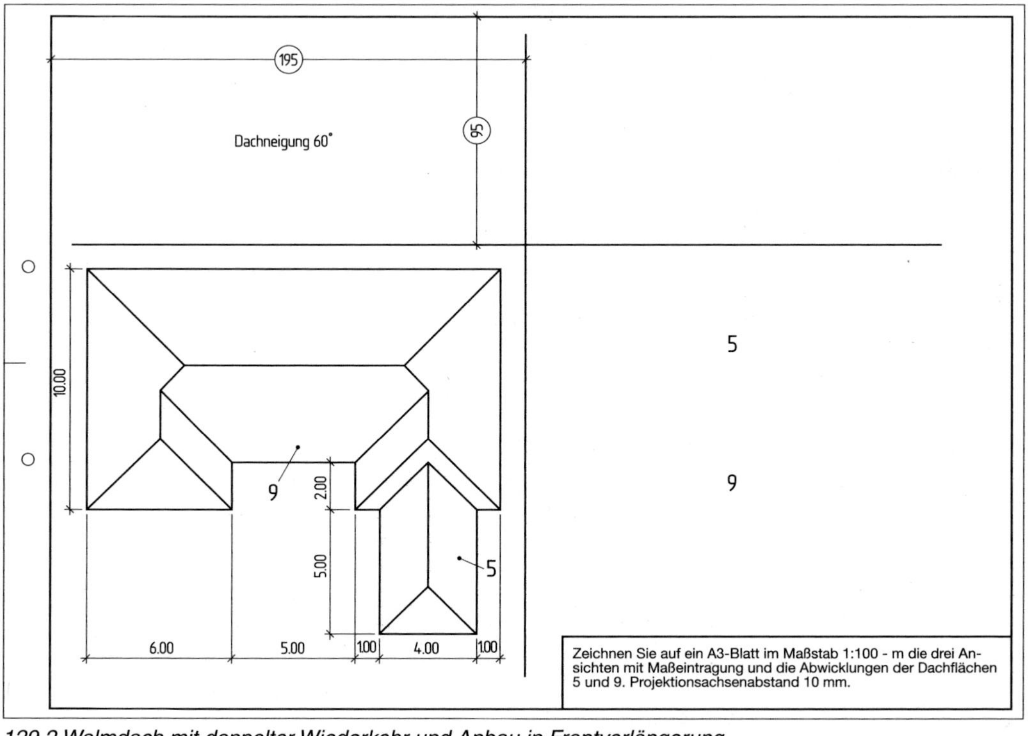

129.2 Walmdach mit doppelter Wiederkehr und Anbau in Frontverlängerung

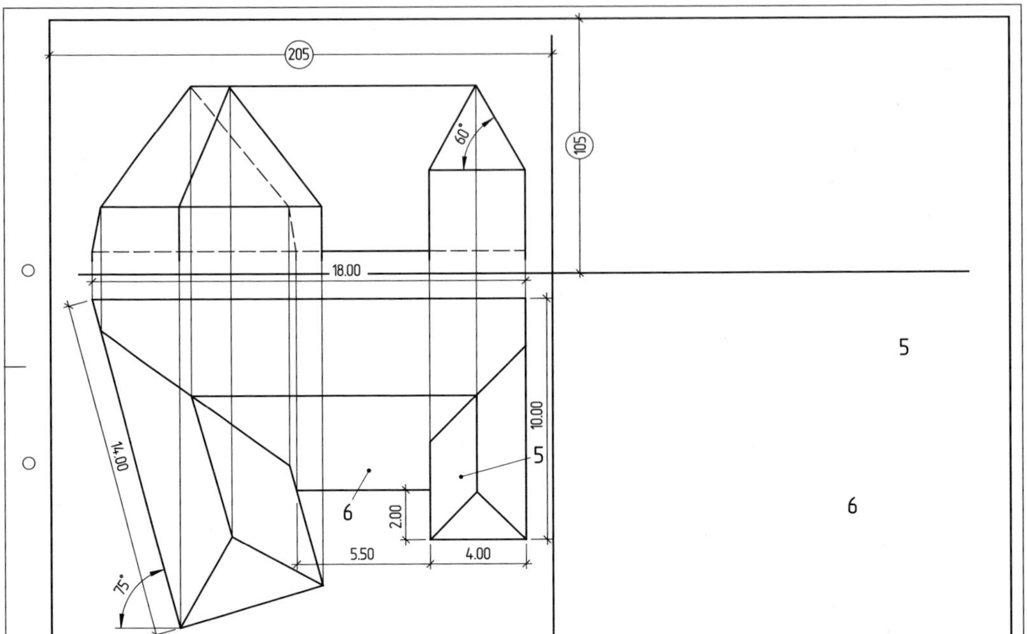

Zeichnen Sie auf ein A3-Blatt im Maßstab 1:100 - m die drei Ansichten mit Maßeintragung und die Abwicklungen der Dachflächen 5 und 6. Projektionsachsenabstand 10 mm.

130.1 Walmdach mit schräger Wiederkehr, gleiche Dachneigung

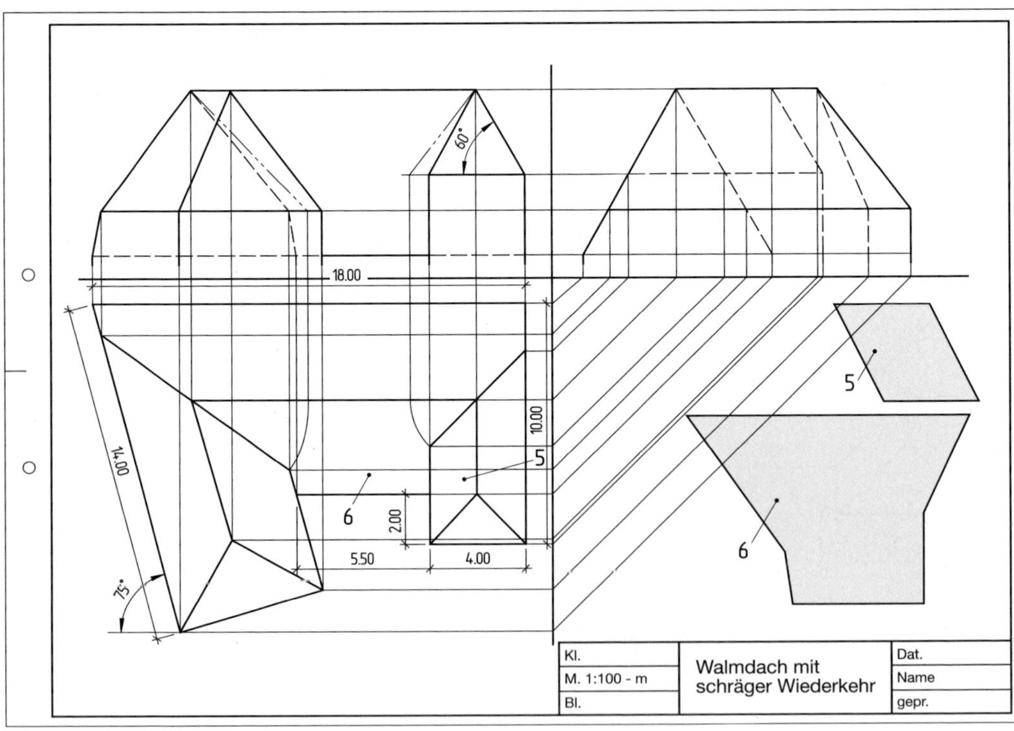

Kl.	Walmdach mit schräger Wiederkehr	Dat.
M. 1:100 - m		Name
Bl.		gepr.

130.2 Lösung zu 130.1

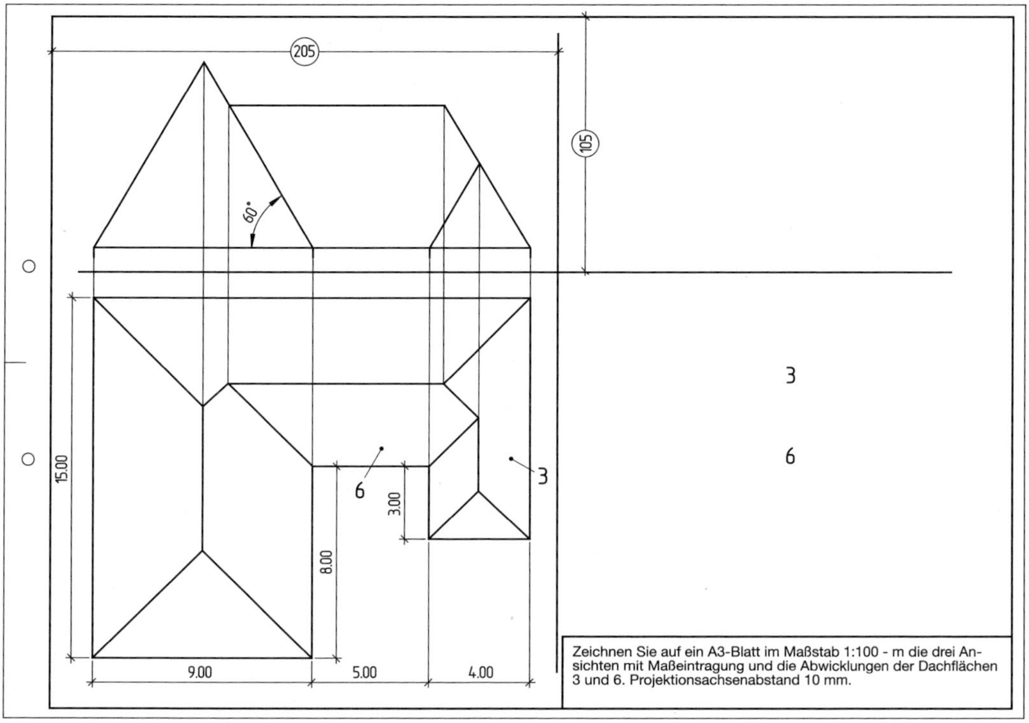

131.1 Walmdach mit rechtwinkliger Wiederkehr, gleiche Dachneigung

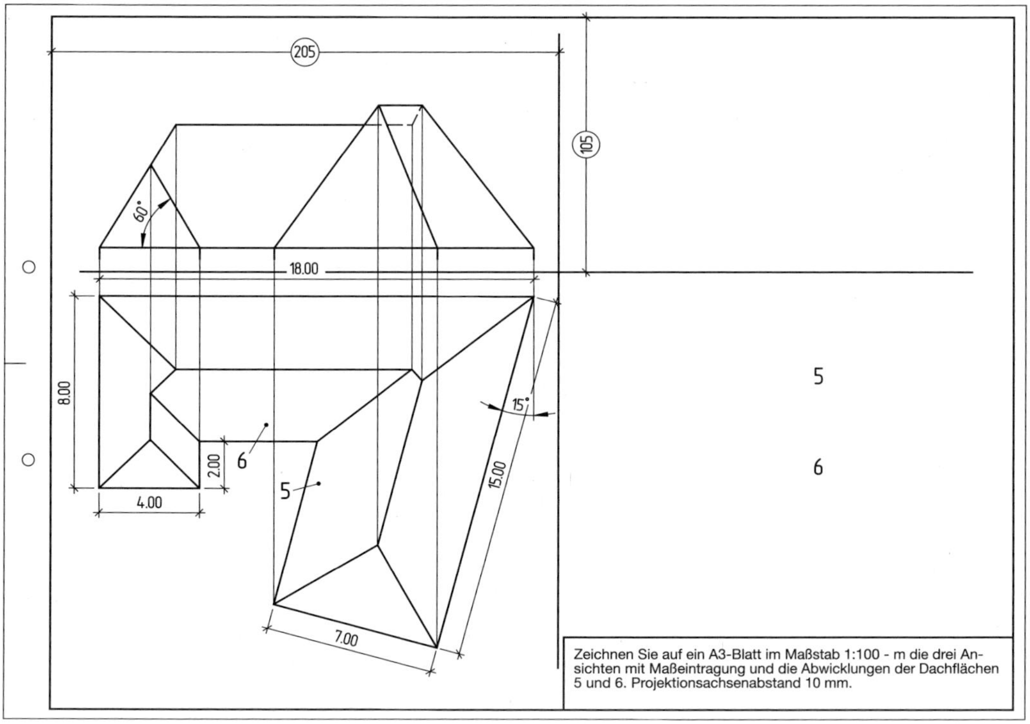

131.2 Walmdach mit schräger Wiederkehr, gleiche Dachneigung

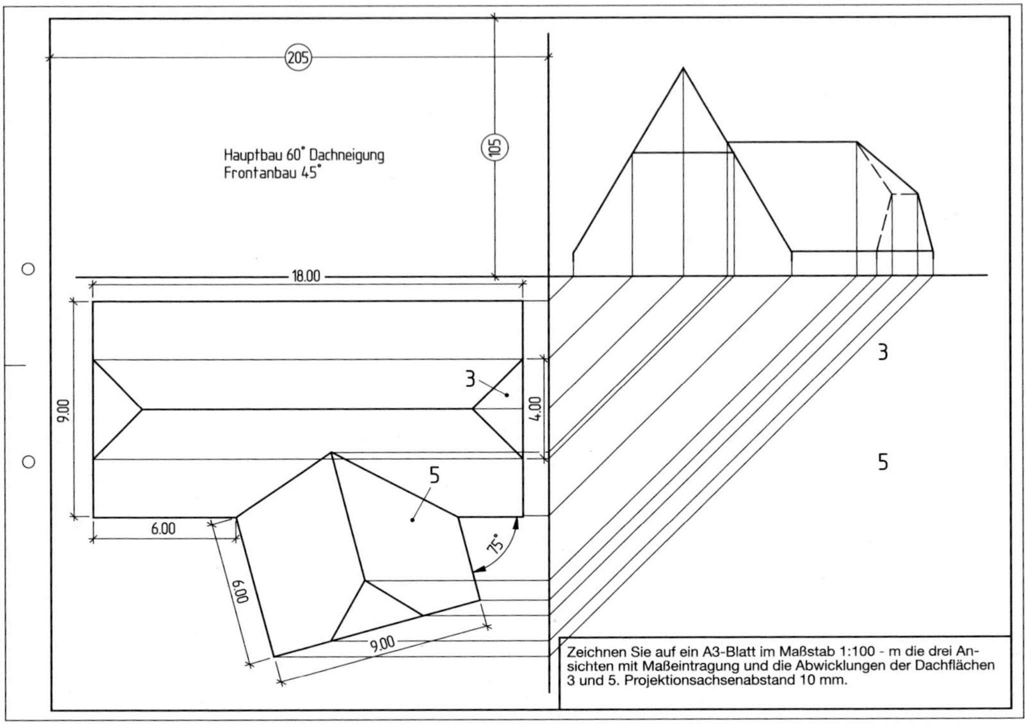

132.1 Krüppelwalmdach mit schrägem Frontanbau, ungleiche Dachneigung

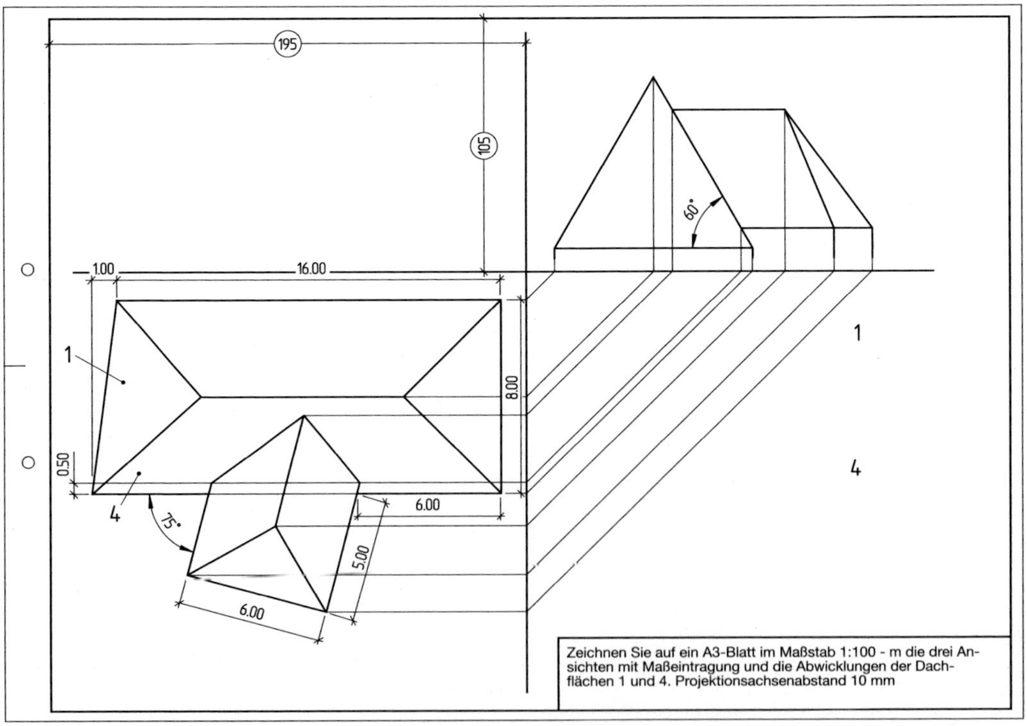

132.2 Walmdach mit schrägem Frontanbau, gleiche Dachneigung

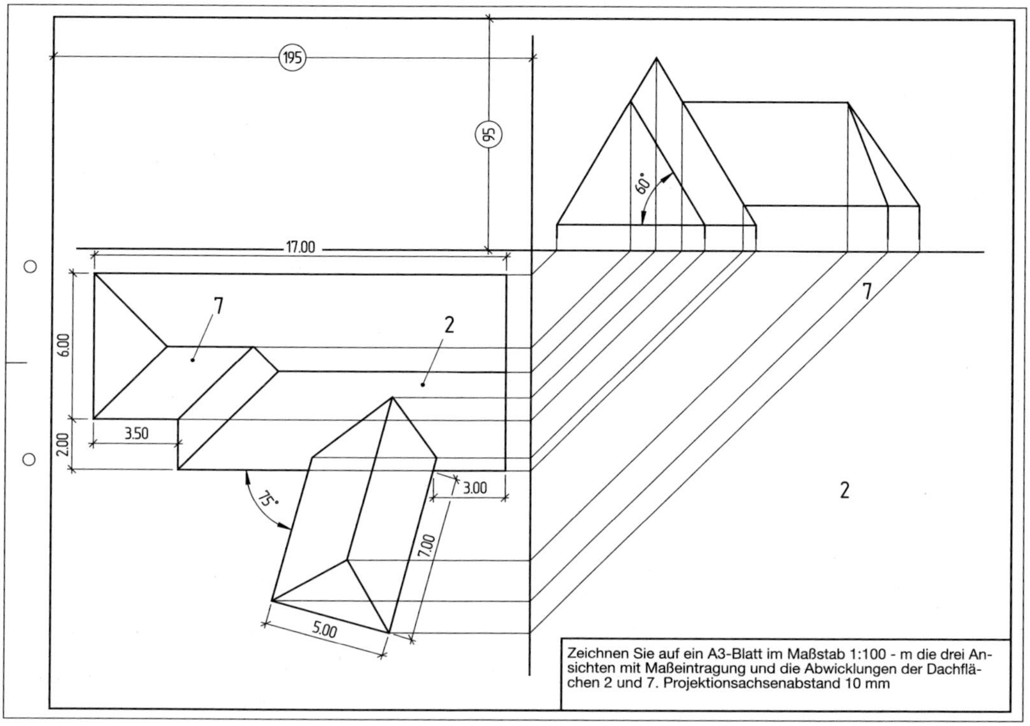

133.1 Walmdach mit Anbauten bei gleicher Dachneigung

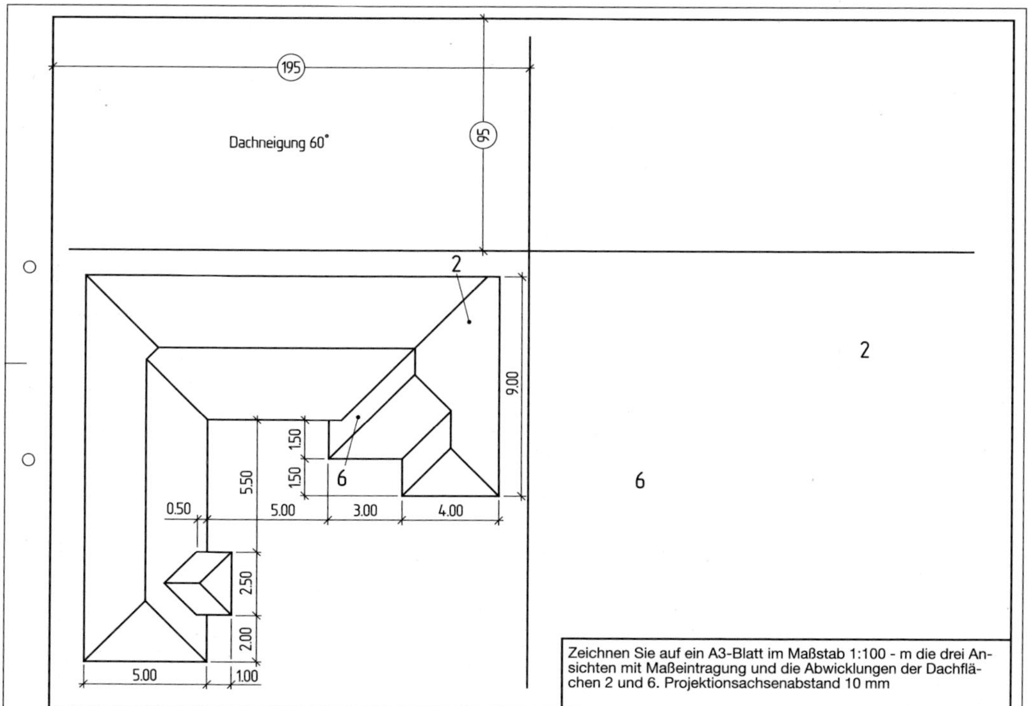

133.2 Kombiniertes Dach mit gleichen Dachneigungen

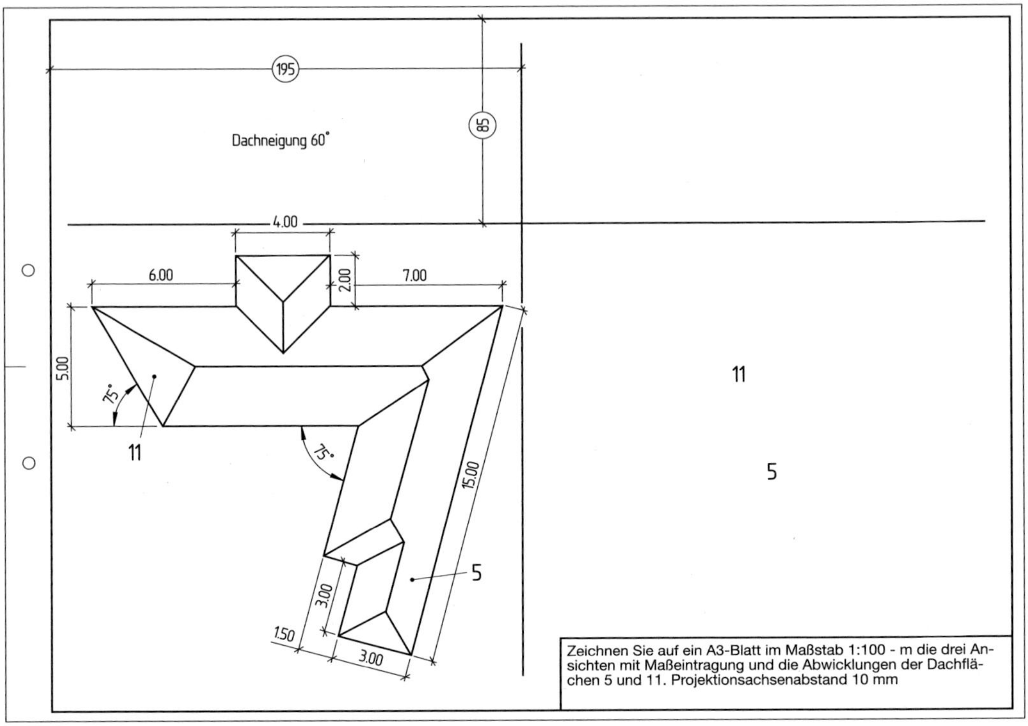

134.1 Kombiniertes Dach mit gleichen Traufhöhen und Dachneigungen

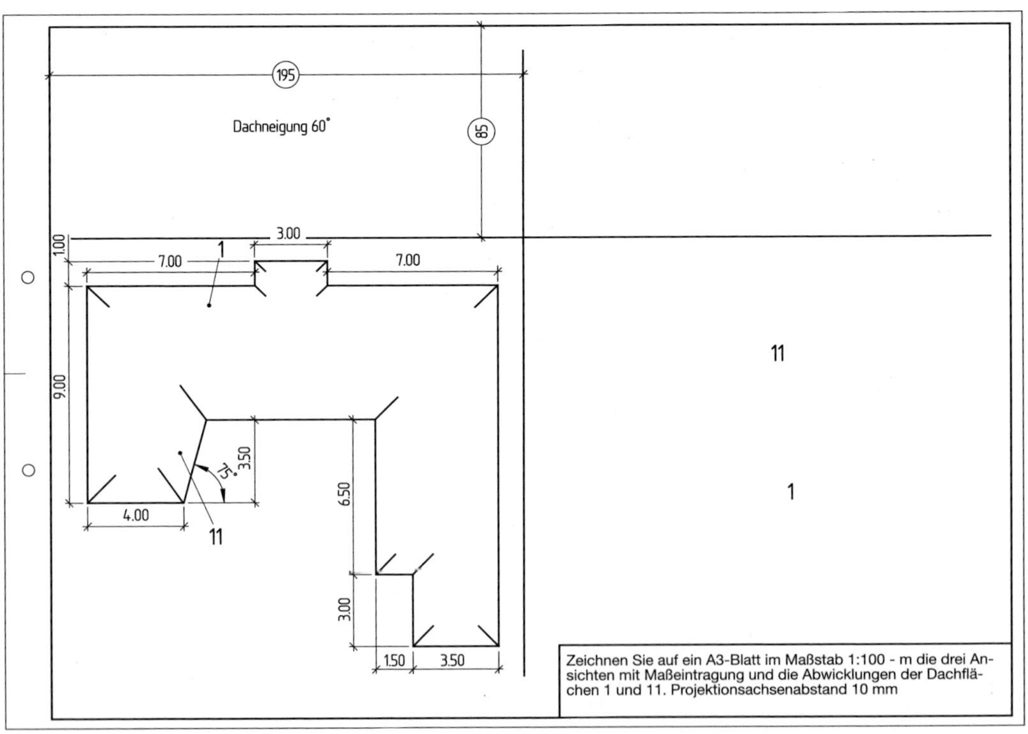

134.2 Kombiniertes Dach mit gleichen Traufhöhen und Dachhöhen

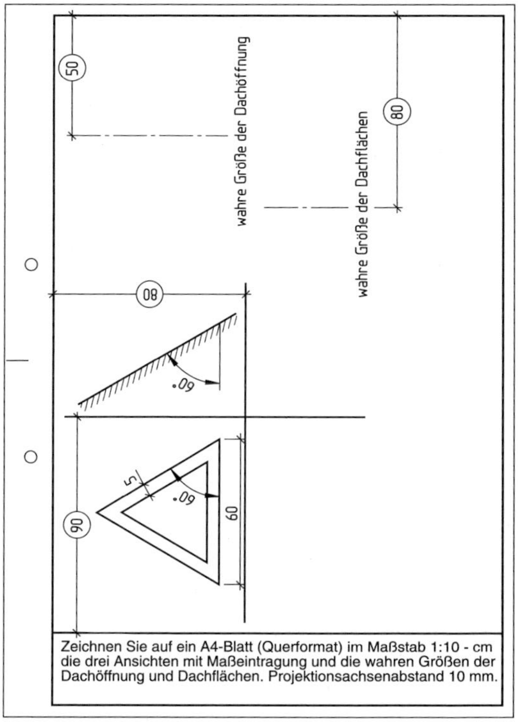

135.1 Spitzgaupe I

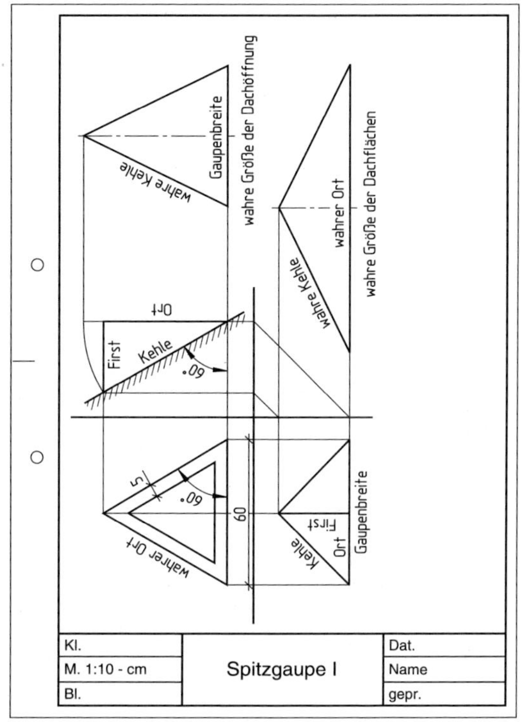

135.2 Lösung zu 135.1

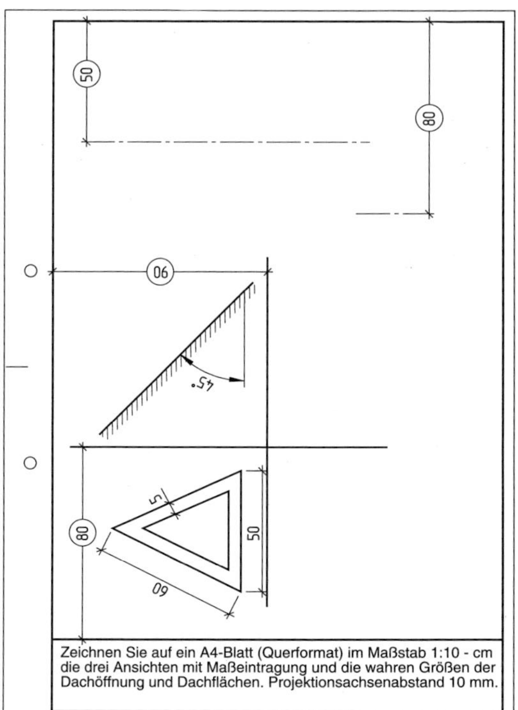

135.3 Spitzgaupe II

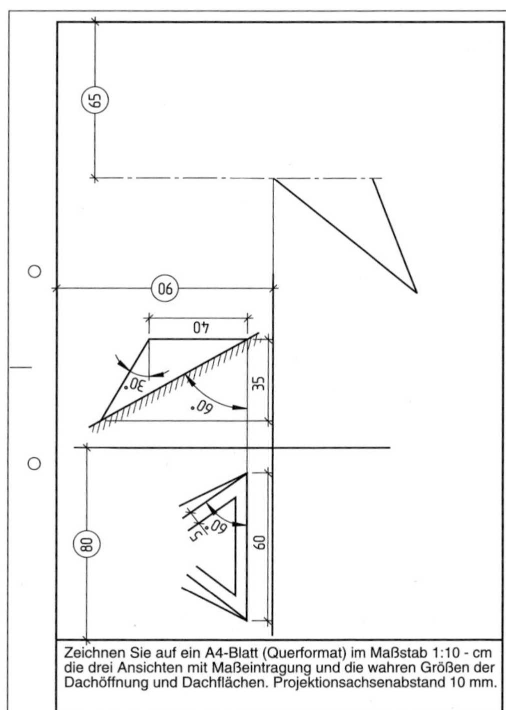

135.4 Spitzgaupe III mit steigendem First

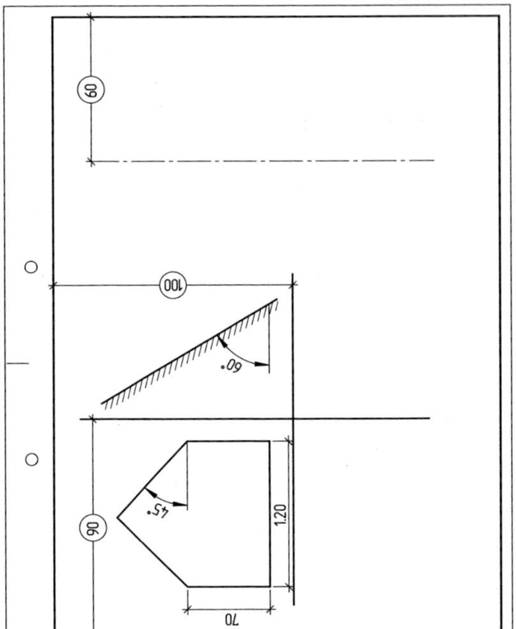

Zeichnen Sie auf ein A4-Blatt (Querformat) im Maßstab 1:20 - m, cm die drei Ansichten mit Maßeintragung und die wahren Größen der Dachöffnung und Dachflächen. Projektionsachsenabstand 10 mm.

136.1 Dachhäuschen

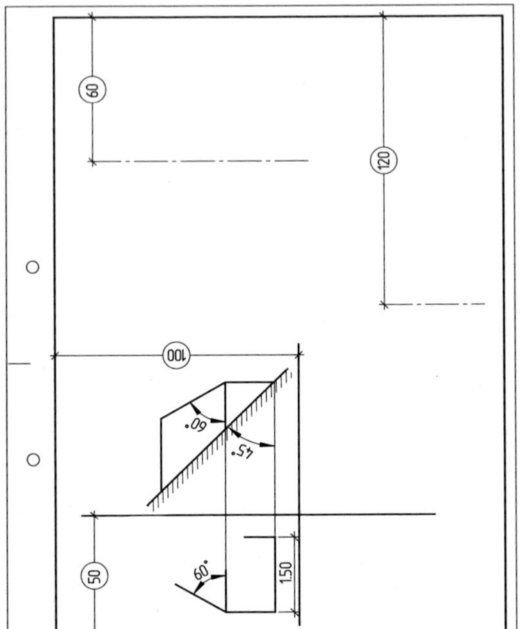

Zeichnen Sie auf ein A4-Blatt (Querformat) im Maßstab 1:50 - m, cm die drei Ansichten mit Maßeintragung und die wahren Größen der Dachöffnung und Dachflächen. Projektionsachsenabstand 10 mm.

136.2 Dachhäuschen mit Walm

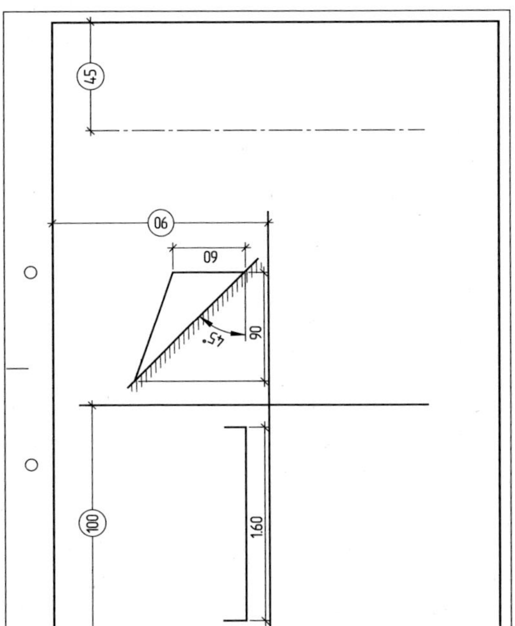

Zeichnen Sie auf ein A4-Blatt (Querformat) im Maßstab 1:20 - m, cm die drei Ansichten mit Maßeintragung und die wahren Größen der Dachöffnung und Dachflächen. Projektionsachsenabstand 10 mm.

136.3 Schleppgaupe

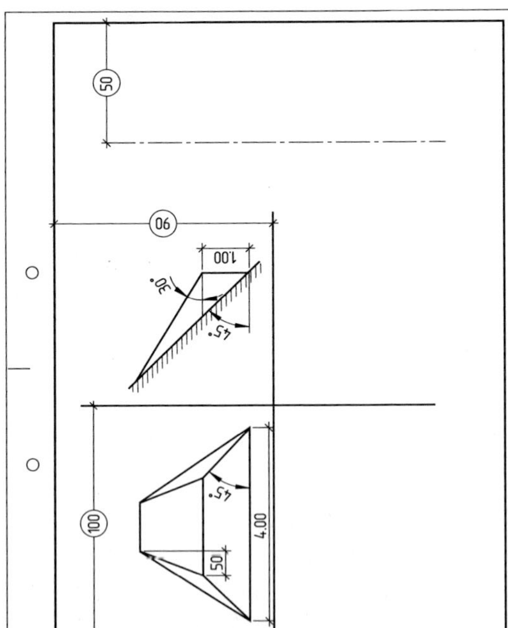

Zeichnen Sie auf ein A4-Blatt (Querformat) im Maßstab 1:50 - m, cm die drei Ansichten mit Maßeintragung und die wahren Größen der Dachöffnung und Dachflächen. Projektionsachsenabstand 10 mm.

136.4 Breitgezogene Gaupe

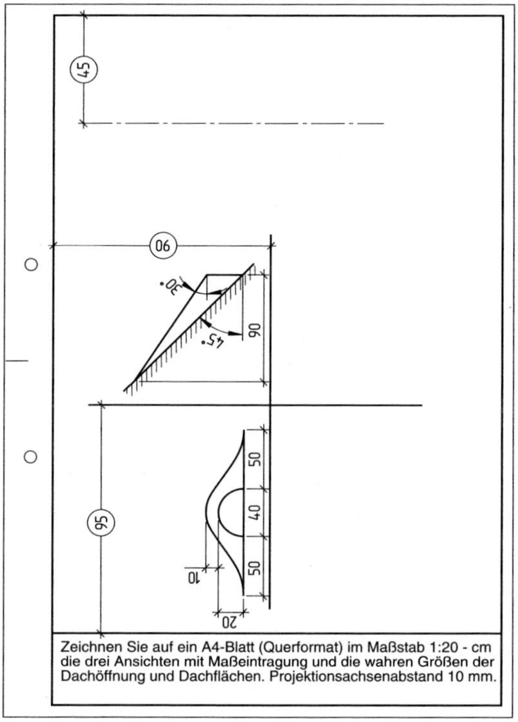

137.1 Fledermausgaupe I

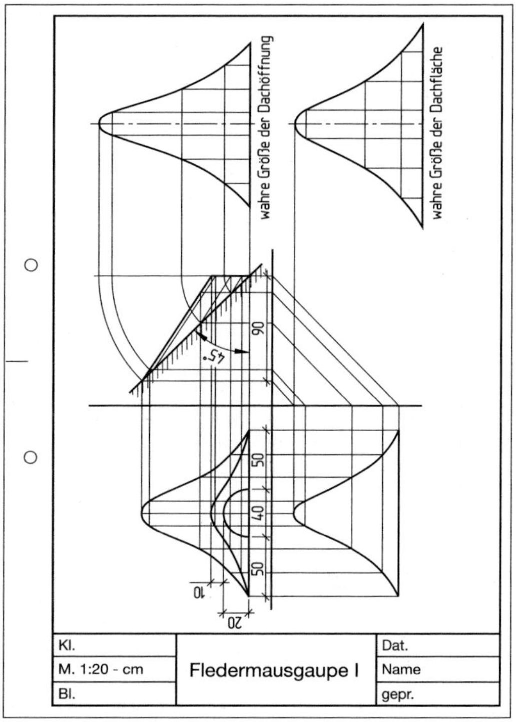

137.2 Lösung zu 137.1

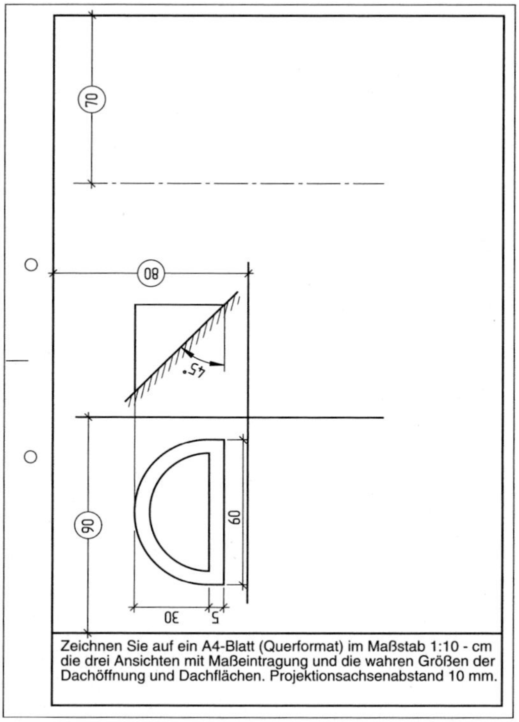

137.3 Rundgaupe

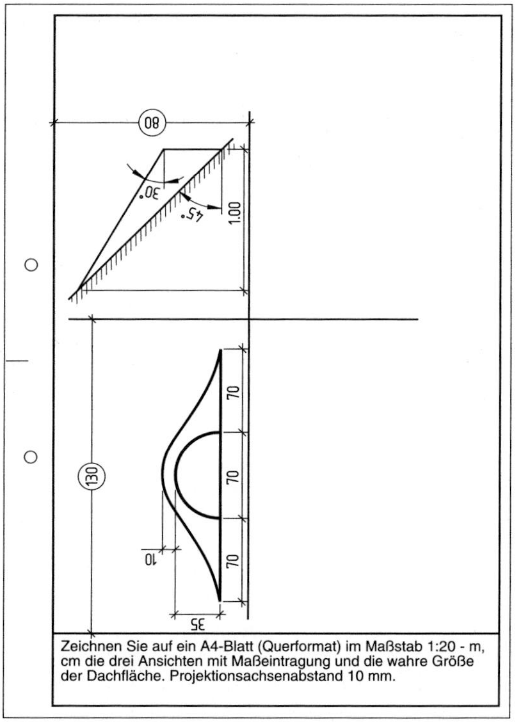

137.4 Fledermausgaupe II

7.6 Dachausmittlung

Unter **Dachausmittlung** versteht man die Ermittlung der wahren Größen der Dachflächen und der wahren Längen der Dachlinien aus der Draufsicht. Hierzu benötigt man entweder den senkrechten Querschnitt durch das Dach mit der Dachhöhe (Bild 138.1 oben) oder die Dachneigung, mit der sich der Dachquerschnitt zeichnen lässt (Bild 138.1 unten). Ausgangspunkt für die Dachausmittlung ist der Giebel bzw. bei einem Walmdach der „gedachte Giebel“, den man durch Verschieben des Dachquerschnittes erhält. Die Ausmittlung selbst erfolgt durch Umklappen der Dachflächen (Bild 138.2). Wie man bei dieser Methode zeichnerisch im Einzelnen verfährt, wird nachfolgend am Beispiel des Daches in Bild 139.1 beschrieben. Die ermittelten wahren Dachlinien werden als Strich-Zweipunkt-Linien gezeichnet.

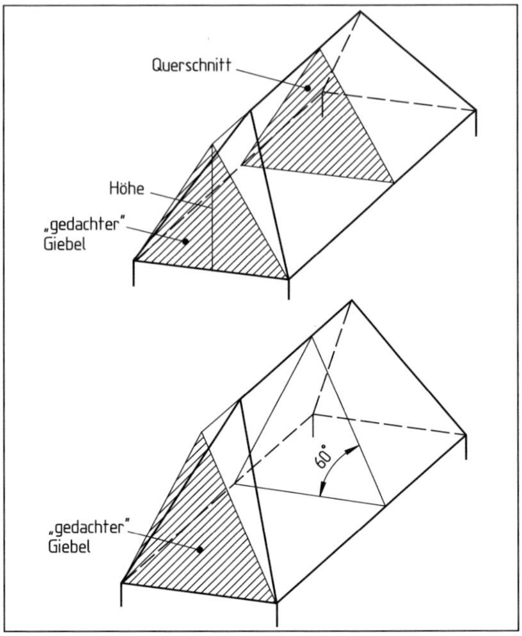

138.1 Dachquerschnitt und gedachter Giebel

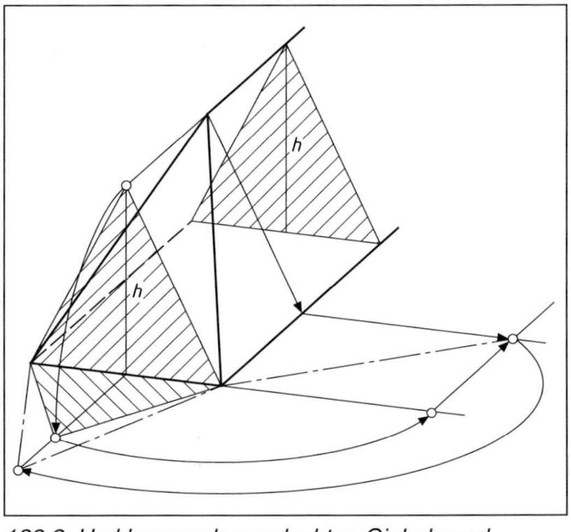

138.2 Umklappen des gedachten Giebels und Konstruktion der wahren Gratlängen

Zunächst werden die einzelnen Dachflächen im Uhrzeigersinn nummeriert, wobei man mit der Dachfläche beginnt, die zuerst ausgemittelt werden soll. Das ergibt im vorliegenden Beispiel die Dachflächen 1 bis 6. Dann wird an den Traufpunkten A und B der Dachneigungswinkel angetragen, in diesem Fall 60°. Die Winkelschenkel schneiden sich im Punkt K, und man erhält den umgeklappten „gedachten Giebel“ ABK mit den **Dachdeckerhöhen** AK und BK der Dachflächen 2 und 6. Der Kreisbogen mit der Dachdeckerhöhe BK um Punkt B ergibt als Schnittpunkt mit der Verlängerung der Walmtraufe AB den Punkt L. Die Parallele zur Haupttraufe BC durch den Punkt L und die Lote von den Anfallspunkten G und H schneiden sich in den Punkten G' und H'. Verbindet man die Punkte B und G' sowie G' und H', so erhält man die wahre Länge des Grates BG mit der Firstlinie G'H'. Der Kreisbogen mit der wahren Gratlänge BG' um Punkt B ergibt als Schnittpunkt mit der Verlängerung des Firstes GH den Punkt G". Das gezeichnete Dreieck AG"B ist die als 1' bezeichnete wahre Größe der Walmfläche 1.

Schlägt man mit der wahren Gratlänge G'B einen Kreisbogen um G', so schneidet dieser die Verlängerung der Walmtraufe AB im Punkt A'. Die Verbindung der Punkte A' und G' ist die wahre Länge des Grates AG. Jetzt kann man die Parallele zur Haupttraufe BC durch Punkt A' ziehen. Diese schneidet das Lot vom Traufpunkt F im Punkt F'. Die Strecke F'H' ist die wahre Länge des Grates FH. Die Verbindung der Punkte A', F', H' und G' liefert die mit 6' bezeichnete wahre Größe der Dachfläche 6.

Fällt man das Lot vom Anfallspunkt I, so schneidet dieses die Gratlinie H'M im Punkt I'. Als Strecke I'H' ergibt sich daraus die wahre Länge der Verfallung HI. Die Parallele zur Haupttraufe BC durch Punkt I' und das Lot vom Punkt J liefern den Schnittpunkt J'. Die Verbindung der Punkte I' und J' ist die Firstlinie I'J'. Die Strecke CJ' ist die wahre Länge des Grates CJ. Damit ist die wahre Größe der Dachfläche 2 ausgemittelt. Sie ist als Fläche 2' gekennzeichnet.

Der Kreisbogen mit dem wahren Grat CJ' als Radius um Punkt J' liefert als Schnittpunkt mit der Verlängerung der Walmtraufe CD den Punkt D'. Verbindet man D' mit J', so erhält man als Strecke D'J' die wahre Länge des Grates DJ. Die Parallele zur Haupttraufe BC durch Punkt D' und das Lot vom Traufenpunkt E schneiden sich im Punkt E'. Die Verbindung dieser Punkte ergibt die Trauflinie E'D'. Die Strecke E'I' ist die wahre Länge der Kehle EI. Die von den Punkten E', D', I' und J' gebildete Fläche ist mit 4' bezeichnet und stellt die wahre Größe der Dachfläche 4 dar.

Schlägt man mit dem gedachten wahren Grat MH' um Punkt M und mit dem wahren Grat F'H' um Punkt F je einen Kreisbogen, so schneiden sich diese auf der Verlängerung des Firstes GH im Punkt H". Die Verbindung der Punkte M, F und H" ergibt den gedachten wahren Walm MFH". Die Kreisbögen mit der wahren Verfallung H'I' um Punkt H" und mit der wahren Kehle E'I' um Punkt E schneiden sich auf der Verlängerung des Firstes IJ im Punkt I". Verbindet man die Punkte E, I", H" und F, so erhält man die wahre Größe der Dachfläche 5, die mit 5' bezeichnet ist.

An diesem Beispiel wird deutlich, dass bei der Dachausmittlung nach dieser Methode, die sich nur auf die Dachdraufsicht stützt, besondere Anforderungen an die Reihenfolge der Arbeitsschritte gestellt werden, da die jeweils gefundenen wahren Größen zum Teil für weitere Flächenteile mitbenutzt werden. Die nötige zeichnerische Sicherheit erlangt man nur durch Übung. Zahlreiche Aufgaben geben hierzu Gelegenheit. Sie beziehen sich auf einfache und zusammengesetzte Dachformen, die aus der Grundform des Satteldaches abgeleitet sind.
Die Nummerierung der Flächen und Buchstabenkennzeichnung der Eckpunkte ist für die Beschreibung der Konstruktion (Bild 139.1) erforderlich. In den später folgenden Aufgaben mit Lösungen wurde zu Gunsten der Übersichtlichkeit darauf verzichtet.

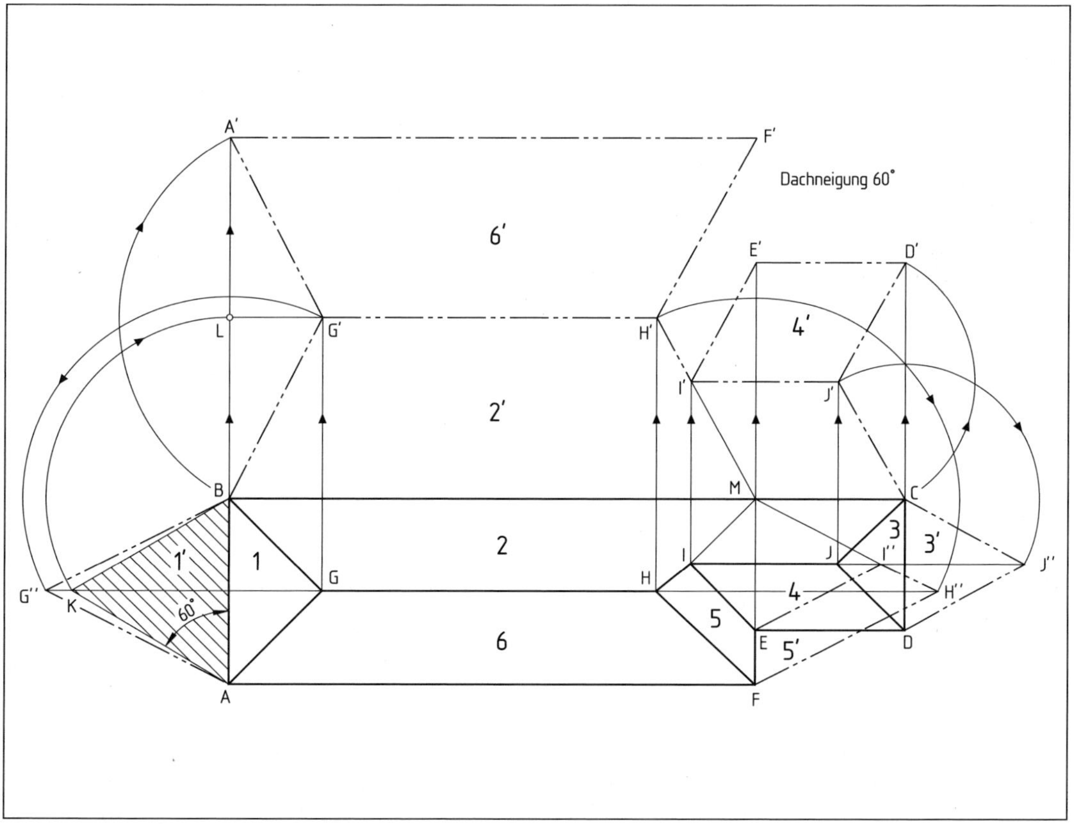

139.1 Zeichnung einer Dachausmittlung am Beispiel eines Walmdaches mit gleicher Dachneigung aller Flächen und Anbau in Frontverlängerung

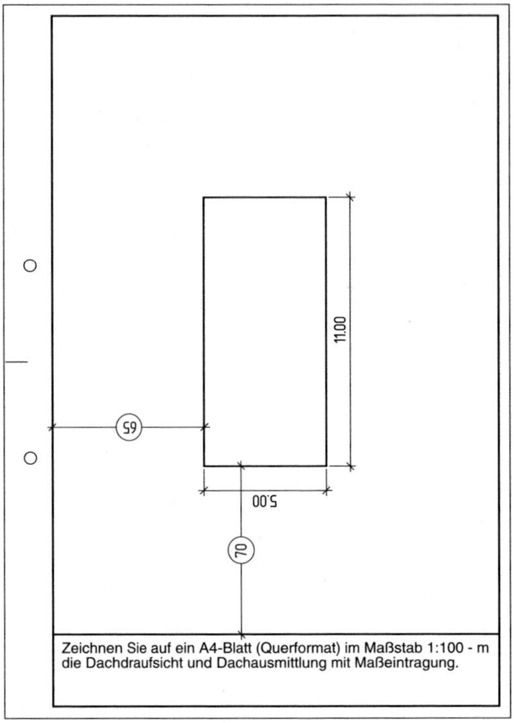

140.1 Satteldach, gleichhüftig, Neigung 60°

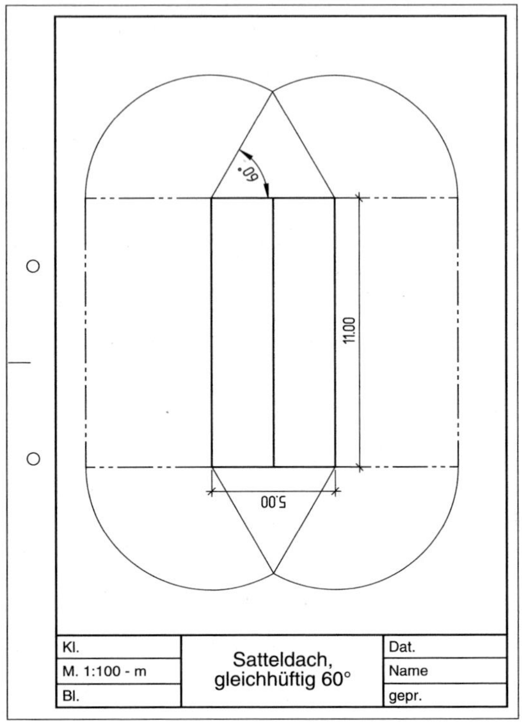

140.2 Lösung zu 140.1

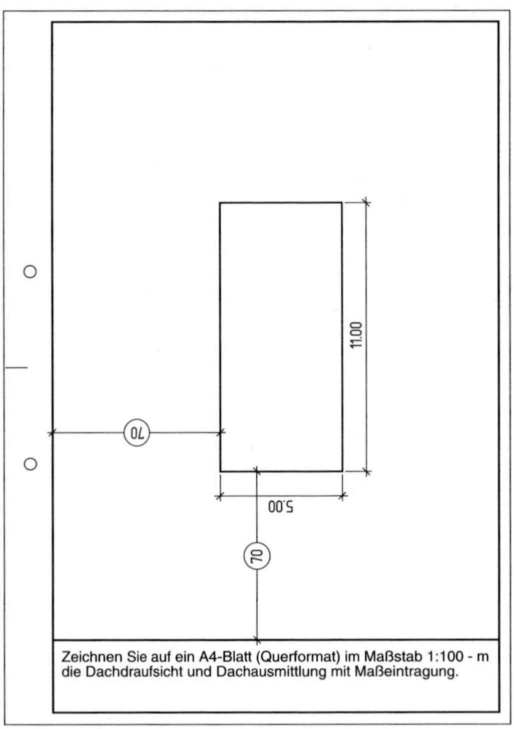

140.3 Walmdach, gleiche Neigung 60°

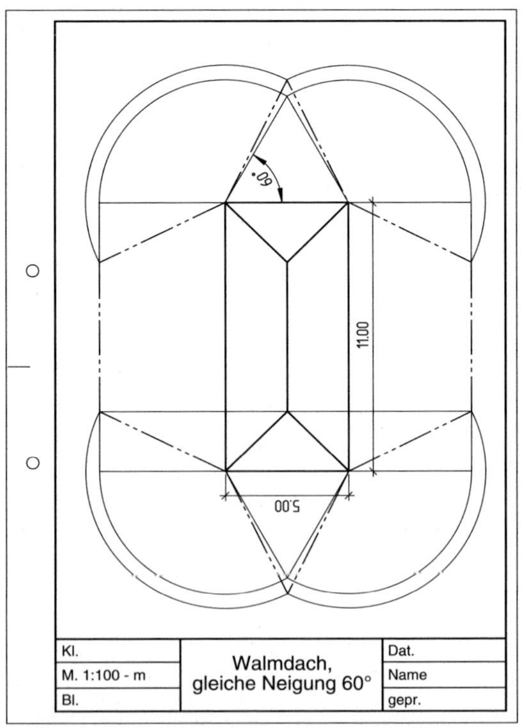

140.4 Lösung zu 140.3

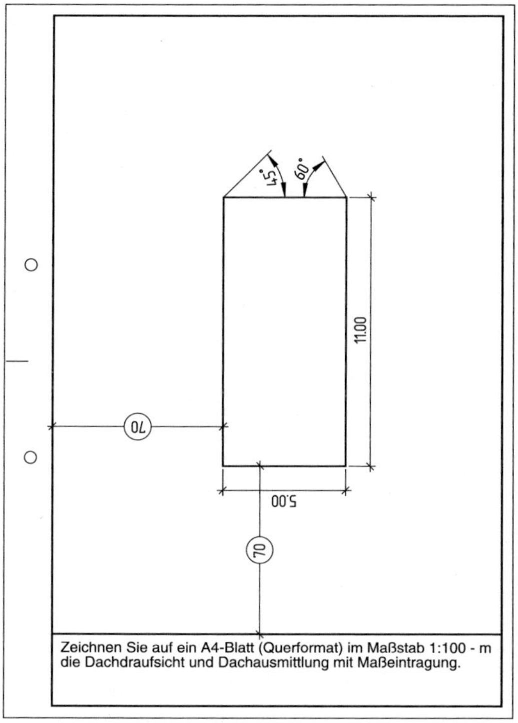

141.1 Satteldach I, ungleichhüftig

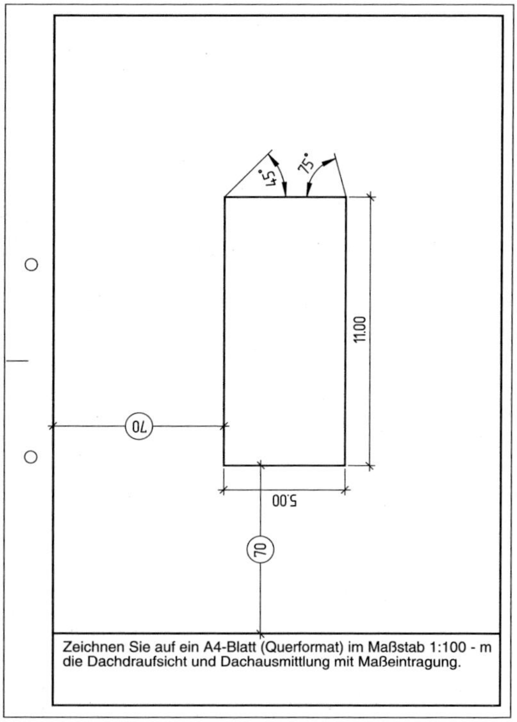

141.2 Satteldach II, ungleichhüftig

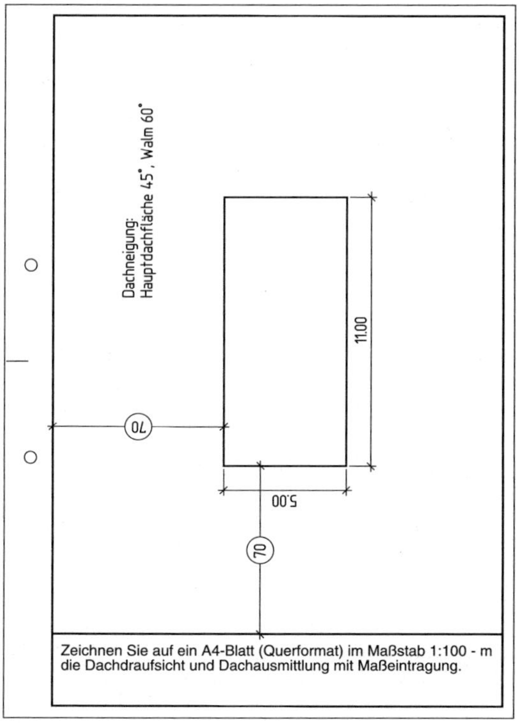

141.3 Walmdach, ungleiche Dachneigung

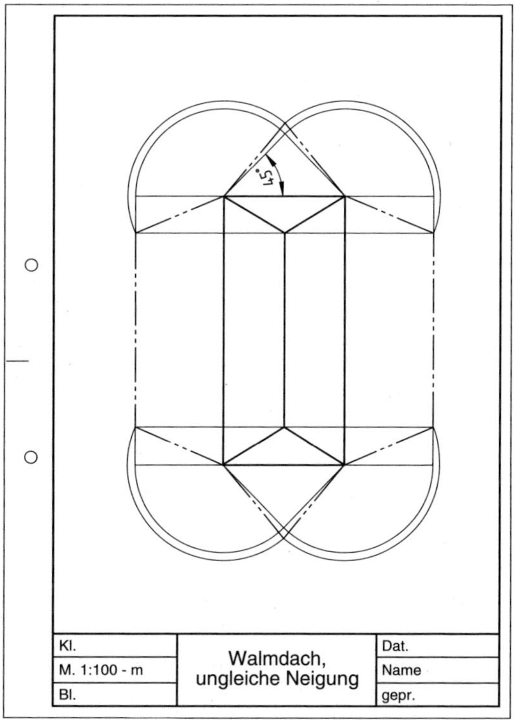

141.4 Lösung zu 141.3

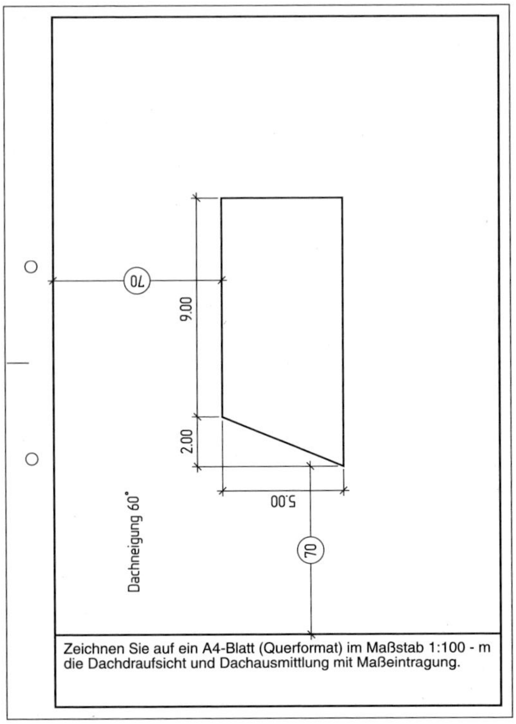

142.1 Walmdach I, gleiche Dachneigung

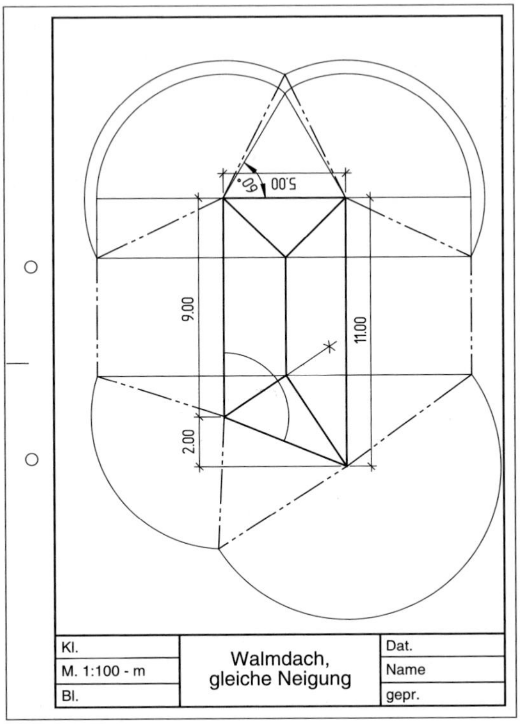

142.2 Lösung zu 142.1

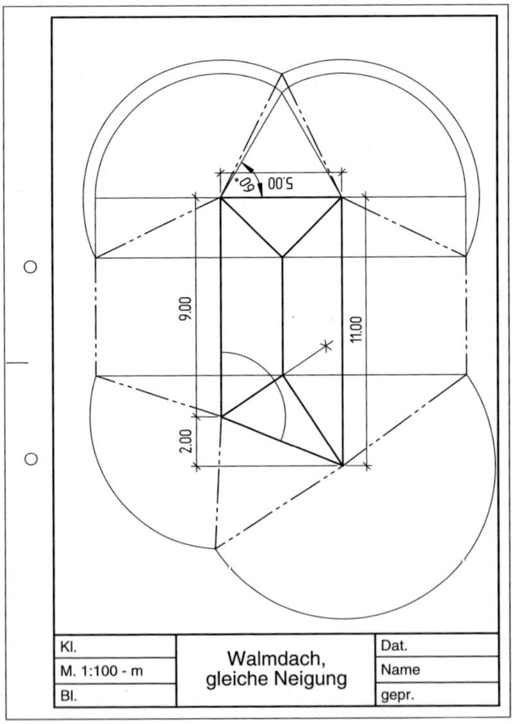

142.3 Walmdach II, gleiche Dachneigung

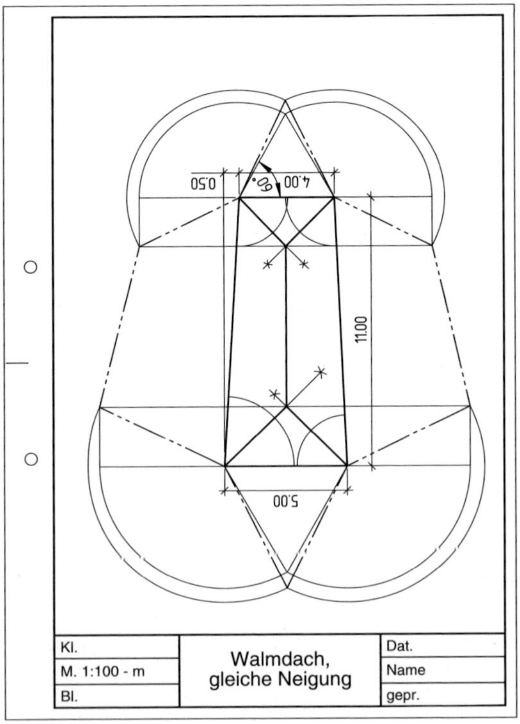

142.4 Lösung zu 142.3

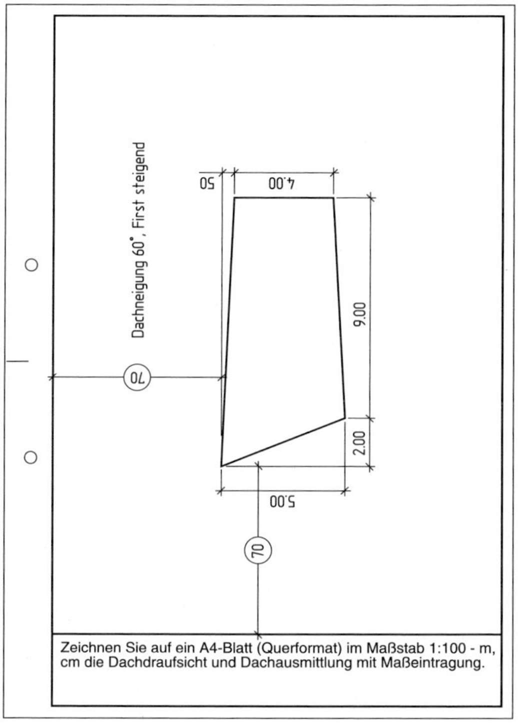

143.1 *Walmdach I, gleiche Dachneigung*

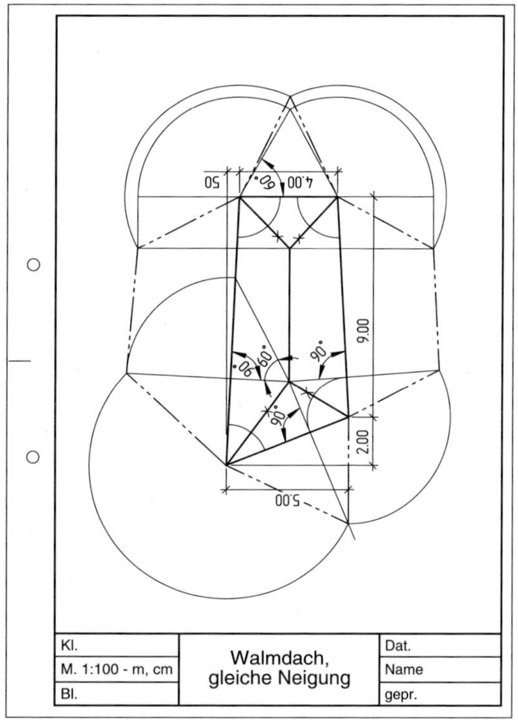

143.2 *Lösung zu 143.1*

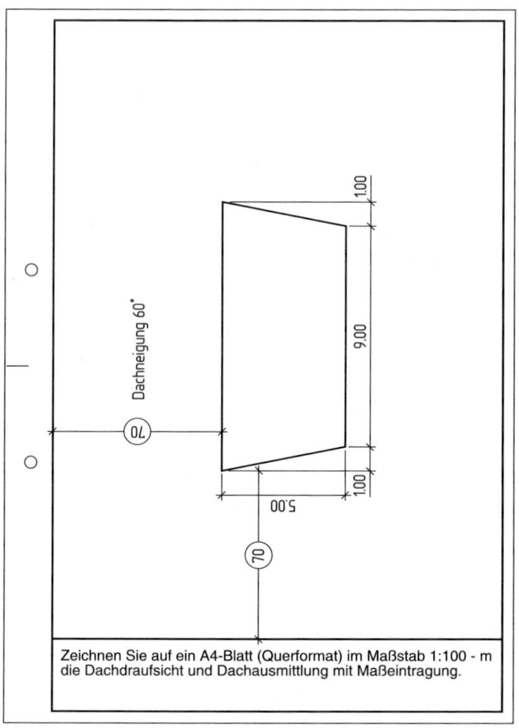

143.3 *Walmdach II, gleiche Dachneigung*

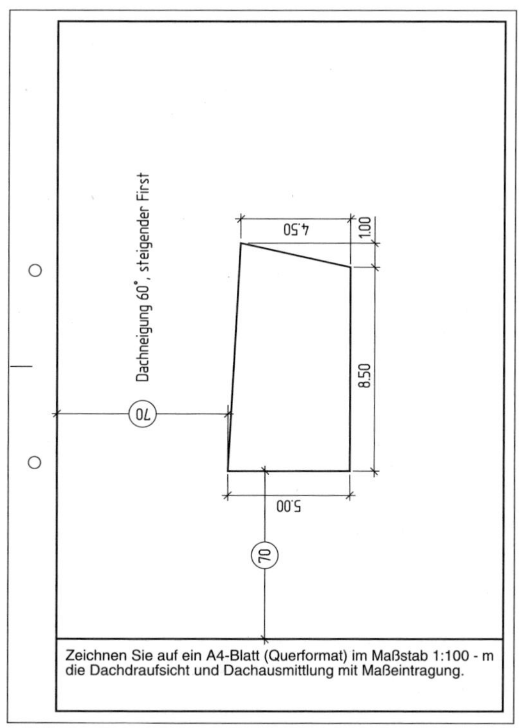

143.4 *Walmdach III, gleiche Dachneigung*

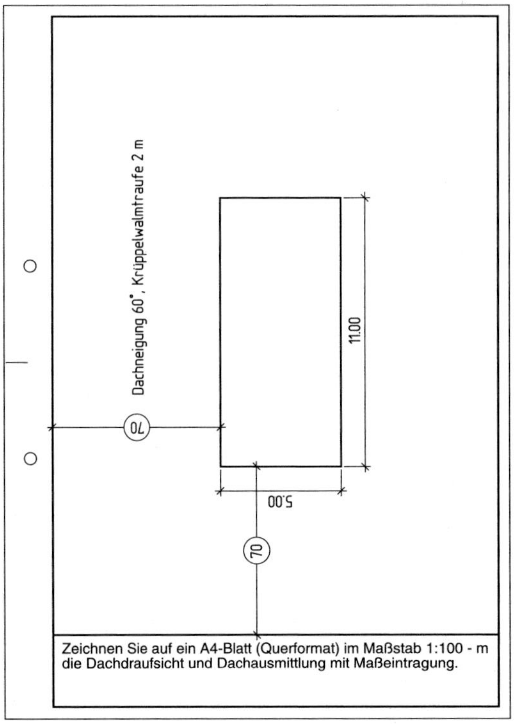

144.1 Krüppelwalmdach I, gleiche Neigung

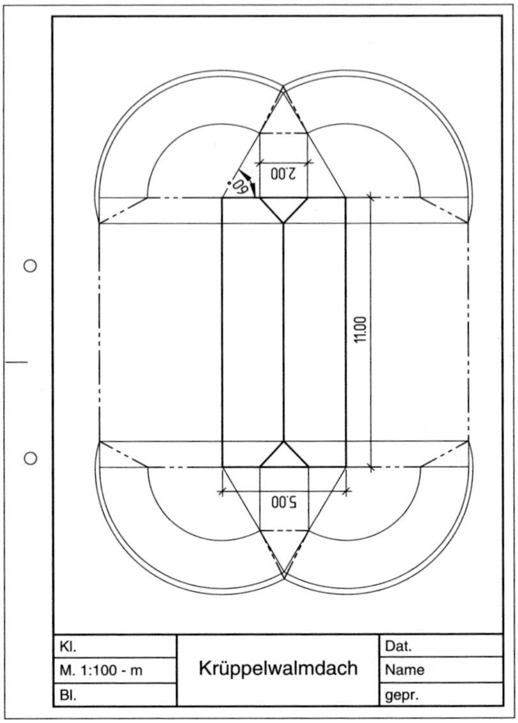

144.2 Lösung zu 144.1

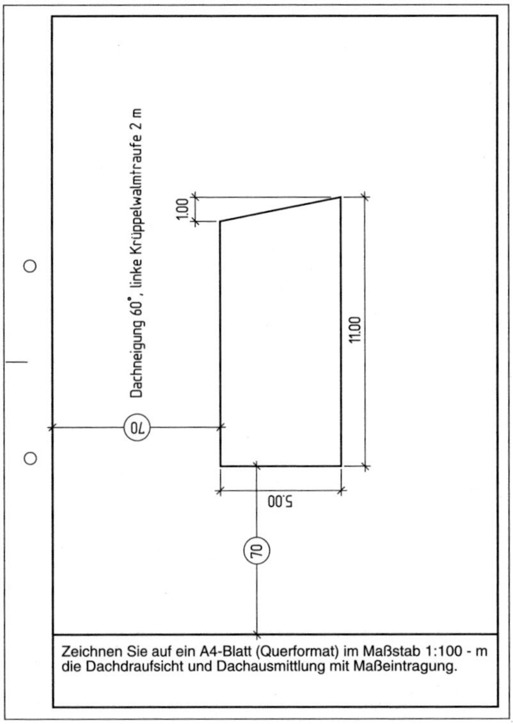

144.3 Krüppelwalmdach II, gleiche Neigung

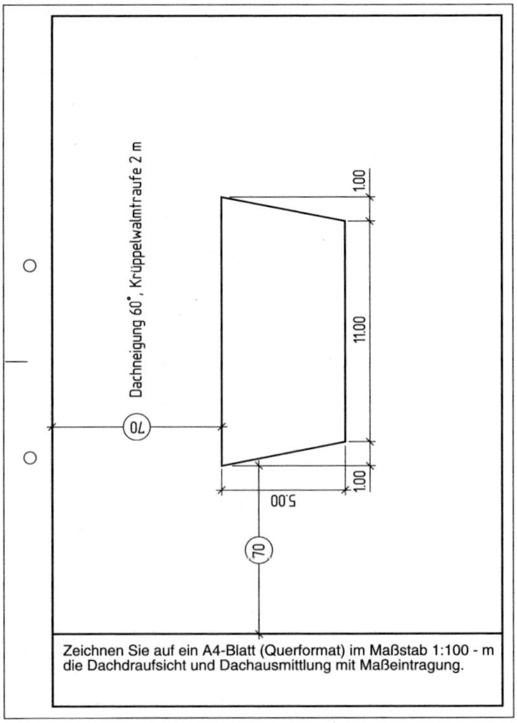

144.4 Krüppelwalmdach III, gleiche Neigung

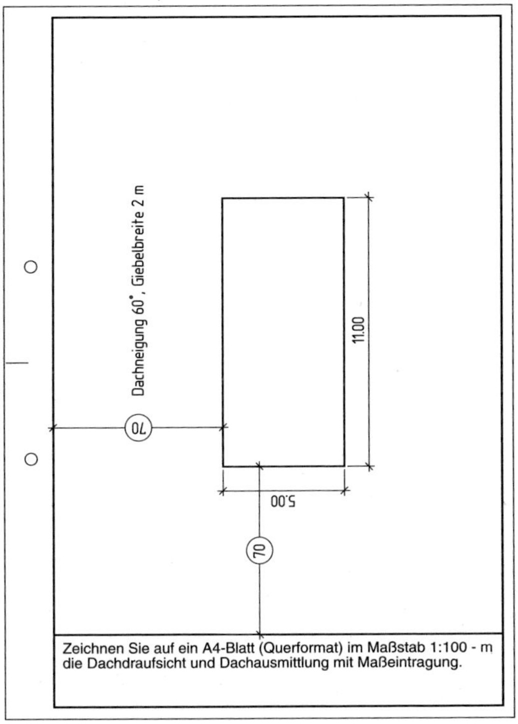

145.1 Schopfdach I, gleiche Dachneigung

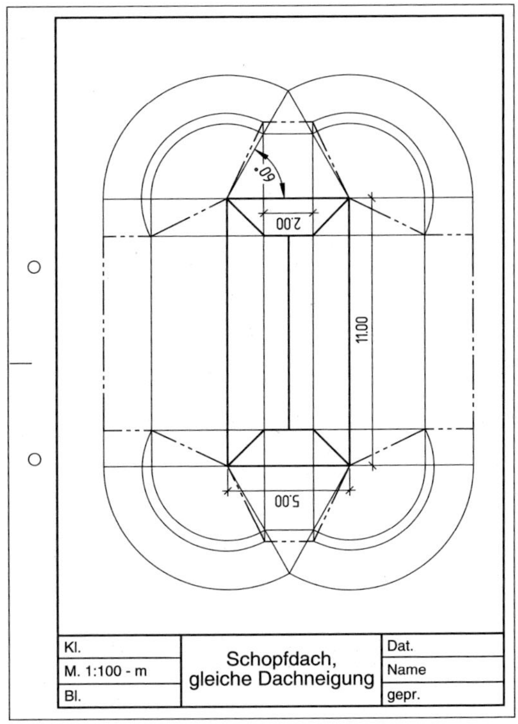

145.2 Lösung zu 145.1

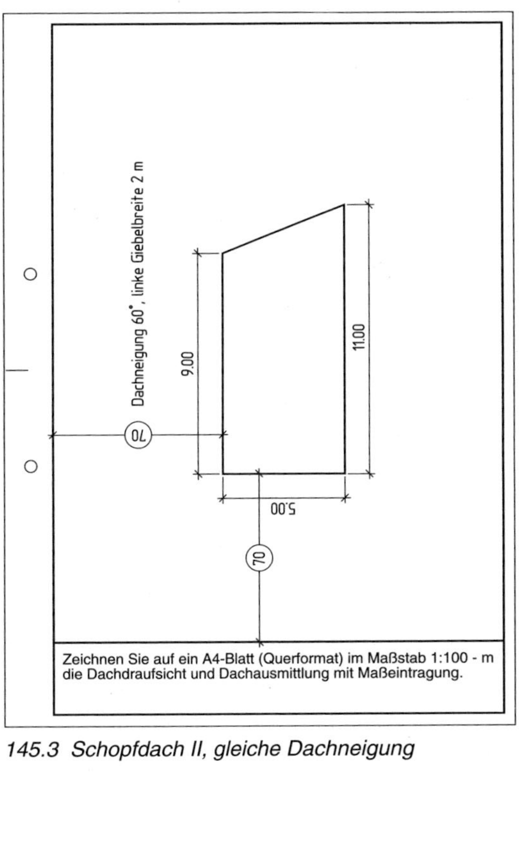

145.3 Schopfdach II, gleiche Dachneigung

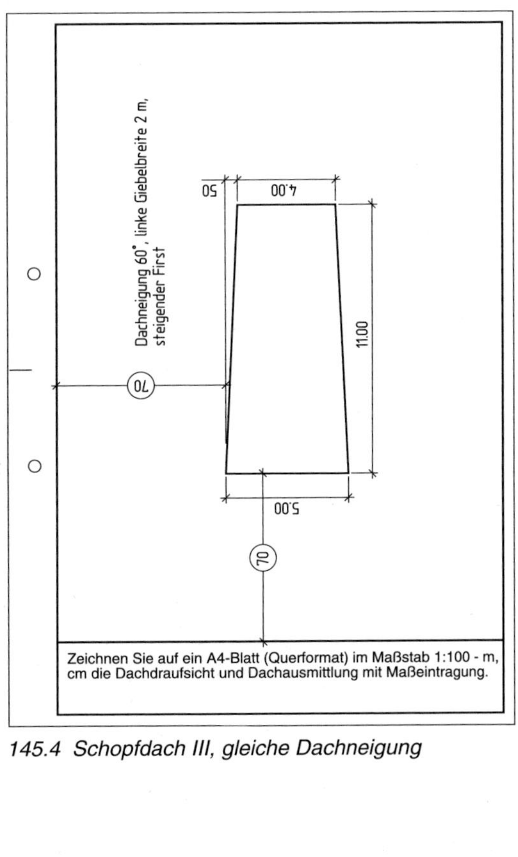

145.4 Schopfdach III, gleiche Dachneigung

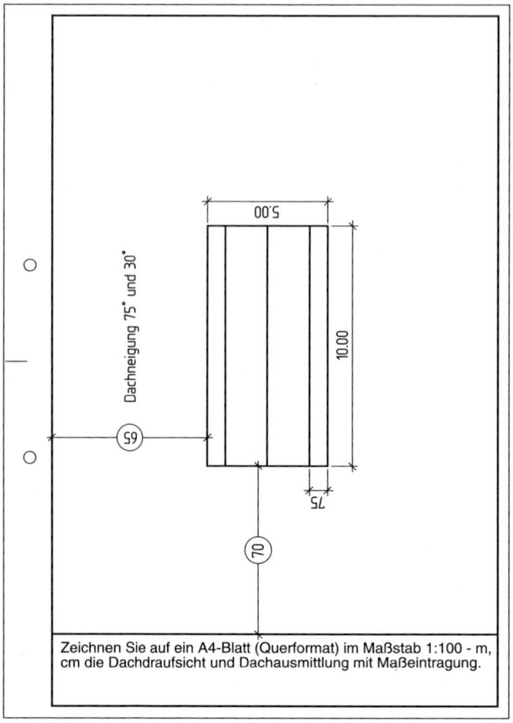

146.1 Mansarddach I

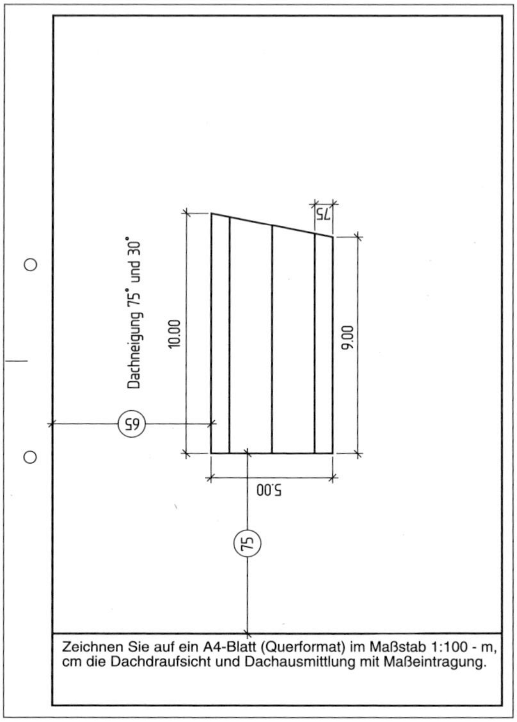

146.2 Mansarddach II

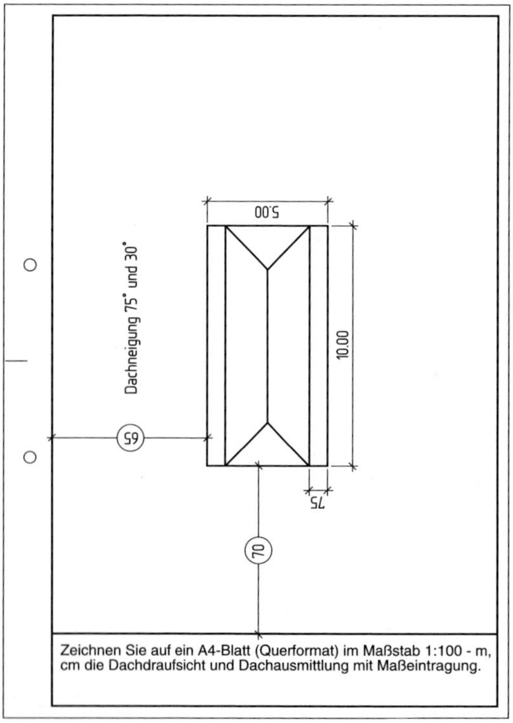

146.3 Mansarddach mit Walm

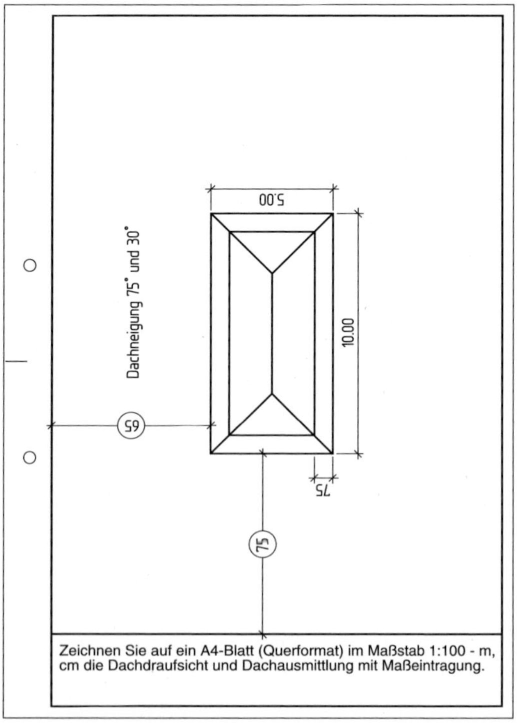

146.4 Mansard-Walmdach

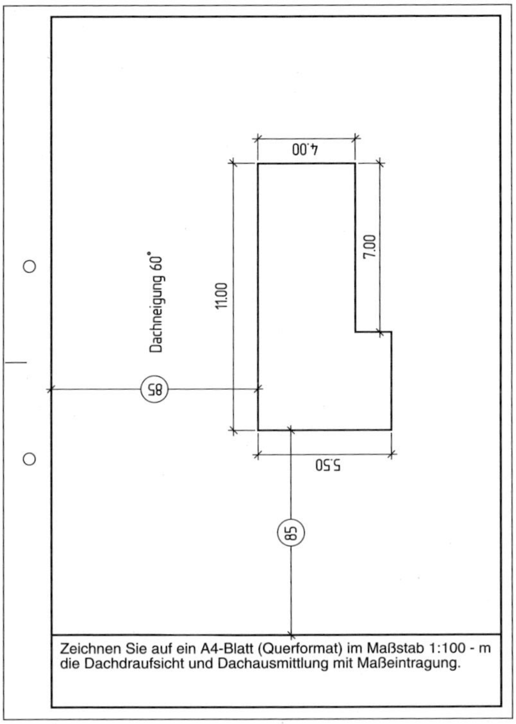

147.1 Walmdach mit Wiederkehr I

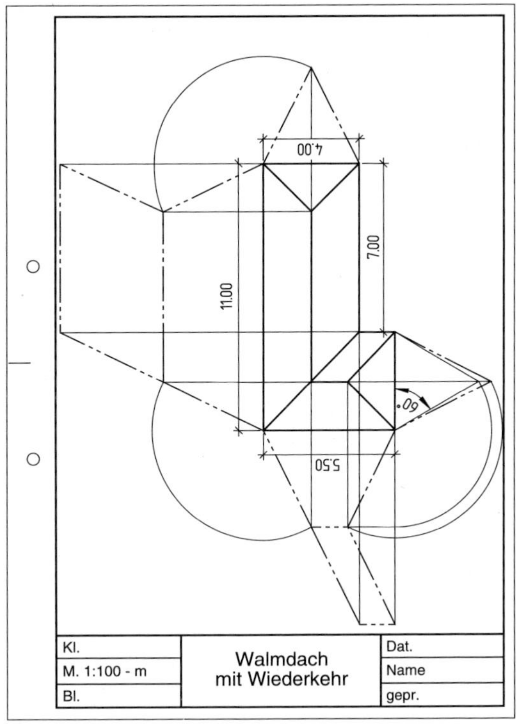

147.2 Lösung zu 147.1

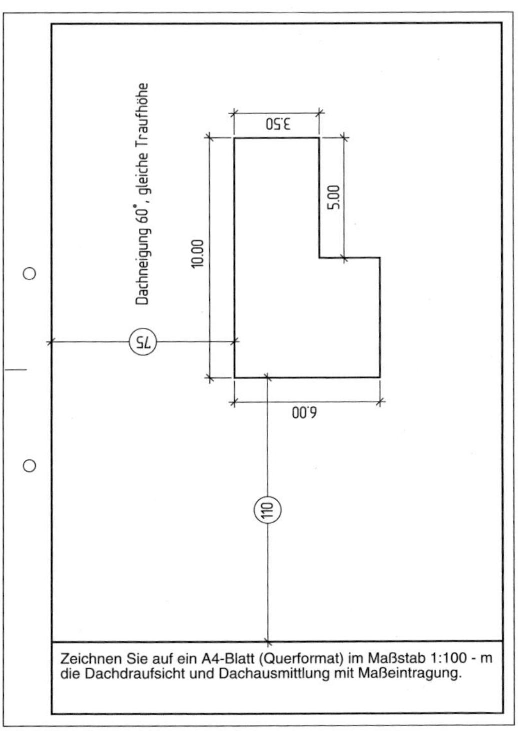

147.3 Walmdach mit Wiederkehr II

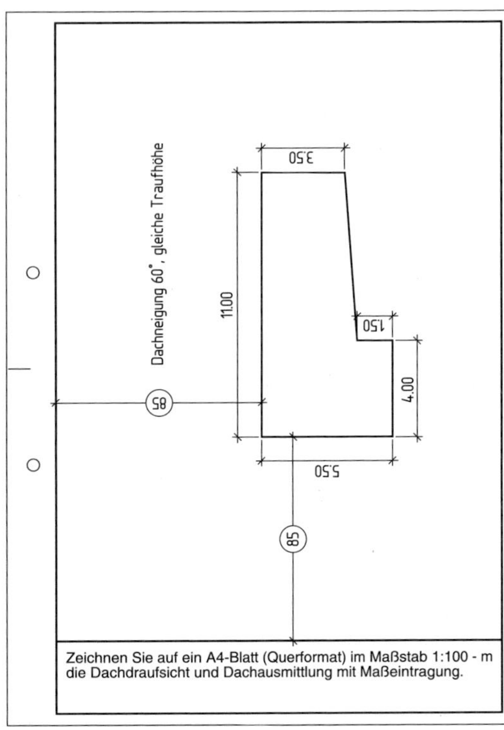

147.4 Walmdach mit Wiederkehr III

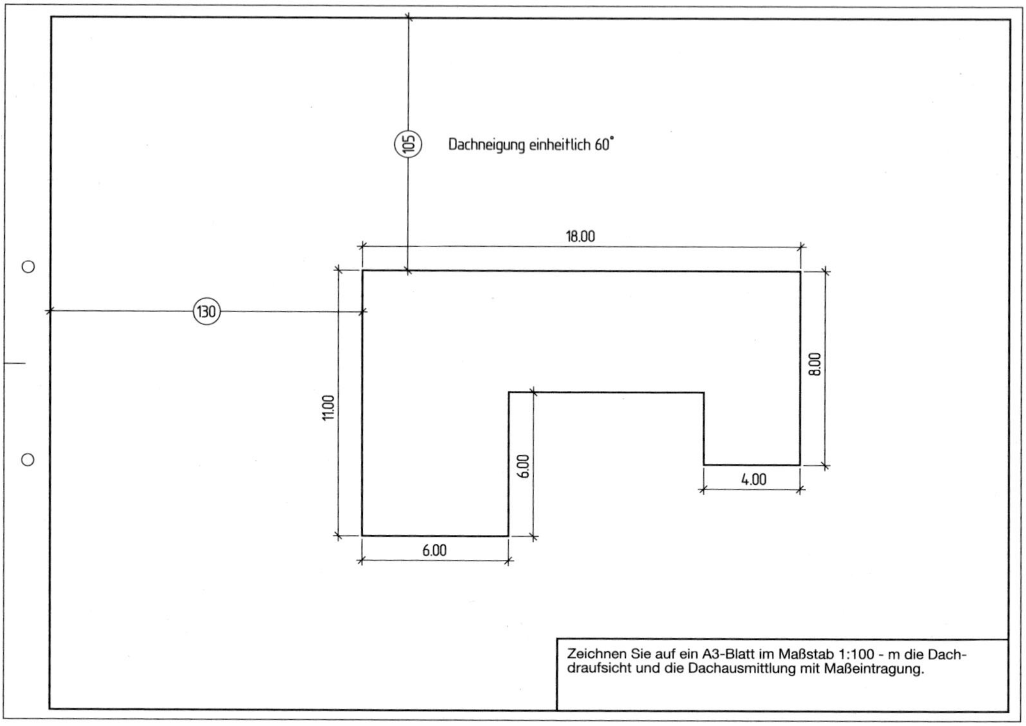

148.1 Walmdach mit doppelter Wiederkehr

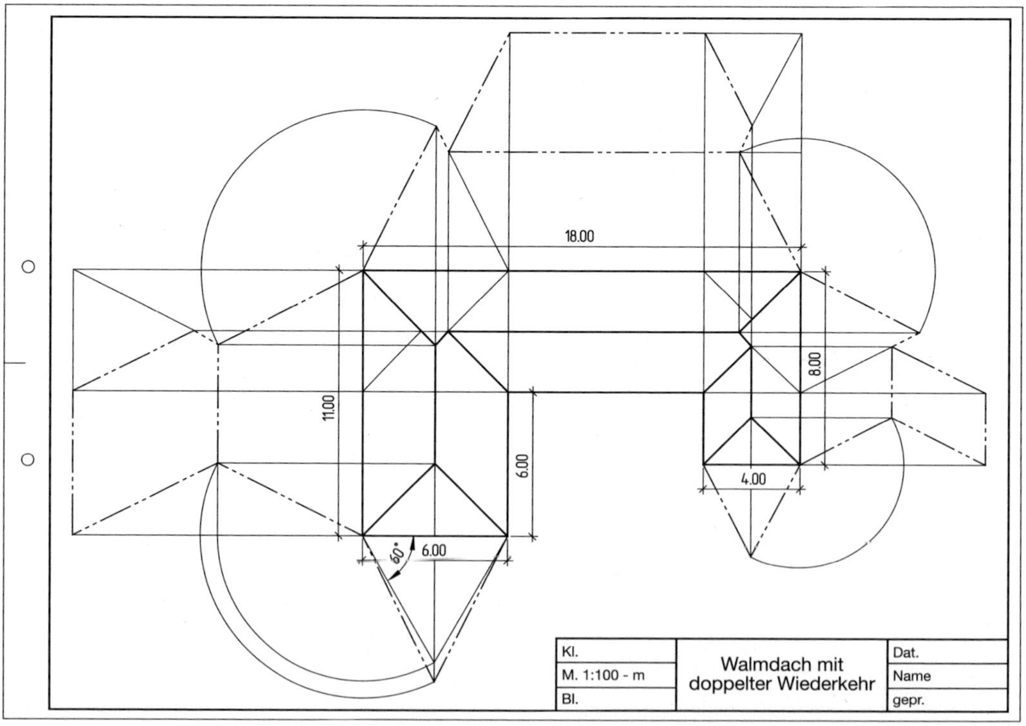

148.2 Lösung zu 148.1

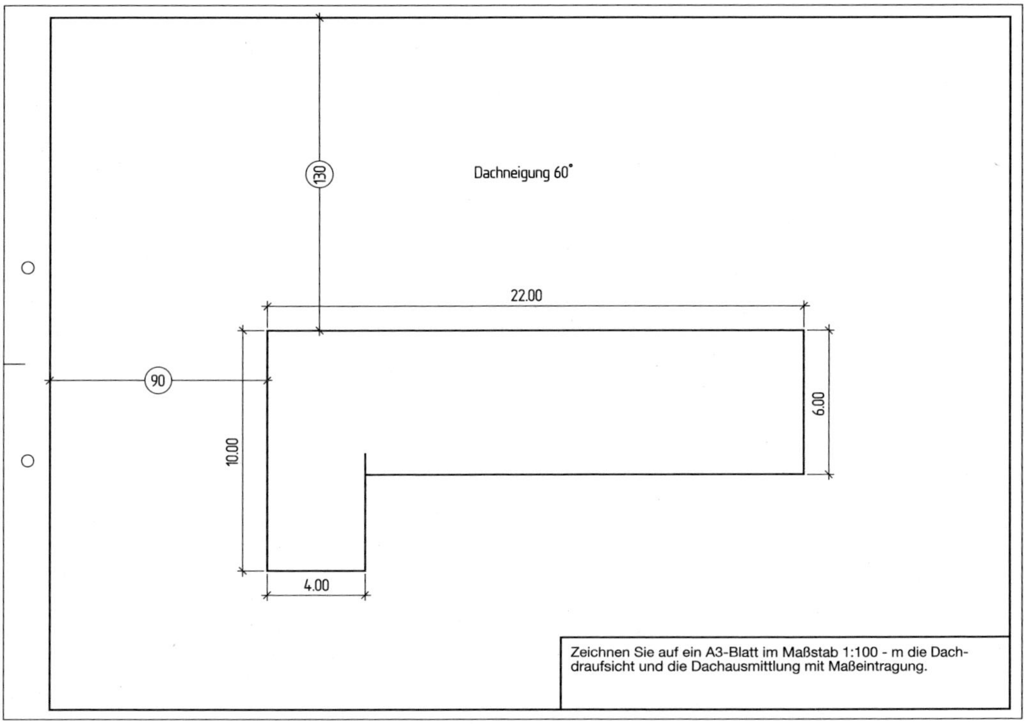

149.1 Walmdach mit rechtwinkliger Wiederkehr, gleiche Neigung und Firsthöhe

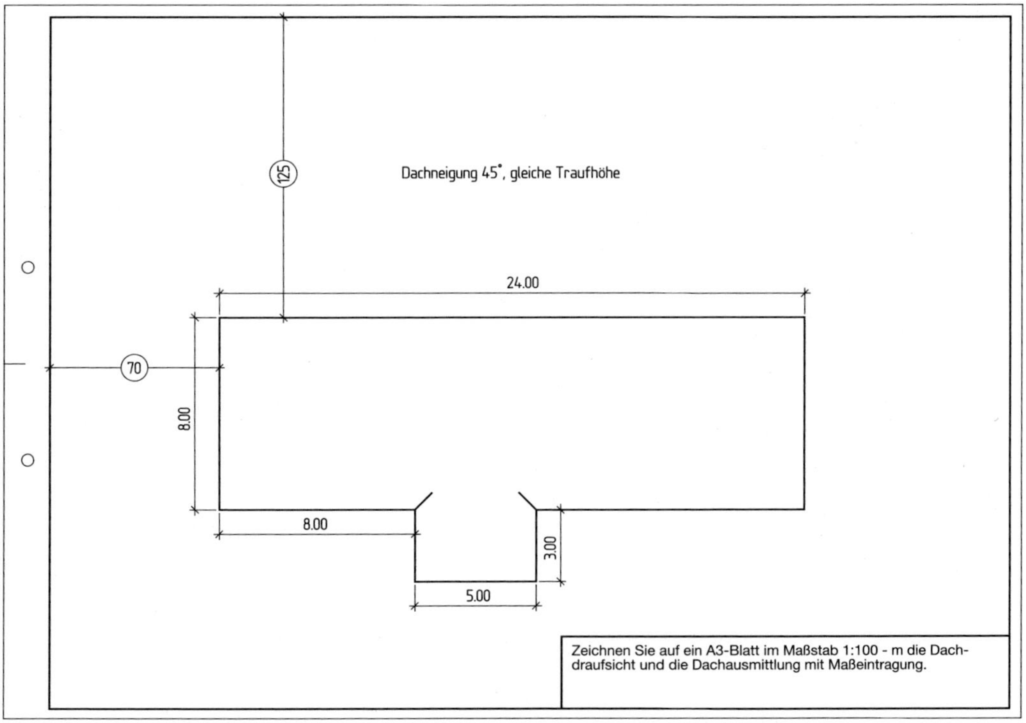

149.2 Walmdach mit rechtwinkligem Frontanbau, gleiche Neigung

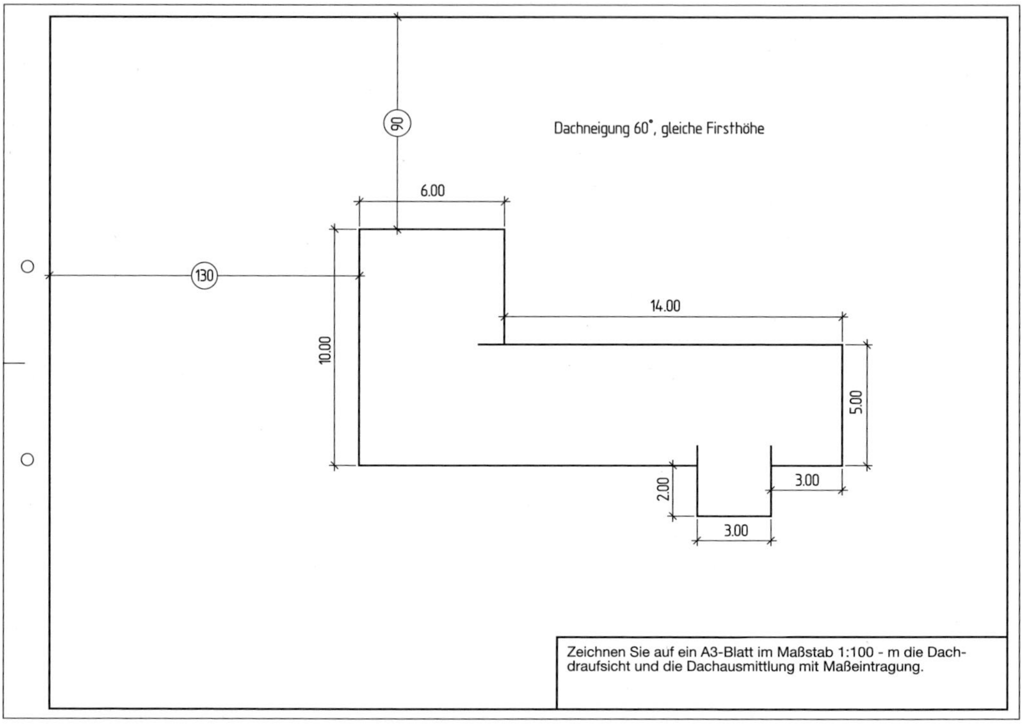

150.1 Walmdach mit Wiederkehr und Frontanbau, gleiche Neigung und Firsthöhe

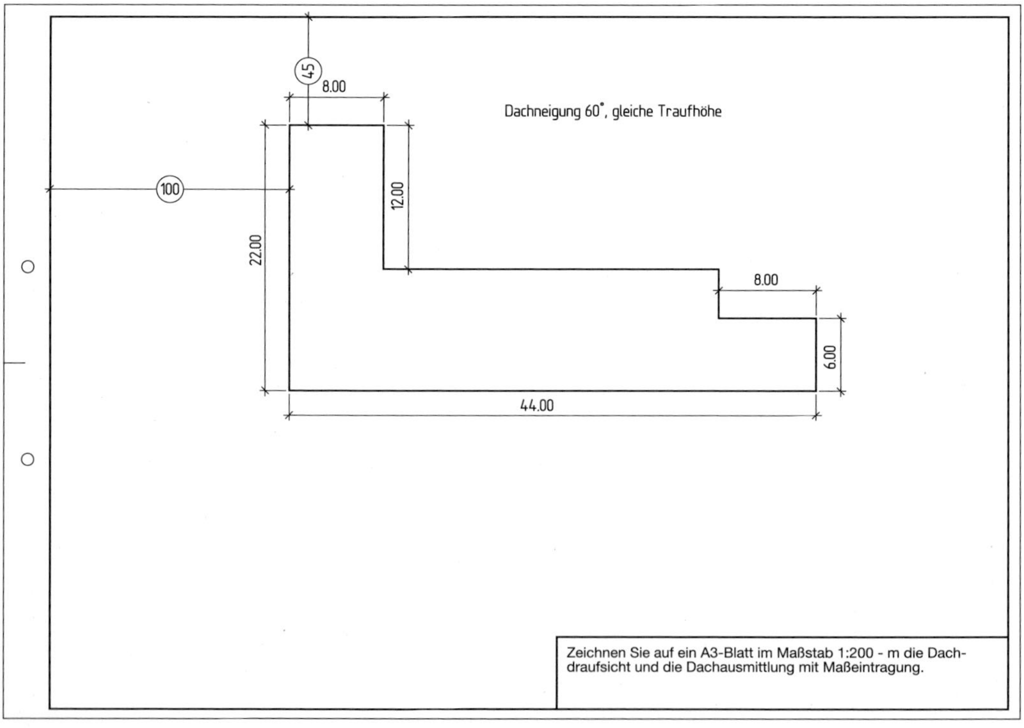

150.2 Walmdach mit Wiederkehr und Anbau in Frontverlängerung

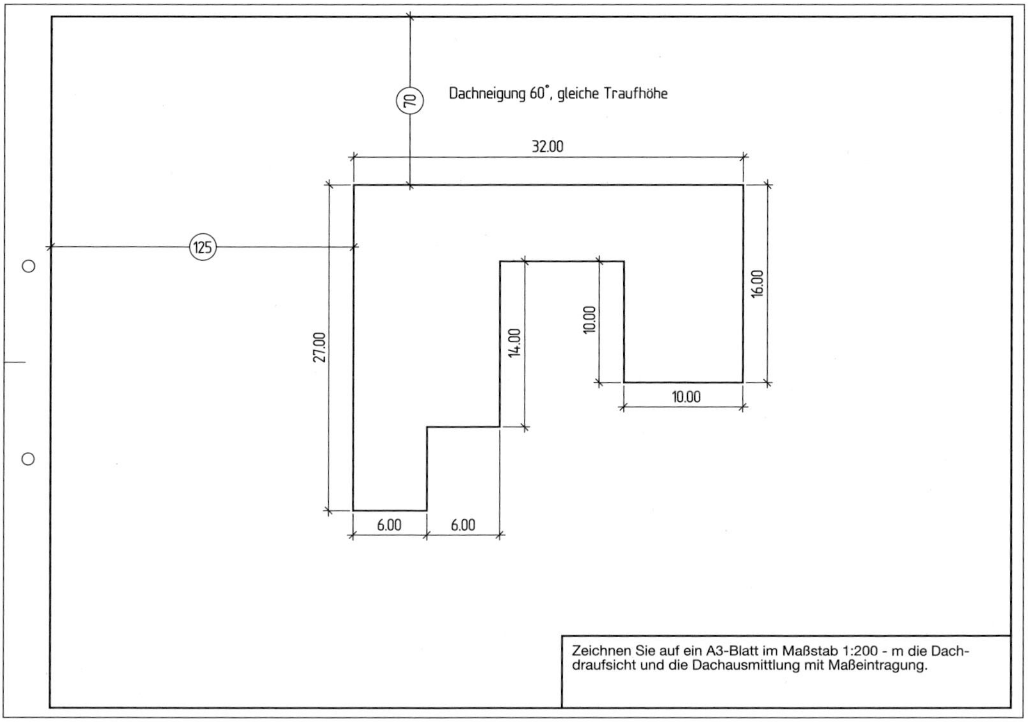

151.1 Walmdach mit Wiederkehr und Anbau in Frontverlängerung

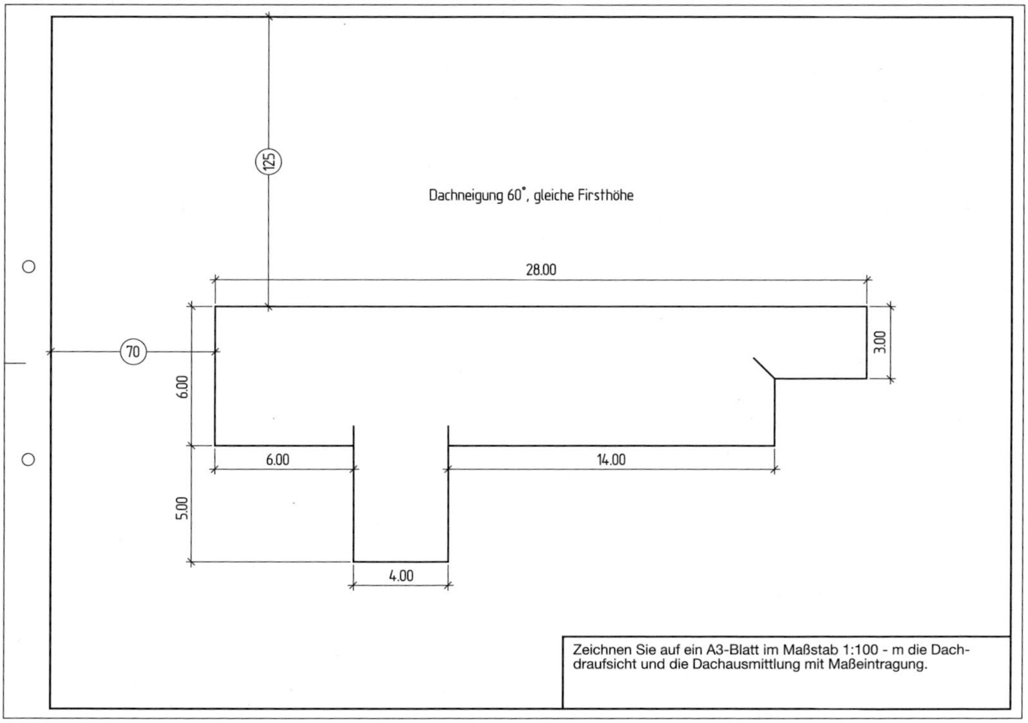

151.2 Walmdach mit Frontanbau und Anbau in Frontverlängerung

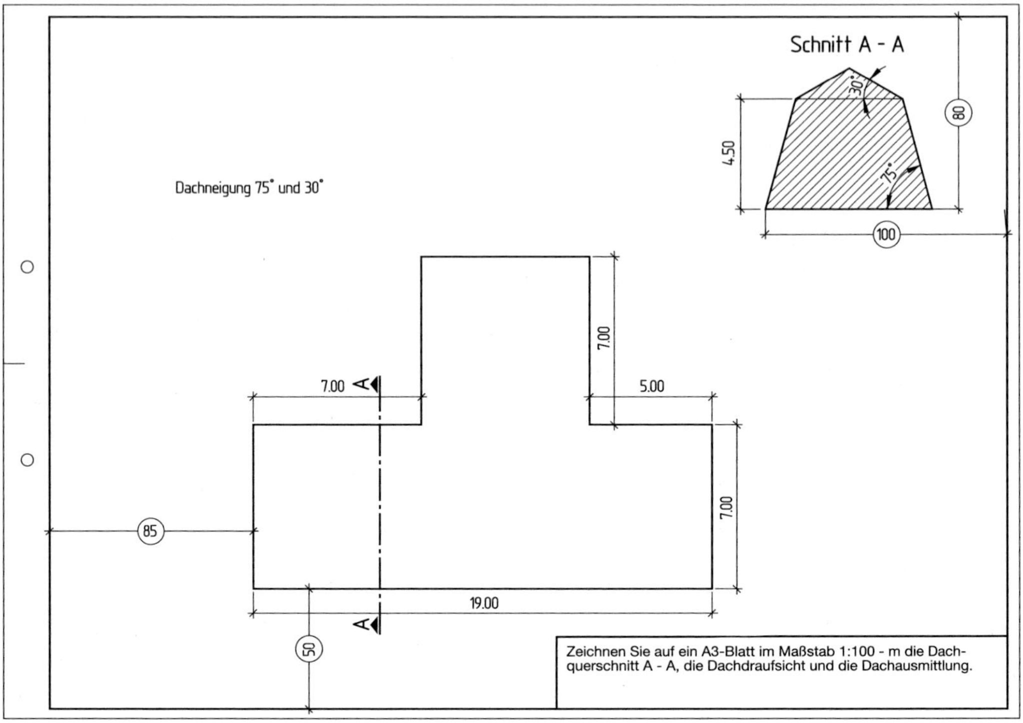

152.1 Mansard-Walmdach mit rechtwinkligem Frontanbau

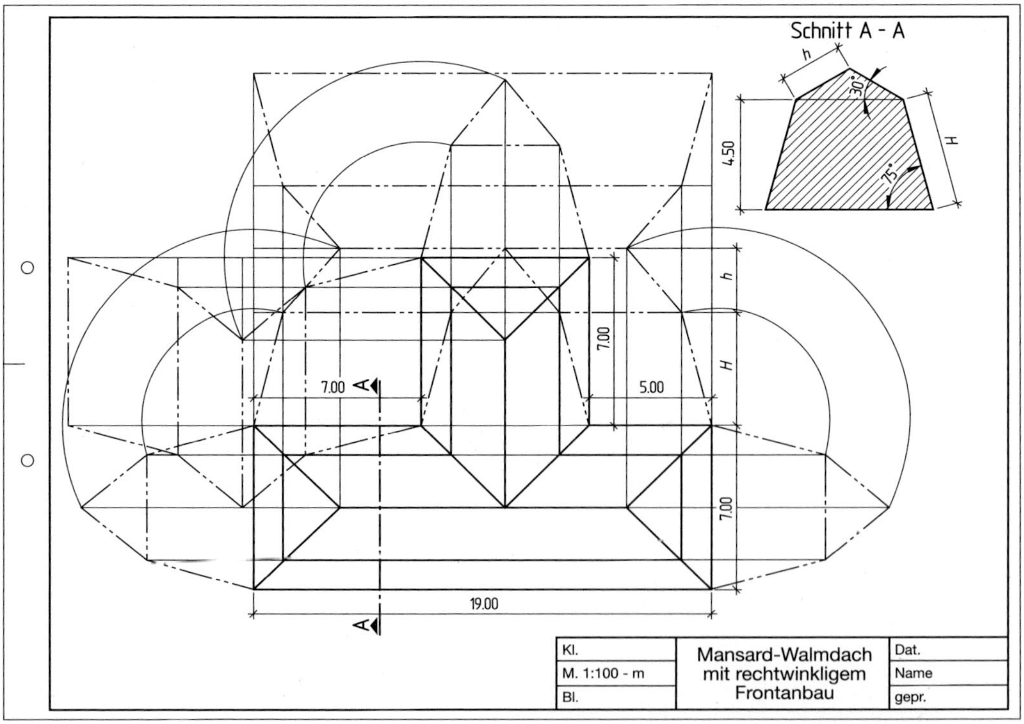

152.2 Lösung zu 152.1

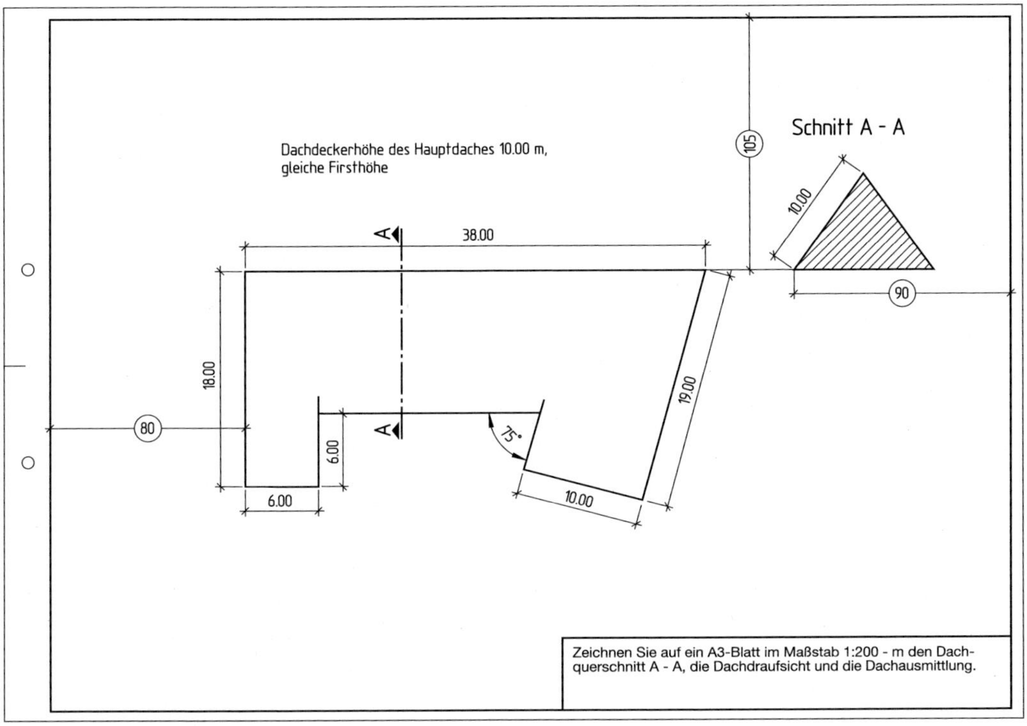

153.1 Walmdach mit doppelter Wiederkehr, gleiche Neigung und Firsthöhe

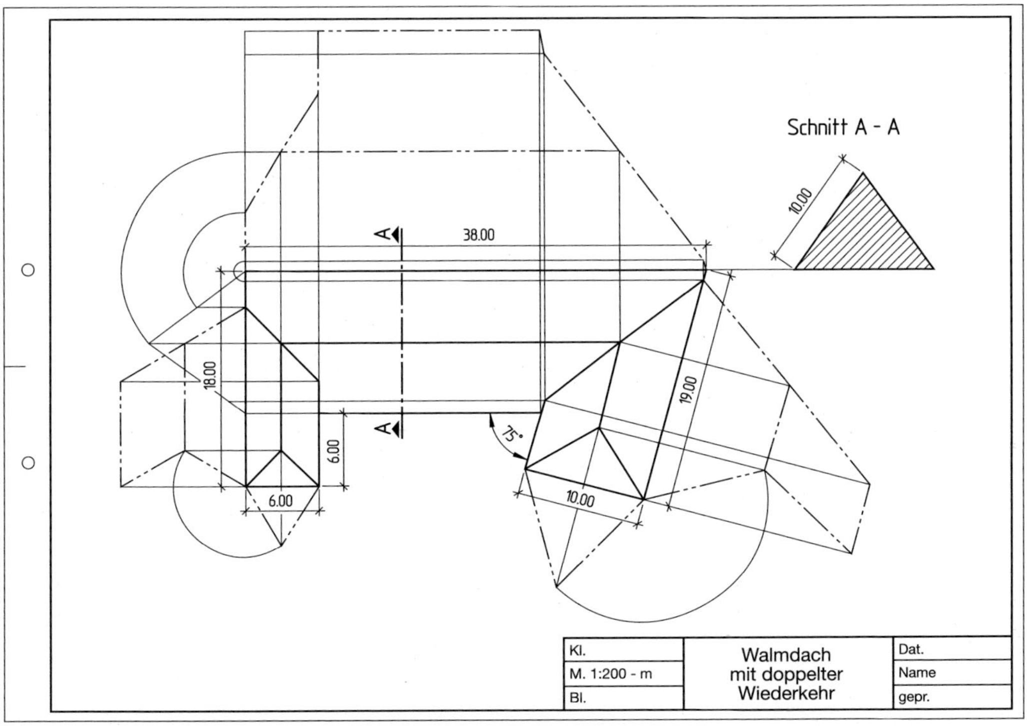

153.2 Lösung zu 153.1

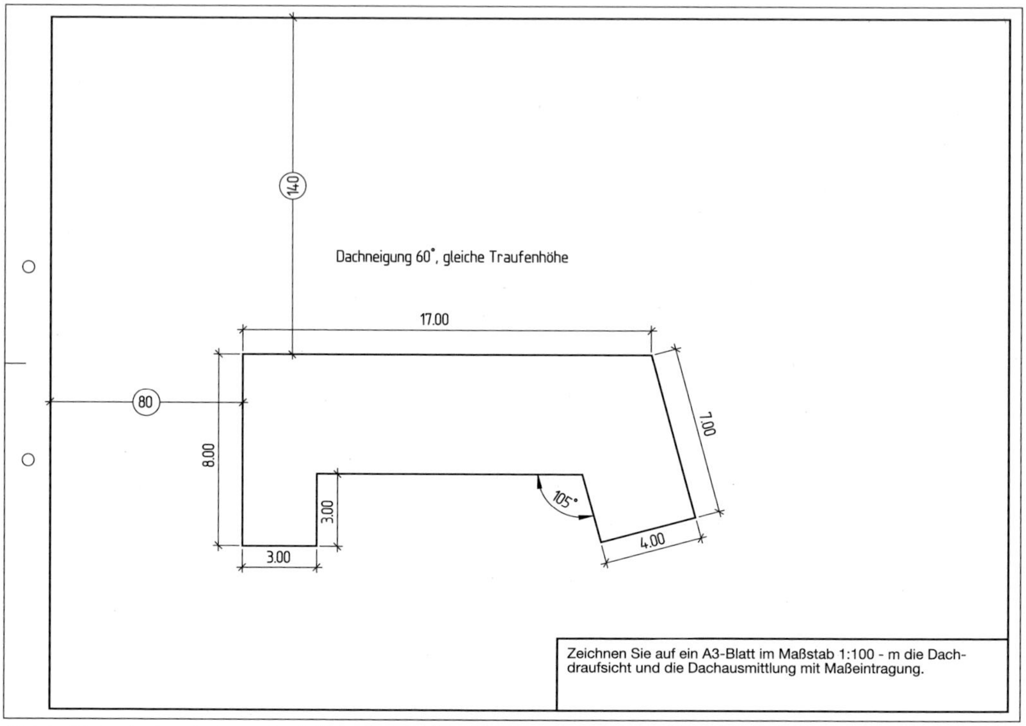

154.1 Walmdach mit doppelter Wiederkehr, gleiche Neigung und Traufenhöhe

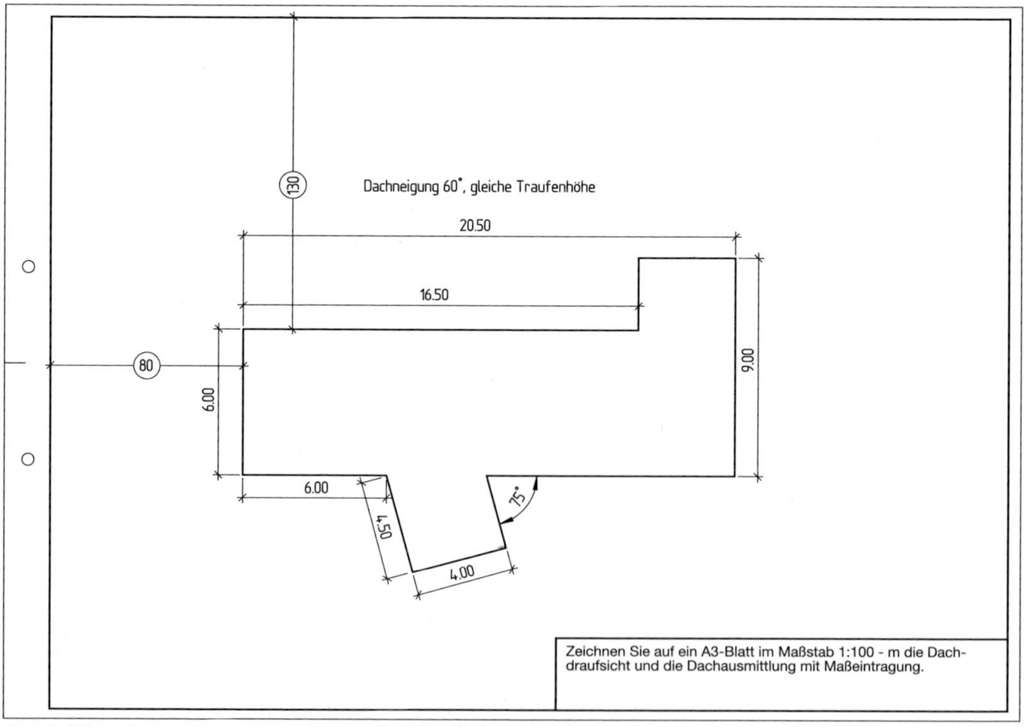

154.2 Walmdach mit schrägem Frontanbau und Wiederkehr

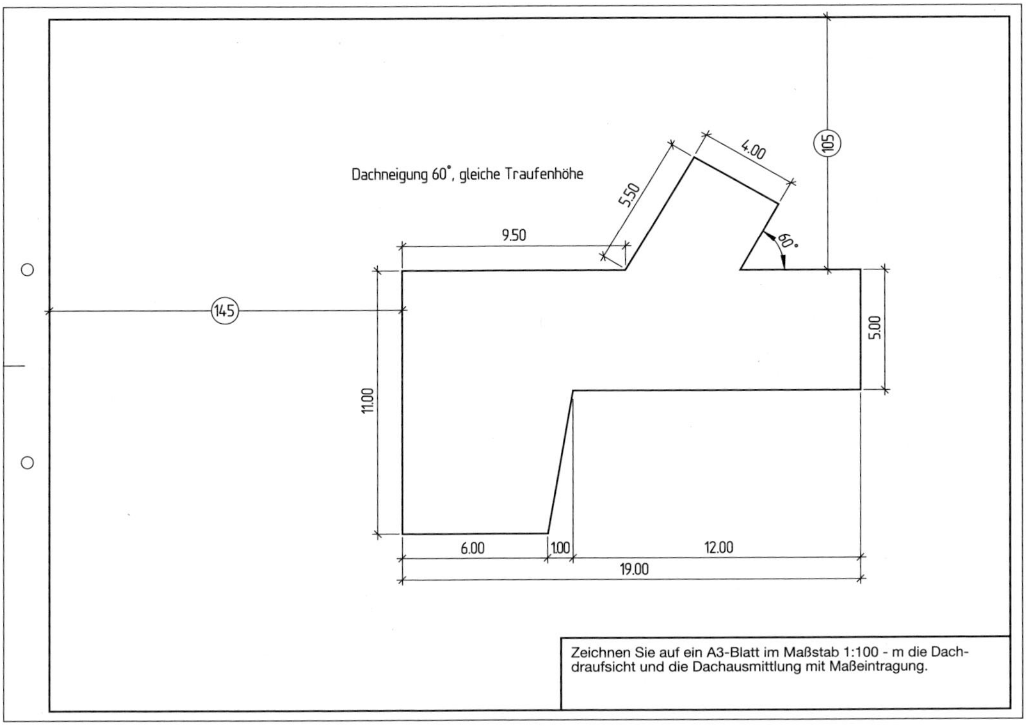

155.1 Walmdach mit Wiederkehr und schrägem Frontanbau

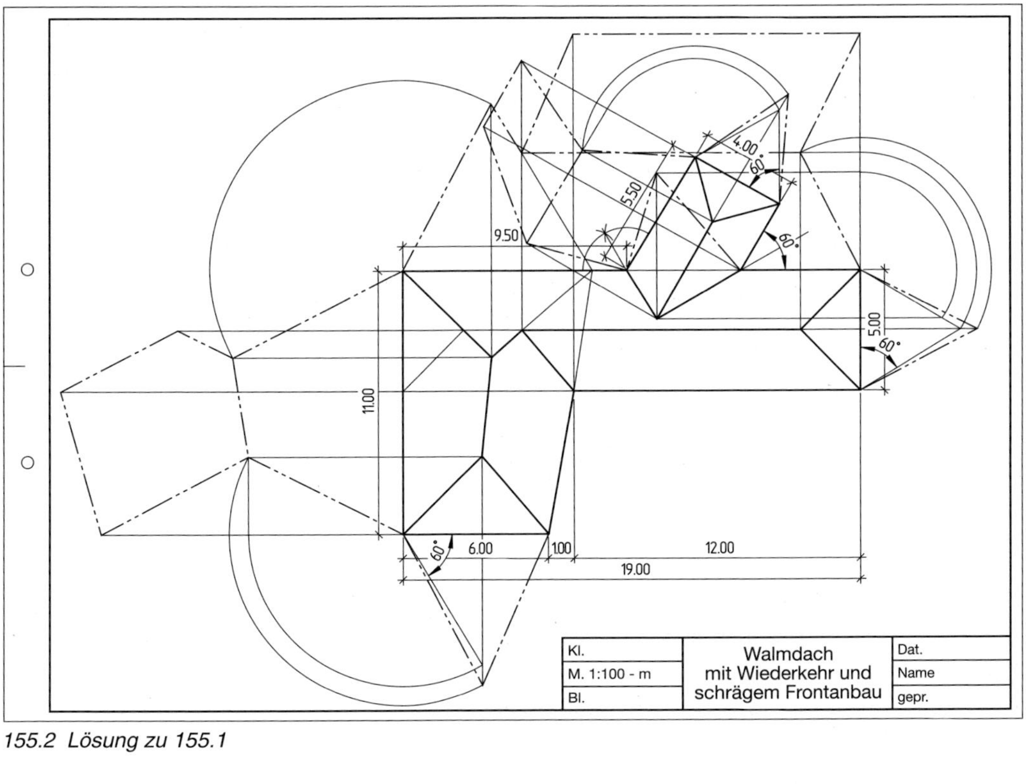

155.2 Lösung zu 155.1

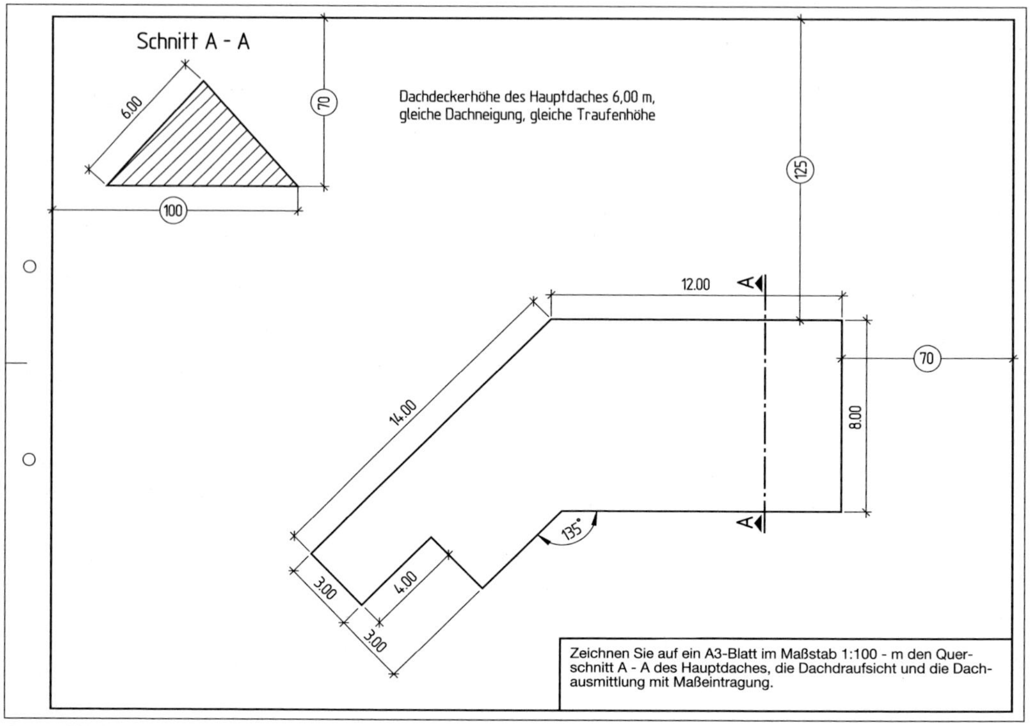

156.1 Walmdach mit schräger Wiederkehr und Anbau in Frontverlängerung

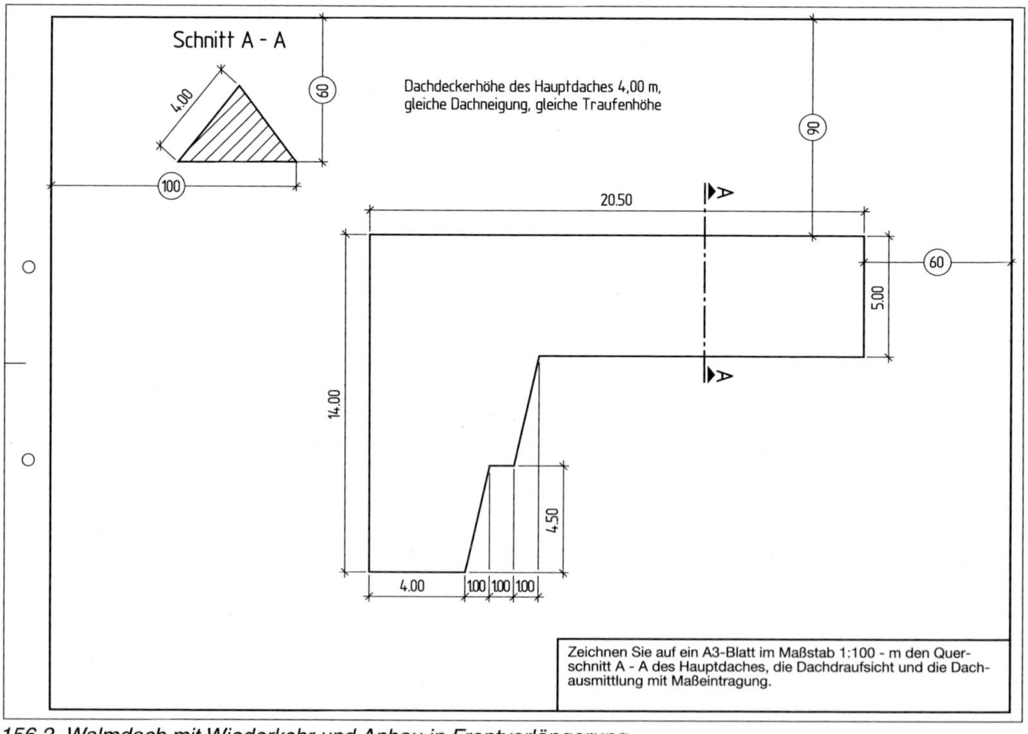

156.2 Walmdach mit Wiederkehr und Anbau in Frontverlängerung

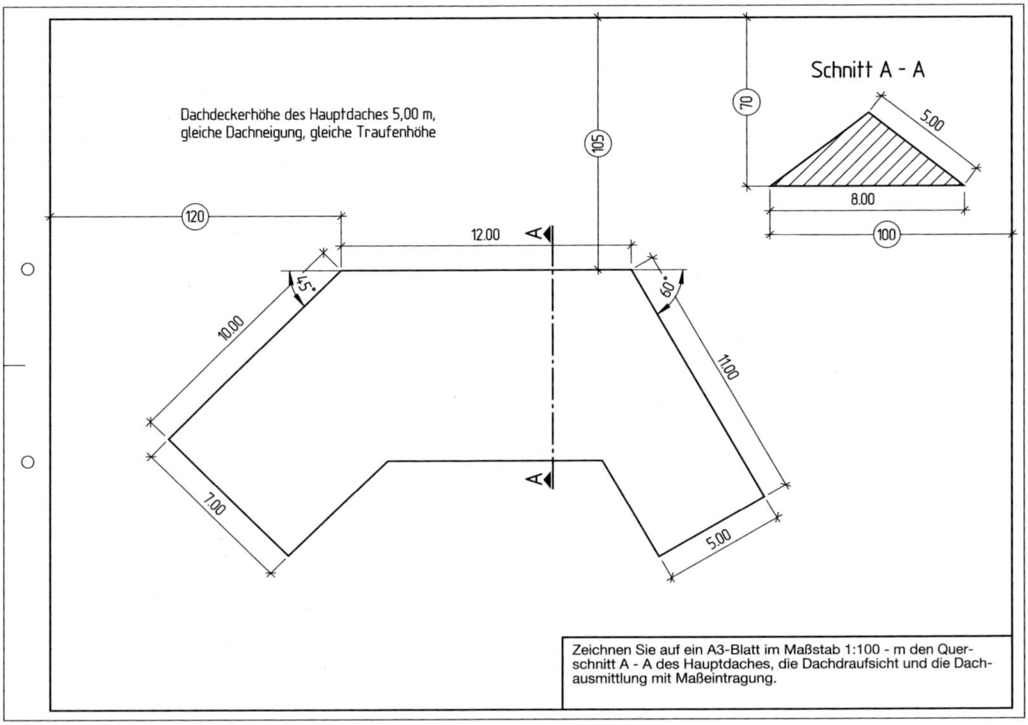

157.1 Kombiniertes Dach

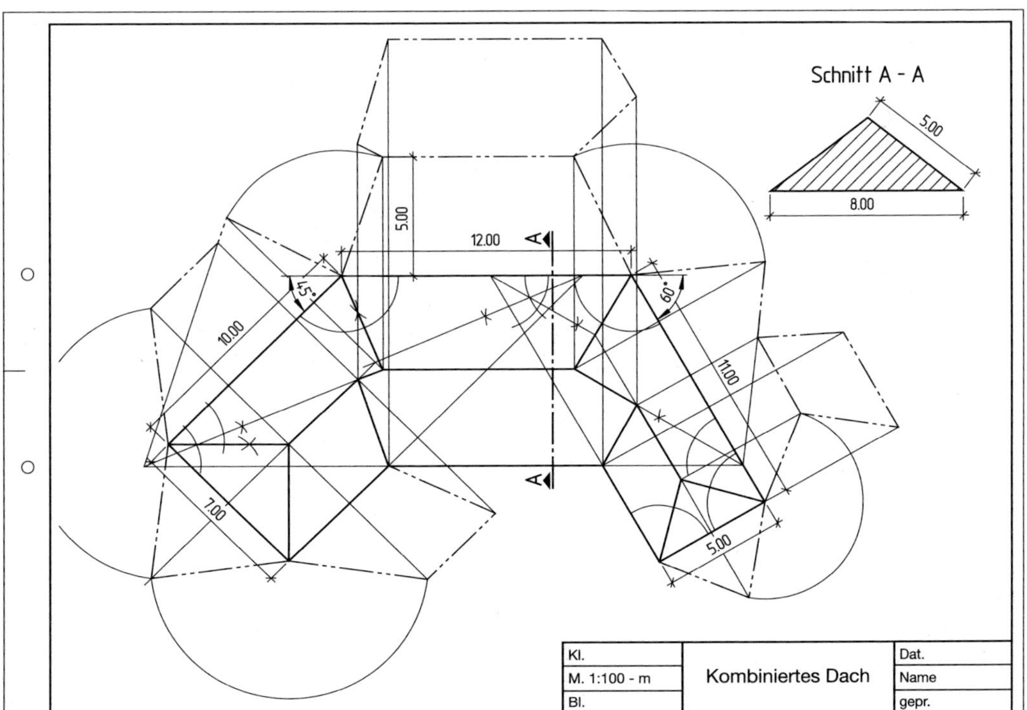

157.2 Lösung zu 157.1

A

B

D

E

F

G

H

S

T

U

V

W

Z